Nikon D5500

完全摄影指南

雷剑／编著

内 容 提 要

本书从相机使用、摄影理论、实拍技巧三个层面，详细讲解了如何使用Nikon D5500相机拍出好照片。其中以较大的篇幅讲解了Nikon D5500相机的使用方法与拍摄技巧，并在讲解时融入了大量使用经验，使读者能够在学习本书后快速成为行家里手。

此外，本书还深入讲解了曝光三要素、对焦模式、快门释放模式、构图美学知识、光影美学知识、色彩美学知识。并展示了包括风光、植物、人像、儿童、建筑、夜景、宠物与鸟类、微距在内的多种常见摄影题材的拍摄技法与思路。

图书在版编目（CIP）数据

Nikon D5500完全摄影指南 / 雷剑编著. —北京：中国电力出版社，2016.7
ISBN 978-7-5123-9423-0

Ⅰ. ①N… Ⅱ. ①雷… Ⅲ. ①数字照相机—单镜头反光照相机—摄影技术—指南
Ⅳ. ①TB86-62②J41-62

中国版本图书馆CIP数据核字（2016）第127499号

中国电力出版社出版、发行
（北京市东城区北京站西街19号 100005 http://www.cepp.sgcc.com.cn）
北京盛通印刷股份有限公司印刷
各地新华书店经售

*

2016年7月第一版 2016年7月北京第一次印刷
889毫米×1194毫米 16开本 15.5印张 475千字
印数 0001—3000册 定价 69.00元（含1DVD）

前　言

“工欲善其事，必先利其器。”

——孔子（春秋）《论语•卫灵公》

这句话的意思是说，要想把工作做好，应该先将工具准备好。

虽然，孔子的名言至今已经有2000多年，但从目前看来，仍然是一条放之四海皆准的至理，在摄影这个行业也不例外。

如果要拍出好照片，不仅要有好用、够用的摄影器材，还得能够熟练地使用摄影器材。这就是孔子的名言，对每一个摄影爱好者的启示。

本书的目的正是帮助各位摄影爱好者更深入全面地认识，更熟练有技巧地运用手中的相机，拍出好照片。

许多摄影爱好者认为，能够设置P、S、A、M各个曝光模式，能够正确对焦、能够拍出背景虚化的人像，就算是掌握了相机的使用，殊不知这种程度连入门都算不上。

要做到熟练地运用相机，笔者认为最起码能够在不查资料的情况下，正确回答以下10个问题中的8个：

1.如何直接拍摄出单色照片？

2.如何让竖向持机拍摄的照片在浏览时自动旋转90°？

3.自定义白平衡的步骤是什么？

4.如何让拍摄出来的每一张照片都偏一点点蓝色或红色？

5.如何客观判断拍摄的照片是否过曝？

6.如何设置对焦点数量？

7.如何客观判读照片的曝光情况？

8.动态D-Lighting在什么情况下开启？

9.如何更好地利用曝光补偿进行拍摄？

10.在未携带三脚架的情况下，如何拍摄出清晰的照片？

这些问题的答案都不复杂，只要认真阅读学习本书，就能够轻松地正确回答这些问题。除讲解关于Nikon D5500相机本身的知识外，本书还深入讲解了曝光三要素、对焦模式、快门驱动模式、构图美学知识、光影美学知识、色彩美学知识，使读者在阅读学习后，不仅能掌握有关相机的使用方法与技巧，还对摄影基本理论有更深层次的认识。

本书的第12~第19章，讲解了包括风光、植物、人像、儿童、建筑、夜景、宠物与鸟类、微距等在内的多种常见摄影题材的拍摄思路与技法。摄影是一种操作、体验性较强的艺术门类，只有针对不同的题材反复拍摄练习，才能够真正在练习中掌握相机的使用技巧、理解曝光的原理、掌握拍摄的技法。

欢迎读者加入以下摄影学习交流QQ群：247292794、341699682、190318868。

本书是集体劳动的结晶，参与本书编写的还有刘丽娟、杜林、李冉、贾宏亮、史成元、白艳、赵菁、杨茜、陈栋宇、陈炎、金满、李懿晨、赵静、黄磊、袁冬焕、陈文龙、宗宇、徐善军、梁佳佳、邢雅静、陈会文、张建华、孙月、张斌、邢晶晶、秦敬尧、王帆、赵雅静、周丹、吴菊、李方兰、王芬、刘肖、张晶、苑丽丽、雷剑、左福、范玉婵、刘志伟、邓冰峰、詹曼雪、黄正等。

作者

2016年4月

目录

第6章 对焦与释放模式

第7章 即时取景与视频拍摄

第8章 构图的运用

第9章 成为摄影高手必修美学之光影

第10章 光影运用技巧

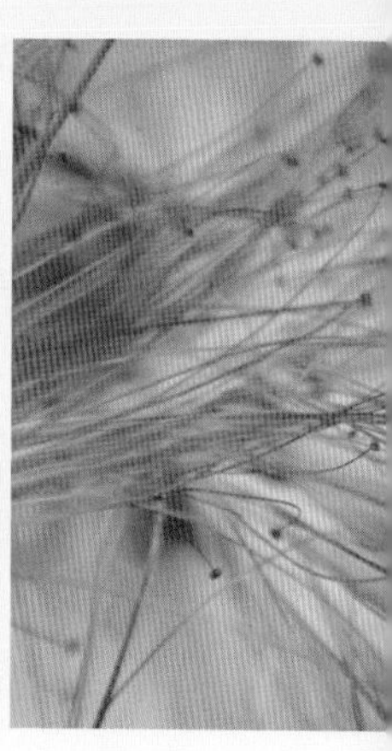

第11章 成为摄影高手必修美学之色彩

第12章 风光摄影

第13章 植物摄影

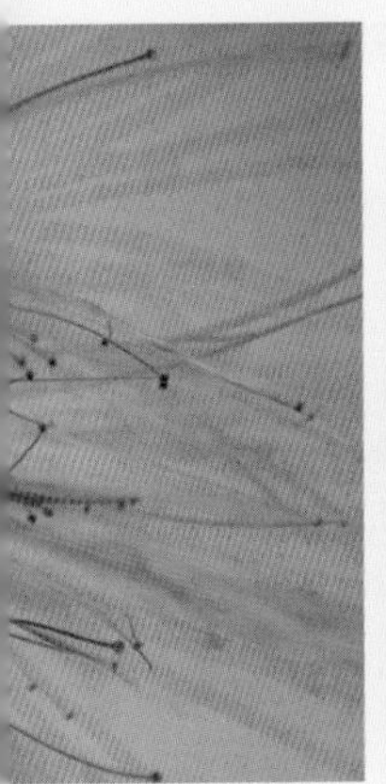

第14章 人像摄影

第15章 儿童摄影

第16章 建筑摄影

第17章 夜景摄影

第18章 宠物与鸟类摄影

第19章 微距摄影

第1章

「Nikon D5500的全局结构及基本操作方法」

Nikon D5500

相机正面结构

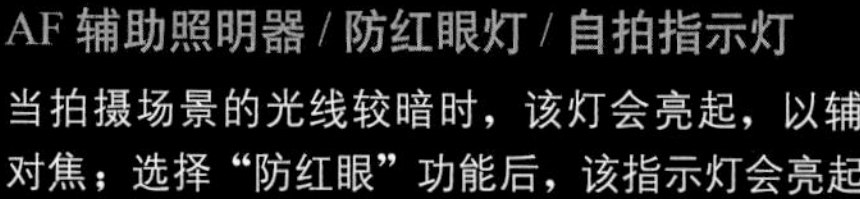

AF 辅助照明器 / 防红眼灯 / 自拍指示灯

当拍摄场景的光线较暗时，该灯会亮起，以辅助对焦；选择“防红眼”功能后，该指示灯会亮起；当选择自拍释放模式时，此灯会连续闪烁进行提示

反光板

将从镜头进入的光线反射至取景器内，使摄影师能够通过取景器进行取景、对焦

镜头安装标志

将镜头上的白色标志与机身上的白色标志对齐，旋转镜头即可完成镜头的安装

Nikon D5500 相机背面结构

菜单按钮 / 恢复默认设定

按下此按钮，可显示 Nikon D5500 相机的菜单；同时按住此按钮和 按钮，可恢复相机的部分设定至默认值

橡胶接目镜罩

用于隔离眼睛与取景器，其软性橡胶质地能够提升拍摄时眼睛的舒适度

屈光度调节控制器

对于视力不好又不想戴眼镜拍摄的摄影师，可以通过调整屈光度，以便在取景器中看到清晰的影像

信息编辑按钮 / 恢复默认设定

按一次此按钮，可在显示屏中查看设定，再次按下此按钮可修改设定；同时按此按钮和 MENU 按钮，可恢复相机的部分设定至默认值

AE-L/AF-L 锁定按钮 / 保护按钮

用于锁定曝光、对焦等，可在“自定义设定”菜单中改变其设置；在回放照片时，还可以用于保护照片不被删除

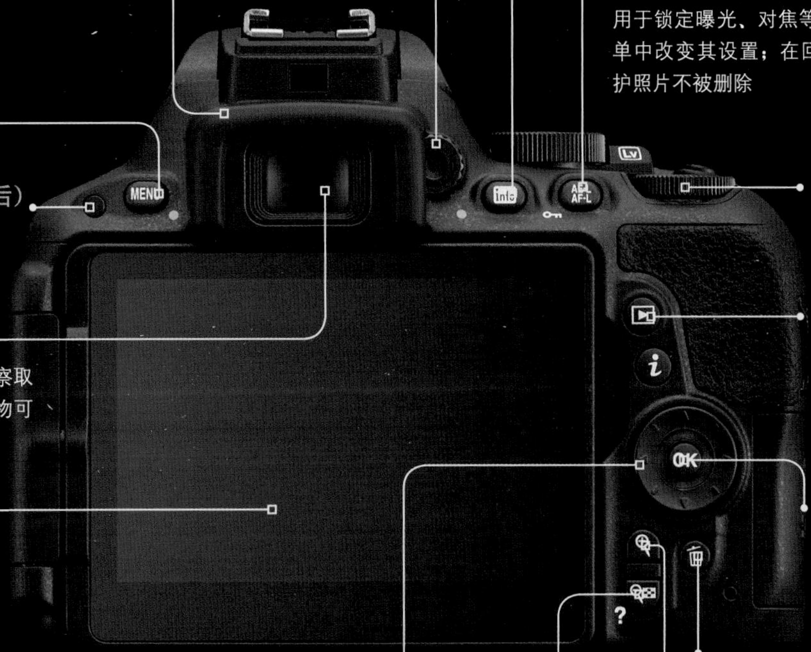

红外线接收器（后）

用于接收遥控信号

指令拨盘

用于改变快门速度、感光度的数值，或播放照片

播放按钮

按下此按钮，可切换至查看照片状态

取景器接目镜

在拍摄时，通过观察取景器接目镜中的景物可以进行取景构图

OK（确定）按钮

用于选择菜单命令或确认当前的设置

显示屏

使用显示屏可以设定菜单功能、即时显示取景照片和短片以及回放照片和短片

多重选择器

用于选择菜单命令、浏览照片、选择对焦点等

删除按钮

在查看照片时，按下此按钮，显示屏中将显示一个确认对话框，再次按下此按钮可删除图像并返回播放状态

缩略图按钮 / 缩小播放按钮 / 帮助按钮

在查看照片时，按此按钮可依次按 4 张、9 张、72 张缩略图显示；还可以缩小、放大照片；在选择菜单命令或功能时，按下此按钮可查看相关的帮助提示

放大播放按钮

在查看照片时，可以放大照片以观察其局部

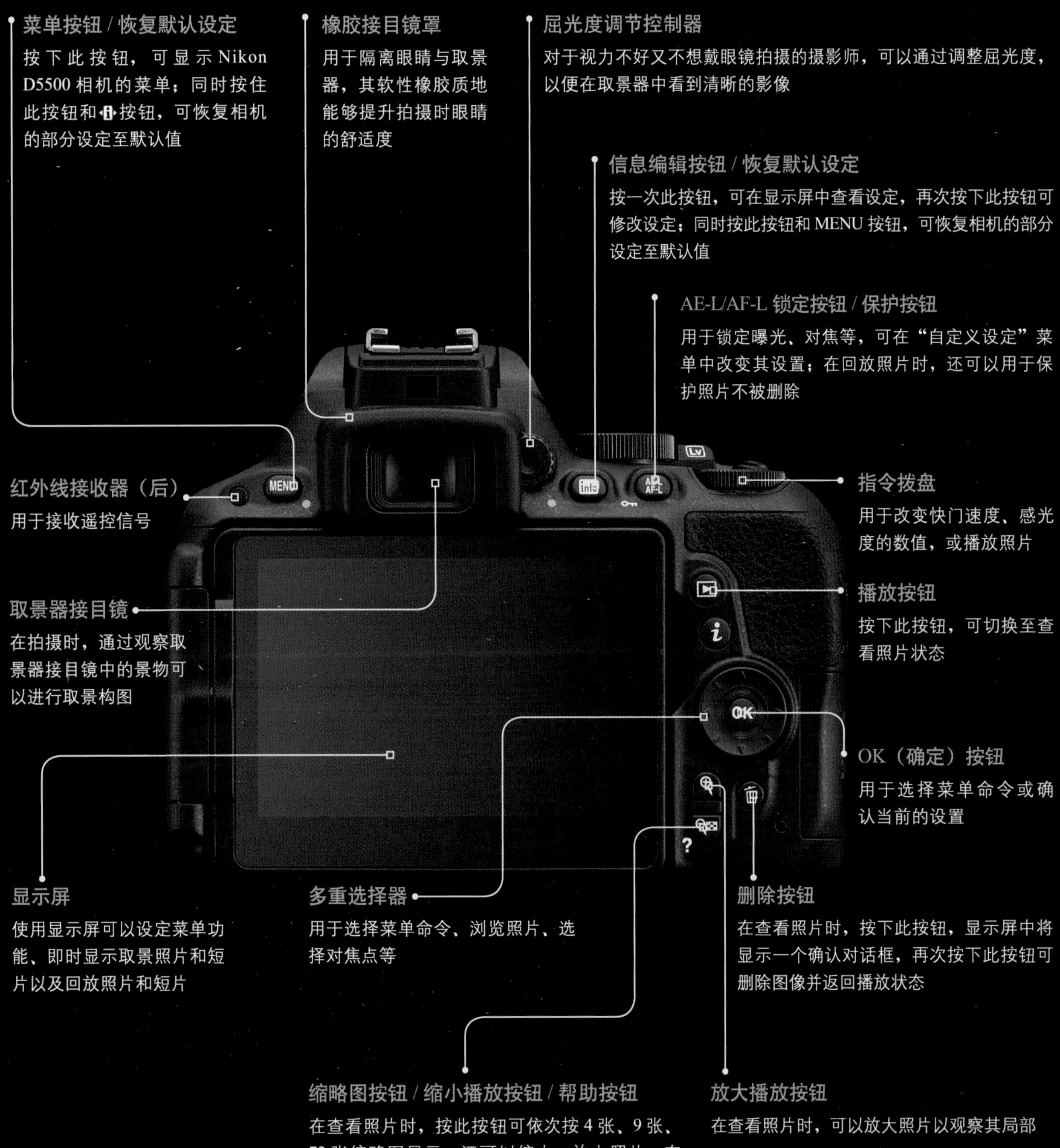

Nikon D5500 相机顶部结构

电源开关

用于控制 Nikon D5500 相机的开启及关闭

快门按钮

半按快门可以开启相机的自动对焦系统，完全按下时即可完成拍摄。当相机处于省电状态时，轻按快门可以恢复工作状态

动画录制按钮

按下动画录制按钮将开始录制视频，显示屏中会显示录制指示及可用录制时间

内置闪光灯

开启后可为拍摄对象补光

曝光补偿按钮 / 调整光圈按钮 / 闪光补偿按钮

按下此按钮并旋转指令拨盘可设置曝光补偿，在 M 手动曝光模式下，按下此按钮并旋转指令拨盘可设置光圈；按住此按钮和⚡/⚡☒按钮并同时旋转指令拨盘可设置闪光补偿

立体声麦克风

在录制视频时，如果把声音录制设置为打开，则可与利用此麦克风录制立体声音频

扬声器

在播放视频时播放声音

热靴

用于安装外置闪光灯、无线引闪器及 GPS 等设备

模式拨盘

用于选择不同的拍摄模式，以便拍摄不同的题材

即时取景开关

将开关拨至 LV 端，反光板将弹起且镜头视野将出现在相机显示屏中。此时，取景器中将无法看见拍摄对象，在此状态下可以用即时取景模式拍摄照片或录制动画

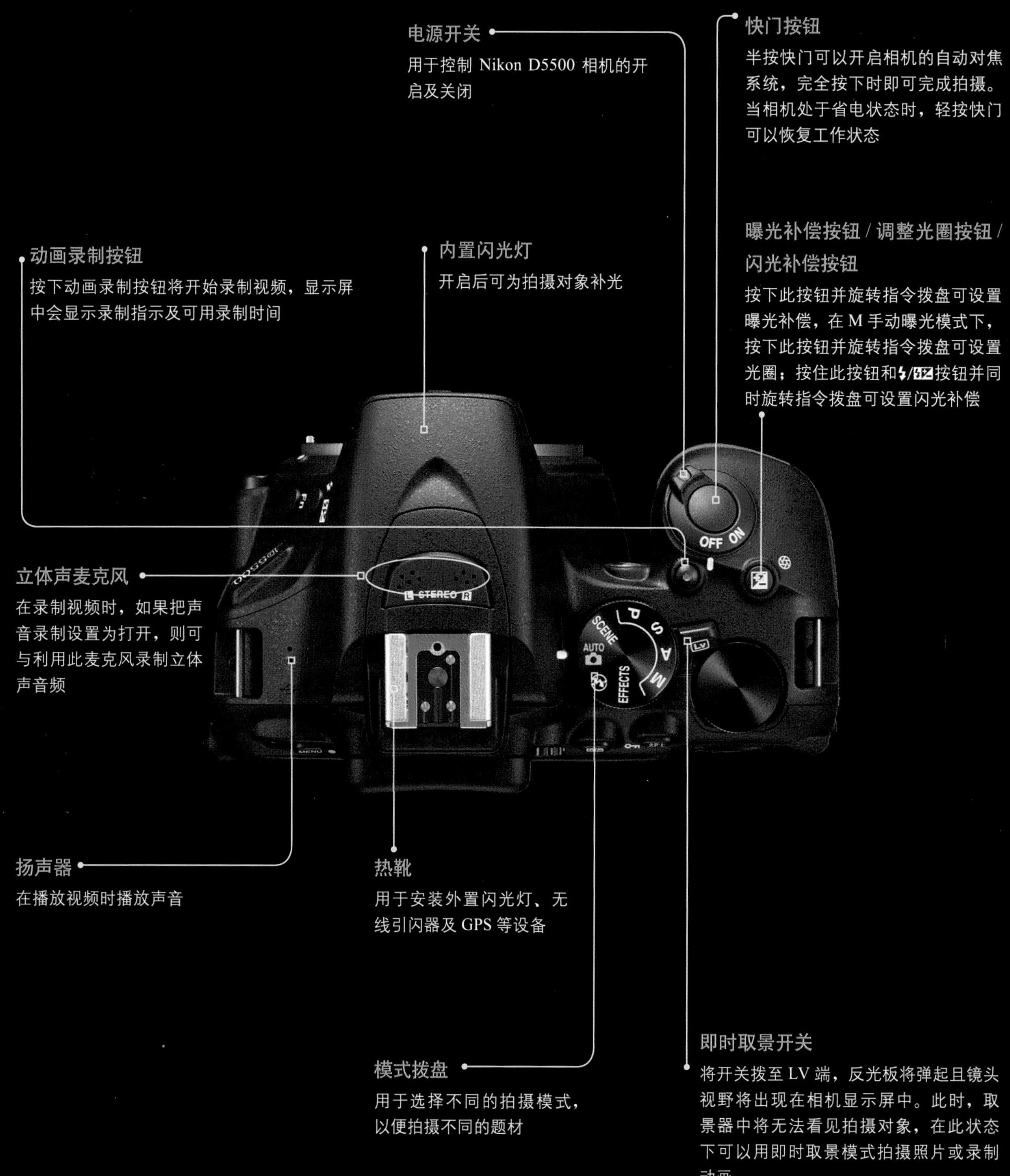

Nikon D5500 相机侧面结构

Fn 功能按钮

此按钮的默认功能为设置 ISO 感光度，在“自定义设定”菜单中可将其变更为其他功能

闪光模式 / 闪光补偿按钮

按下此按钮并旋转指令拨盘，可以设置闪光模式；按下此按钮及曝光补偿按钮并旋转指令拨盘可以设置闪光补偿值

配件端子

通过将连接器上的◀标记与配件端子旁边的▶对齐，可连接遥控线

USB 和音频 / 视频接口

用于连接计算机、电视机以查看图像或短片；连接打印机以打印图像

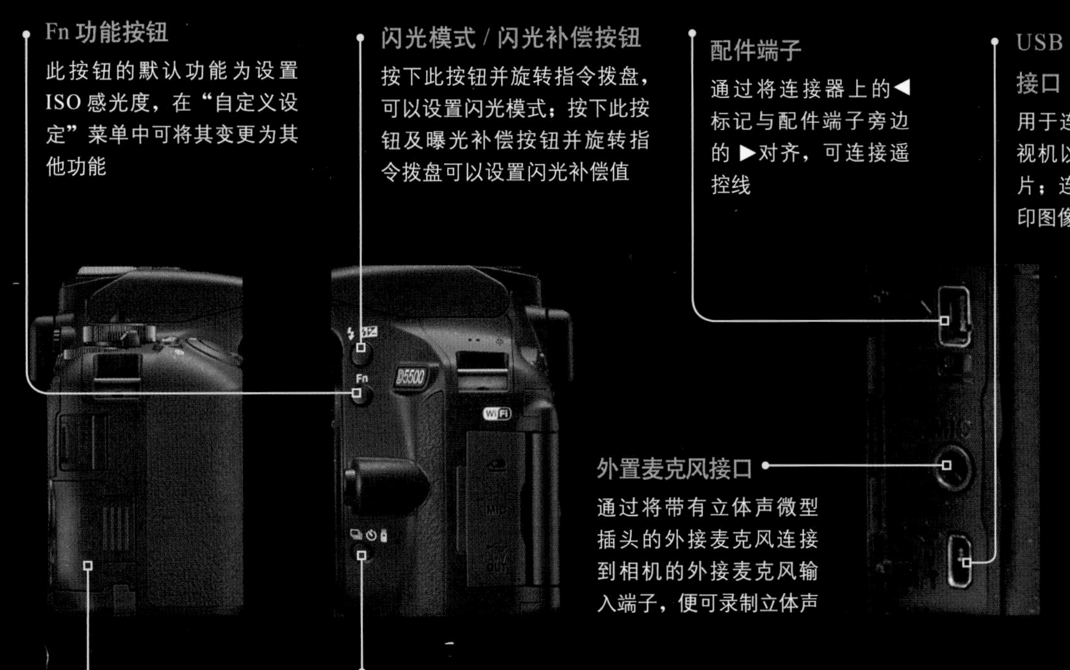

外置麦克风接口

通过将带有立体声微型插头的外接麦克风连接到相机的外接麦克风输入端子，便可录制立体声

存储卡插槽盖

打开此盖可拆装存储卡

释放模式按钮 / 自拍按钮 / 遥控按钮

配合指令拨盘可以设置快门的释放方式，如单拍、自拍及连拍，连上遥控器，可以进行离机拍摄

Nikon D5500 相机底部结构

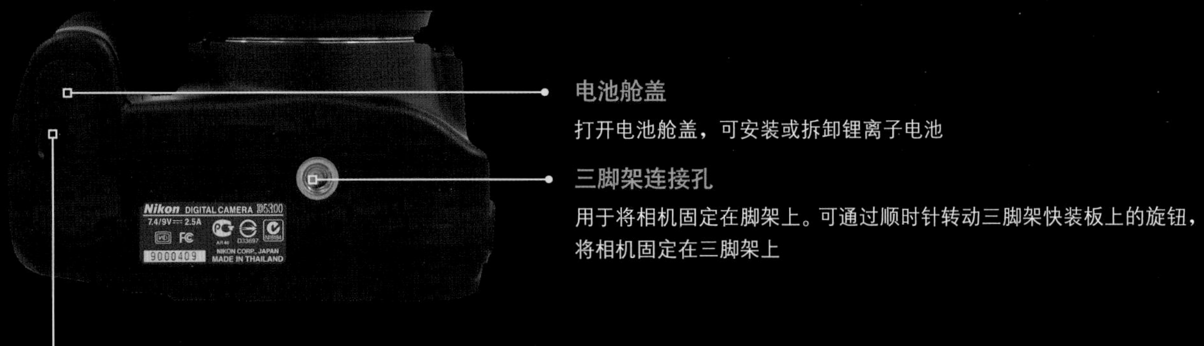

电池舱盖

打开电池舱盖，可安装或拆卸锂离子电池

三脚架连接孔

用于将相机固定在脚架上。可通过顺时针转动三脚架快装板上的旋钮，将相机固定在三脚架上

电池舱盖锁闩

安装电池时，应先移动电池舱盖锁闩，然后打开舱盖

Nikon D5500 相机光学取景器

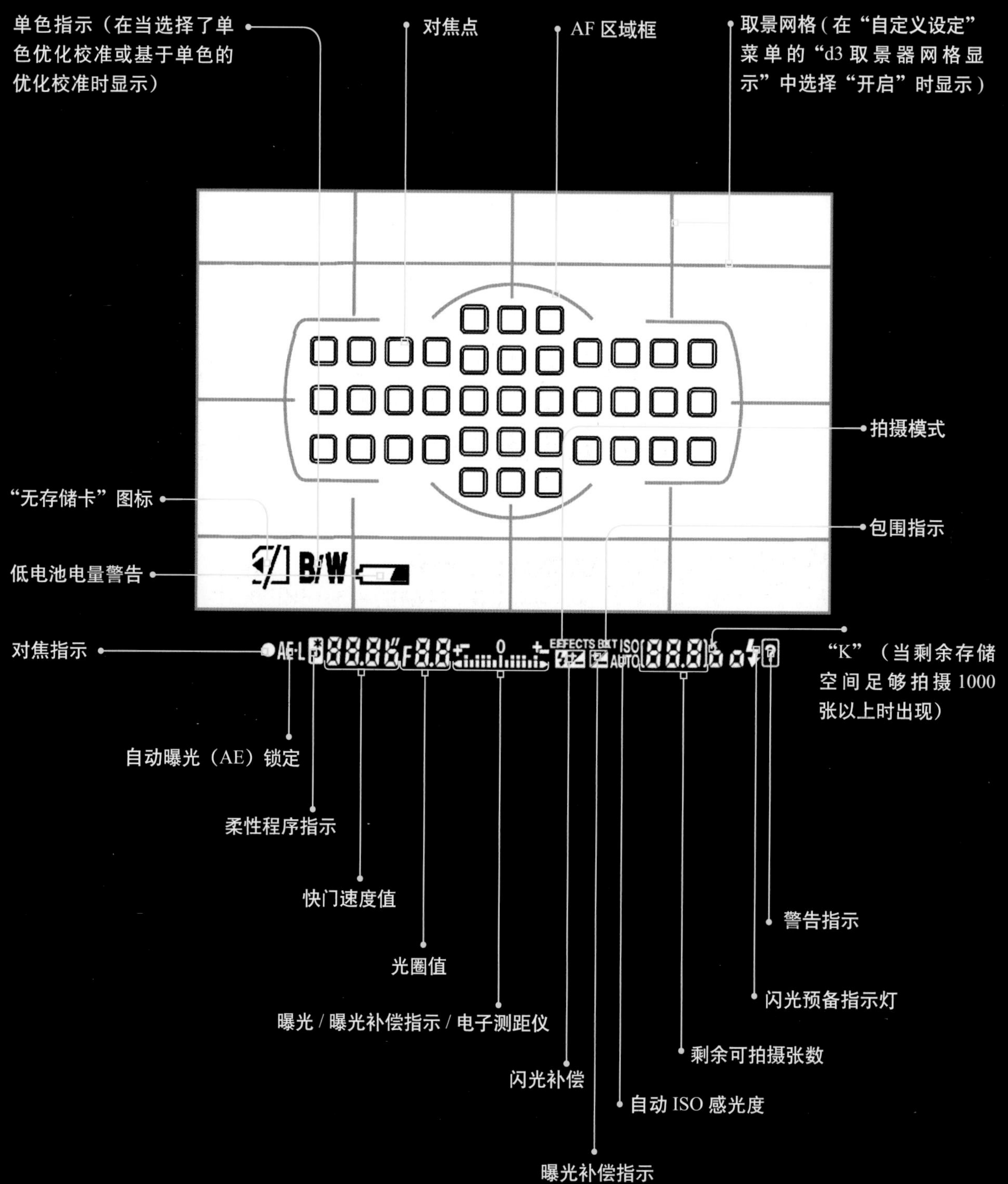
单色指示（在当选择了单色优化校准或基于单色的优化校准时显示）
对焦点
AF 区域框
取景网格（在“自定义设定”菜单的“d3 取景器网格显示”中选择“开启”时显示）
拍摄模式
“无存储卡”图标
包围指示
低电池电量警告
B/W
对焦指示
“K”（当剩余存储空间足够拍摄 1000 张以上时出现）
自动曝光（AE）锁定
柔性程序指示
快门速度值
光圈值
曝光 / 曝光补偿指示 / 电子测距仪
闪光补偿
曝光补偿指示
自动 ISO 感光度
剩余可拍摄张数
闪光预备指示灯
警告指示

Nikon D5500 相机显示屏参数

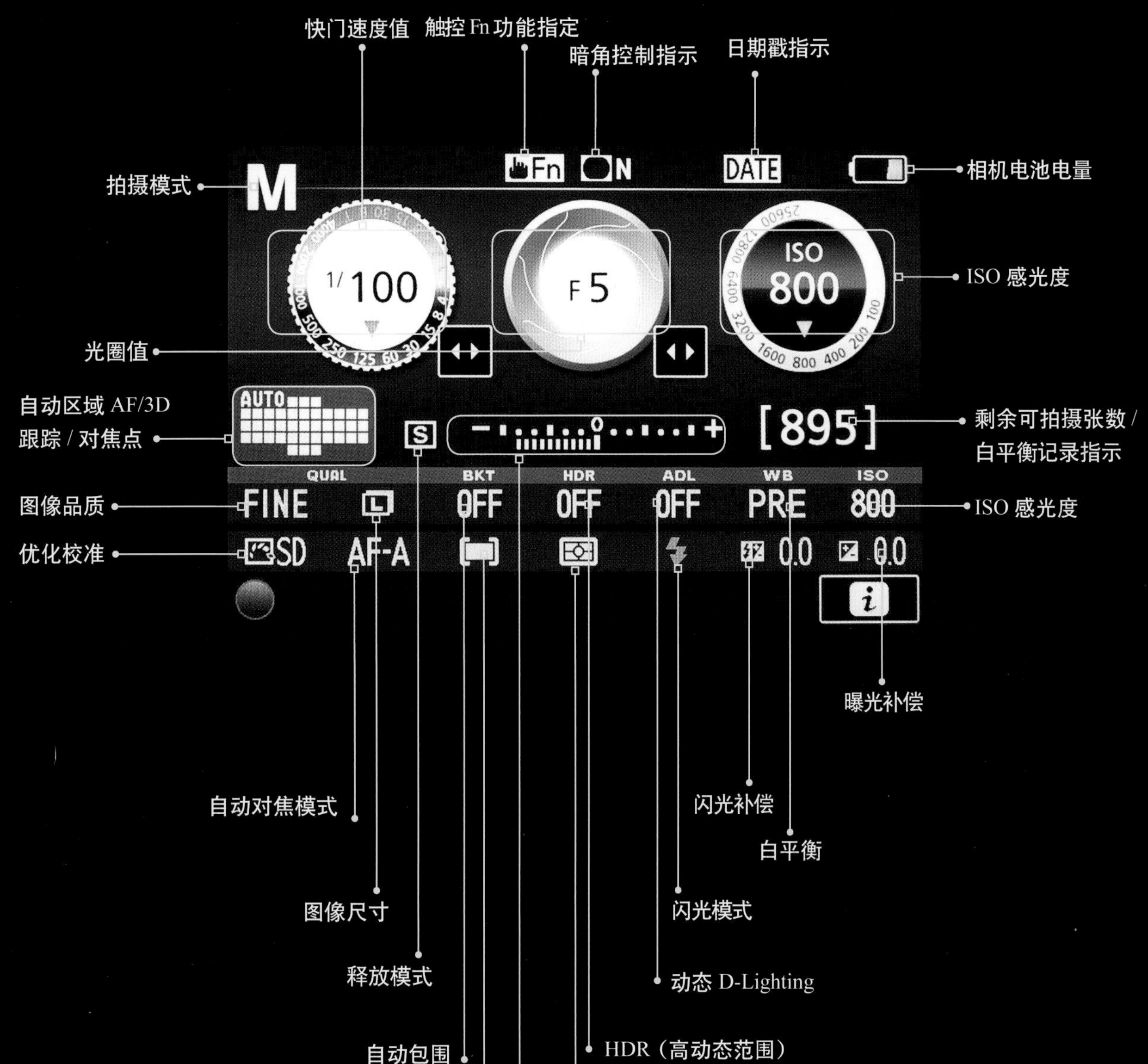
快门速度值
触控 Fn 功能指定
暗角控制指示
日期戳指示
拍摄模式
相机电池电量
ISO 感光度
光圈值
自动区域 AF/3D 跟踪 / 对焦点
剩余可拍摄张数 / 白平衡记录指示
图像品质
ISO 感光度
优化校准
曝光补偿
自动对焦模式
闪光补偿
白平衡
图像尺寸
闪光模式
释放模式
动态 D-Lighting
自动包围
HDR（高动态范围）
M
1/100
F5
ISO
800
DATE
AUTO
[895]
QUAL
BKT
HDR
ADL
WB
ISO
FINE
OFF
OFF
OFF
PRE
800
SD
AF-A
0.0
0.0

掌握 Nikon D5500 基本操作方法

Nikon D5500 显示屏的基本使用方法

Nikon D5500作为一款中端入门级数码单反相机，在显示屏（即相机背面的液晶显示屏）中提供了参数设置功能。

按下info按钮可开启显示屏以显示拍摄信息，其中包括拍摄模式、快门速度、光圈、色温、曝光补偿、ISO感光度、图像品质及电池电量等。

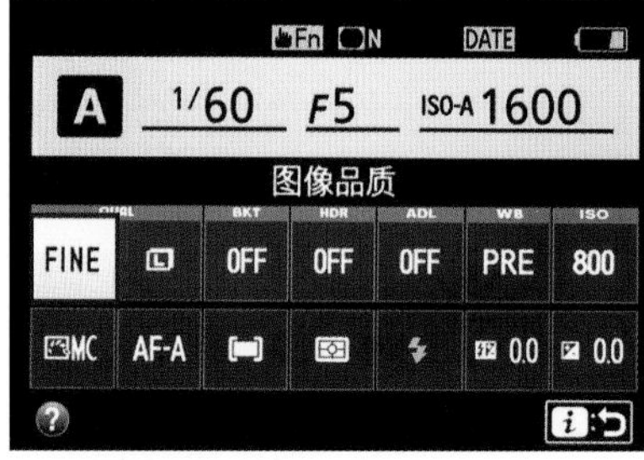

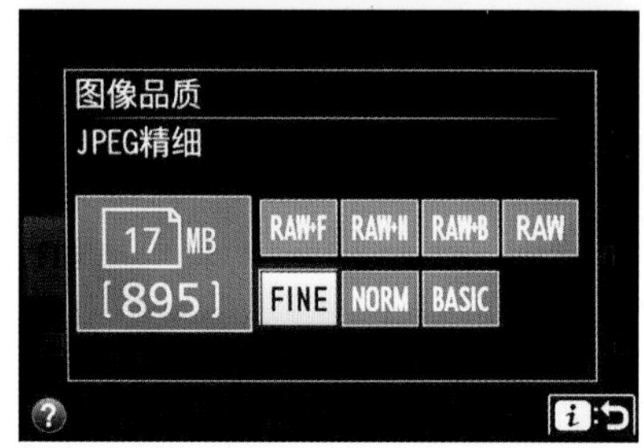

设置显示屏中显示的各参数选项的操作步骤如下。

❶ 点击信息显示界面右下角的*i*图标，进入拍摄信息可修改状态。

❷ 点击选择要设置的拍摄参数。

❸ 进入该拍摄参数的具体设置界面。

❹ 点击选择参数即可确定更改并返回初始界面。

▼拍摄完成后，可通过显示屏查看照片的效果是否符合拍摄要求，如果没有达到预期效果，可重新设定拍摄参数

焦　距　18mm
光　圈　F16
快门速度　1/400s
感光度　ISO100

Nikon D5500 相机菜单结构图

熟练掌握与菜单相关的操作，可以帮助我们更快速、准确地设置相机。

右图展示了Nikon D5500相机的菜单结构，仔细观察学习右图标注的菜单，有助于快速掌握各个菜单功能的操作步骤。

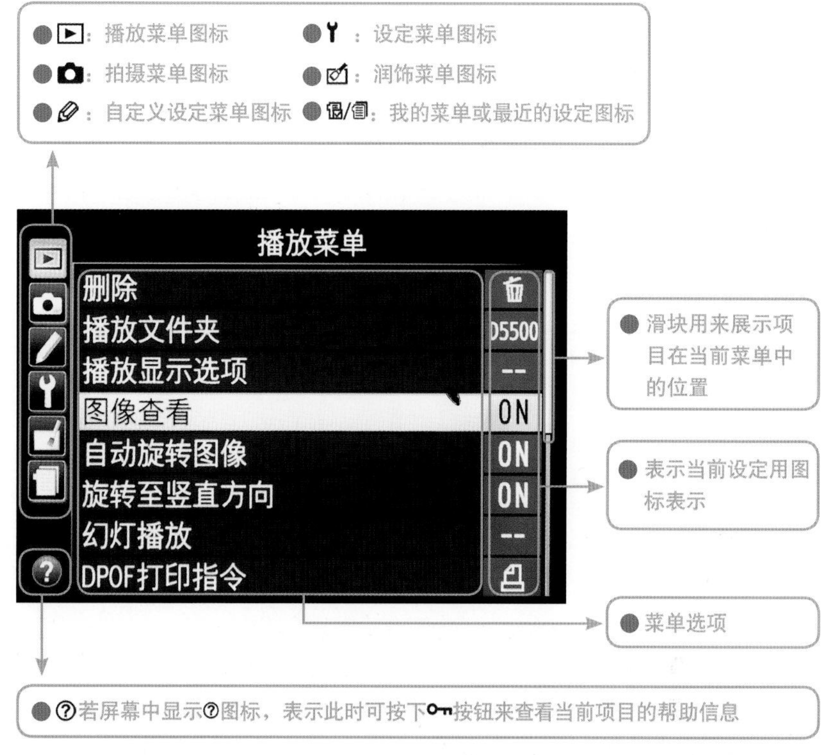

通过机身按键设置菜单

Nikon D5500的菜单繁多、功能强大，熟练掌握菜单相关的操作，可以更快速、准确地设置Nikon D5500的各项功能与参数。

下面介绍一下机身上与菜单设置相关的功能按钮。

通过点击触摸屏设置菜单

Nikon D5500的液晶显示屏是触摸屏，操作起来很简单。下面举例介绍通过菜单设置参数的操作流程。

❶ 先按下菜单按钮，显示Nikon D5500相机的菜单界面。

❷ 要在各个菜单项之间进行切换，可以在左侧图标栏内点击菜单图标。

❸ 在左侧点击选择一个菜单项目后，将出现此菜单的所有选项，点击选择要修改的子菜单命令。

❹ 在参数设置界面，点击所需要的选项。

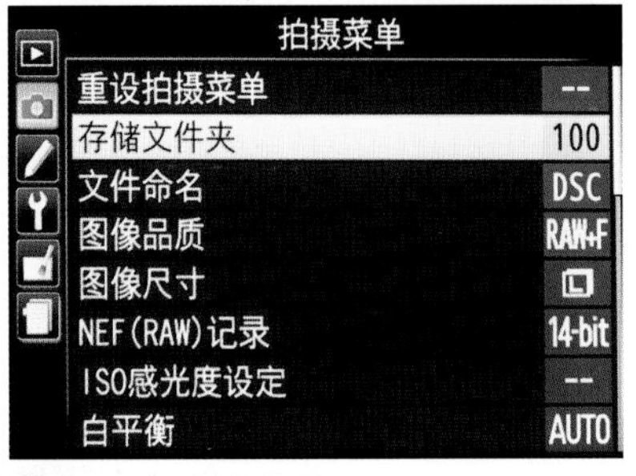

❶ 在左列选择菜单项目

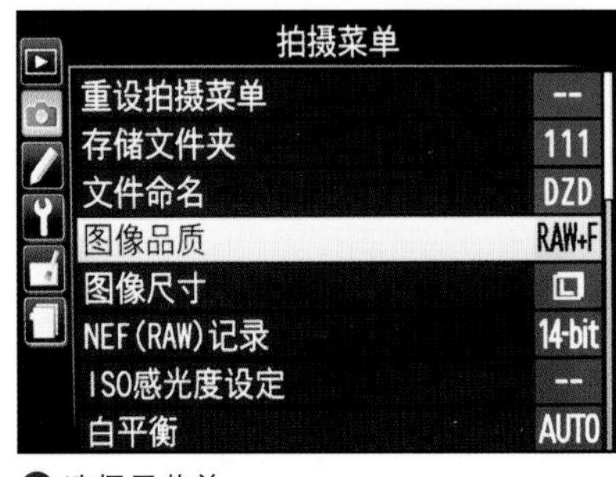

❷ 选择子菜单

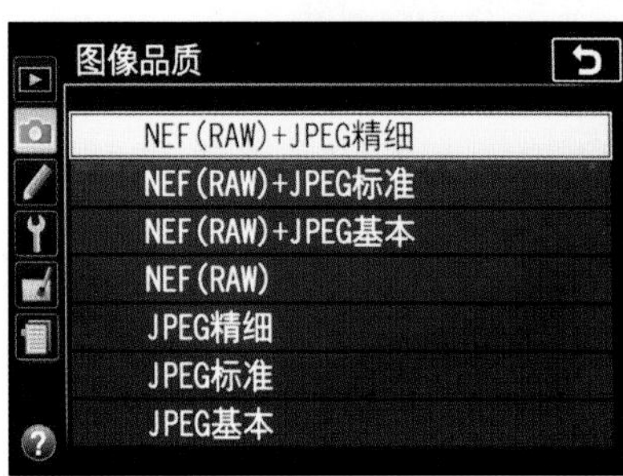

❸ 进行参数选择及设置

调整取景器对焦清晰度

当通过取景器观察要拍摄的对象时，如果经过自动对焦或手动调焦，被摄对象仍然看上去是模糊的，首先要想到调整取景器的对焦清晰度，因为这可能是由于其他人在使用相机时对取景器的对焦状态进行了调整造成的。

按下面所示的步骤操作重新调整取景器的对焦状态，即可使其恢复到最清晰的状态。

对焦点 AF 区域框

▲ 注视取景器并旋转屈光度调节控制器，直至取景器显示的AF区域框获得清晰显示为止

第2章

拍摄菜单重要功能详解

拍摄菜单

存储文件夹

功能要点： 该菜单用于选择存储所拍图像的文件夹，包含“按编号选择文件夹”和“从列表中选择文件夹”两个选项。

选项释义

■按编号选择文件夹：选择此选项，可以选择文件夹的编号。若存储卡中存在所选编号的文件夹，则在文件夹编号左方将显示一个🗀、🗀或🗀图标，分别表示空文件夹、文件夹还剩余部分空间或文件夹已满的意思，以提示用户此文件夹的存储空间；若存储卡中不存在所选编号的文件夹，则会新建一个文件夹，并且拍摄的照片都将存储在此文件夹中。

■按编号选择文件夹：选择此选项，可以从现有的文件夹列表中选择一个文件夹，作为存储照片的文件夹。

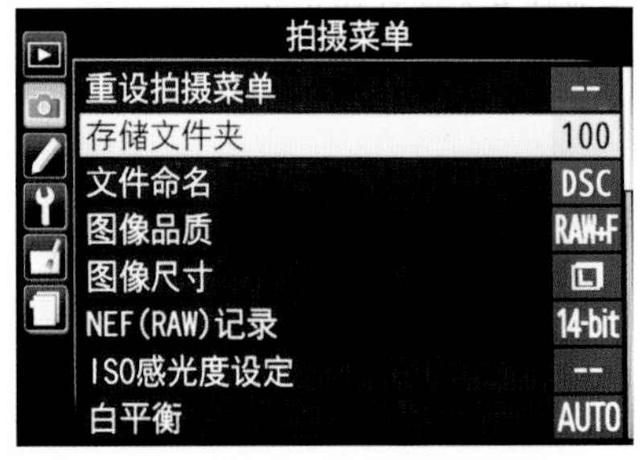

❶ 点击选择**拍摄**菜单中的**存储文件夹**选项

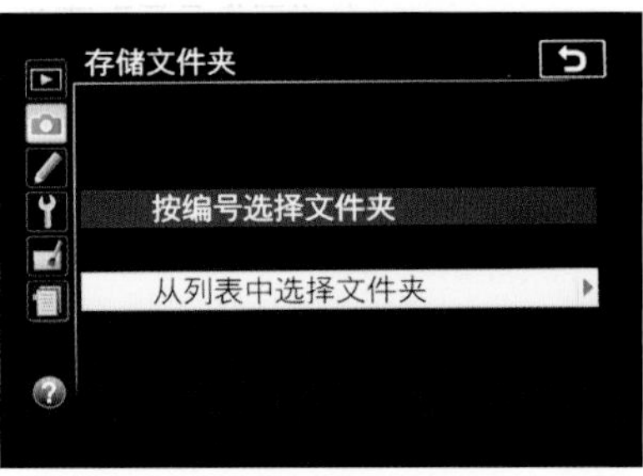

❷ 可在其下级菜单中点击选择**按编号选择文件夹**或**从列表中选择文件夹**选项

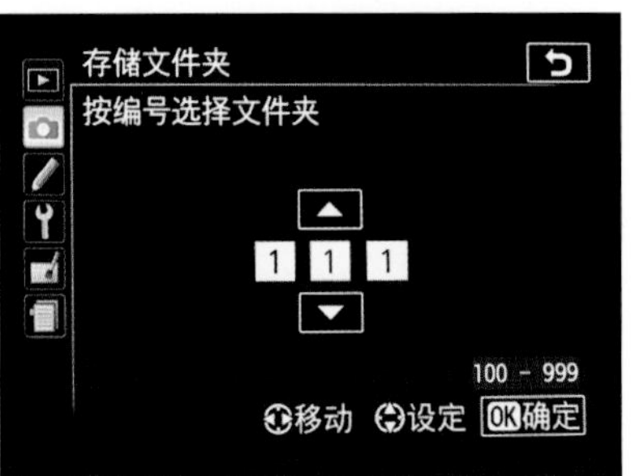

❸ 若在步骤❷中点击选择**按编号选择文件夹**选项，然后点击▲或▼图标选择所需的文件夹，再点击右下角的OK图标完成操作

❹ 若在步骤❷中点击选择**从列表中选择文件夹**选项，可在列表中点击选择要存储的文件夹

焦　　距▷60mm
光　　圈▷F3.5
快门速度▷1/160s
感 光 度▷ISO100

▶ 在拍摄照片前，选择好指定的文件夹或者新建文件夹有利于在拍摄完成后寻找目标照片

图像品质

功能要点：该菜单用于选择文件格式和JPEG品质。可以根据照片的最终用途来选择不同的选项。

选项释义：在“图像品质”菜单中可选择的各个选项的含义如下表所列。

选 项	文件类型	说 明
NEF（RAW）+JPEG精细	NEF/JPEG	记录两张图像：一张 NEF(RAW)图像和一张精细品质的JPEG图像
NEF（RAW）+JPEG标准		记录两张图像：一张NEF(RAW)图像和一张标准品质的JPEG图像
NEF（RAW）+JPEG基本		记录两张图像：一张NEF(RAW)图像和一张基本品质的JPEG图像
NEF（RAW）	NEF	来自图像感应器的原始数据以尼康电子格式（NEF）直接保存到存储卡上。适用于记录将传送至计算机进行打印或处理的图像。需要注意的是，NEF（RAW）图像被传送至计算机后，仅可通过与其兼容的软件查看
JPEG精细	JPEG	以大约1:4压缩率记录JPEG图像（精细图像品质）
JPEG标准		以大约1:8的压缩率记录JPEG图像（标准图像品质）
JPEG基本		以大约1:16的压缩率记录JPEG图像（基本图像品质）

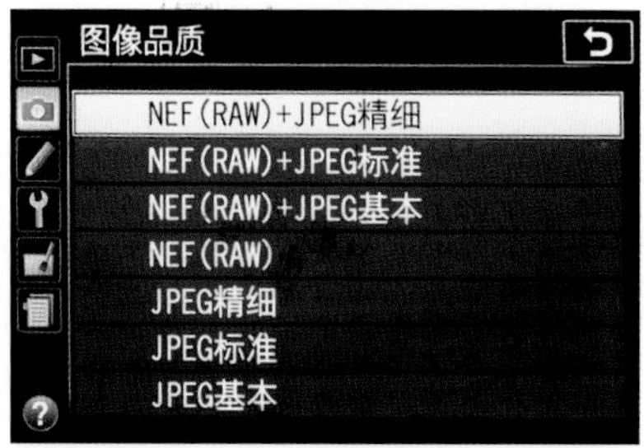

操作步骤：点击选择**拍摄**菜单中的**图像品质**选项，在其下级菜单中可选择文件存储的格式及品质

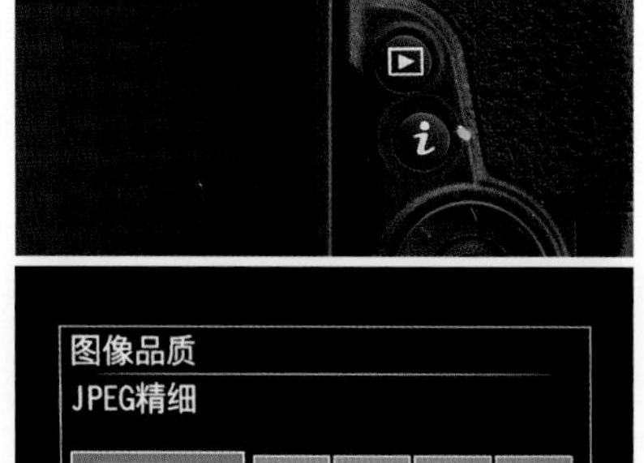

图像品质
JPEG精细
17 MB
[895]
RAW+F RAW+N RAW+B RAW
FINE NORM BASIC

操作步骤：按下*i*按钮开启显示屏，再点击右下角的*i*图标进入显示屏设置状态，点击图像品质图标，然后点击选择所需的图像品质选项

▼使用NEF格式拍摄的照片，经过后期调整成两幅风格迥异的画面效果，右上图是增加了色彩饱和度之后，画面冷暖的对比效果更加突出；右下图则增加了色温值，得到暖黄调的画面，突出了画面温暖的感觉

▲ 使用NEF格式拍摄的照片，经过后期调整成两幅风格迥异的画面效果，右上角是改变了白平衡的模式，使用荧光灯白平衡使画面微微偏冷，使照片从温暖的夕阳画面改变成了清冷的晨曦画面，右下角则使用了滤镜渐变功能，从蓝色到紫色的天空渐变使画面颜色看起来更加干净、透彻

从上面的两组照片能够清楚地看出，使用NEF格式拍摄的照片，在后期方面有较大的潜力。

JPEG与NEF格式的优劣对比如下表所示。

JPEG与NEF格式的优劣对比		
格式	JPEG	NEF
占用空间	占用空间较小	占用空间很大，通常比相同尺寸的JPEG图像要大4~6倍
成像质量	虽然有压缩，但肉眼基本看不出来	以肉眼对比来看，基本看不出与JPEG格式的区别，但放大观看时照片能够达到更平滑的梯度和色调过渡
宽容度	此格式的图像是由数字信号处理器进行过加工的格式，进行了一定的压缩，虽然肉眼难以分辨，但确实少了很多细节。在对照片进行后期处理时容易发现这一点，对阴影（高光）区域进行强制性的提亮（降暗）时，照片的画面会出现色条或噪点	NEF格式是原始的、未经数码相机处理的影像文件格式，它反映的是从影像传感器中得到的最直接的信息，是真正意义上的“数码底片”。由于RAW格式的影像未经相机的数字信号处理器调整清晰度、反差、色彩饱和度和白平衡，因而保留了丰富的图像原始数据，从后期处理角度来看，潜力巨大
可编辑性	如Photoshop、光影魔术手、美图秀秀等软件均可直接进行编辑，并可直接发布到QQ相册、论坛、微信、微博等网络媒体	需要使用专门的软件进行解码，然后导出成为JPEG格式的照片
适用题材	日常、游玩等拍摄	强调专业性、商业性的题材，如人像、静物等

使用经验：就图像质量而言，虽然采用“精细”、“标准”和“基本”品质拍摄的结果用肉眼不容易分辨出来，但画面的细节和精细程度还是有很大影响的，因此应尽可能使用“精细”品质。

另外，如果是用于专业输出或希望为后期调整留出较大的空间等，则应采用RAW格式；如果只是日常的记录或是要求不太严格的拍摄，使用JPEG格式即可；如果需要进行高质量的专业输出，可选择TIFF格式。

图像尺寸

功能要点：图像尺寸直接影响着最终输出照片的大小，通常情况下，只要存储卡空间足够，就建议使用大尺寸，以便于后期进行二次构图等调整。

功能简介：此菜单用于设置输出照片的大小，包含“大”、“中”、“小”三个选项。

操作步骤：点击选择**拍摄**菜单中的**图像尺寸**选项，在其下级菜单中可点击选择不同的图像尺寸

图像尺寸	尺寸（像素）	打印尺寸（cm）
L 大	6000×4000	50.8×33.9
M 中	4496×3000	38.1×25.4
S 小	2992×2000	25.3×16.9

使用经验：如果照片是用于印刷、洗印等，也推荐使用大尺寸记录。如果只是用于网络发布、简单的记录或在存储卡空间不足时，则可以根据情况选择较小的尺寸。

在存储卡空间不足时，宁可选择较小的图像尺寸，也不建议降低图像的质量。实际上，即使选择小尺寸，也可以满足我们进行5~7寸照片洗印的精度要求。

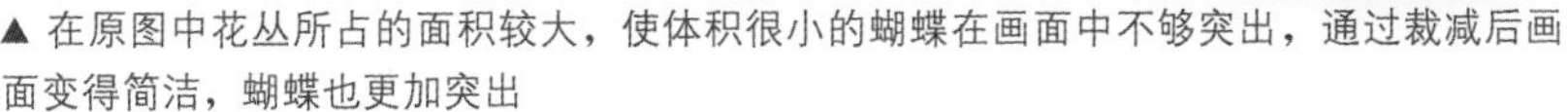
▲ 在原图中花丛所占的面积较大，使体积很小的蝴蝶在画面中不够突出，通过裁减后画面变得简洁，蝴蝶也更加突出

NEF（RAW）记录

功能要点：该菜单用于选择NEF(RAW)图像的位深度。其中包含“12-bit 12位”和“14-bit 14位”两个选项。

NEF（RAW）位深度的选项释义

■12-bit 12 位：选择此选项，则以 12 位字节长度记录 NEF（RAW）图像。

■14-bit 14 位：选择此选项，则以 14 位字节长度记录 NEF（RAW）图像，将产生更大容量文件并且记录的色彩数据也将增加。

NEF (RAW) 记录
12-bit 12位
14-bit 14位

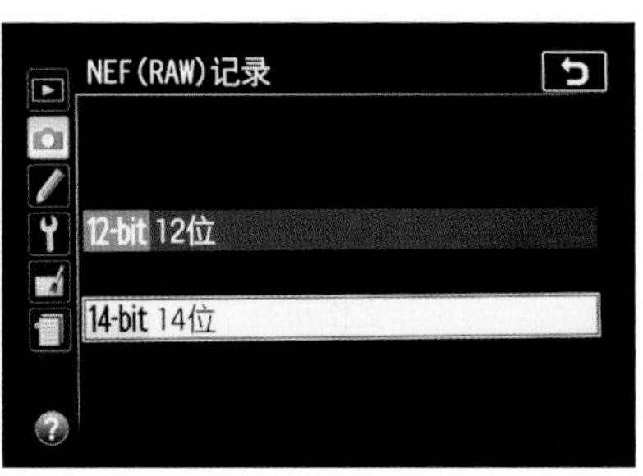

操作步骤：点击选择**拍摄**菜单中的**NEF(RAW)记录**选项，然后在其下级菜单中点击选择所需选项

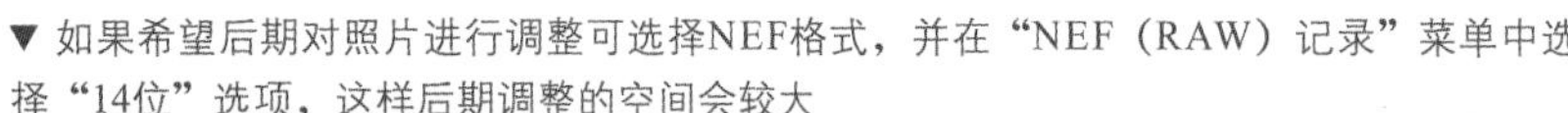

▼ 如果希望后期对照片进行调整可选择NEF格式，并在“NEF（RAW）记录”菜单中选择“14位”选项，这样后期调整的空间会较大

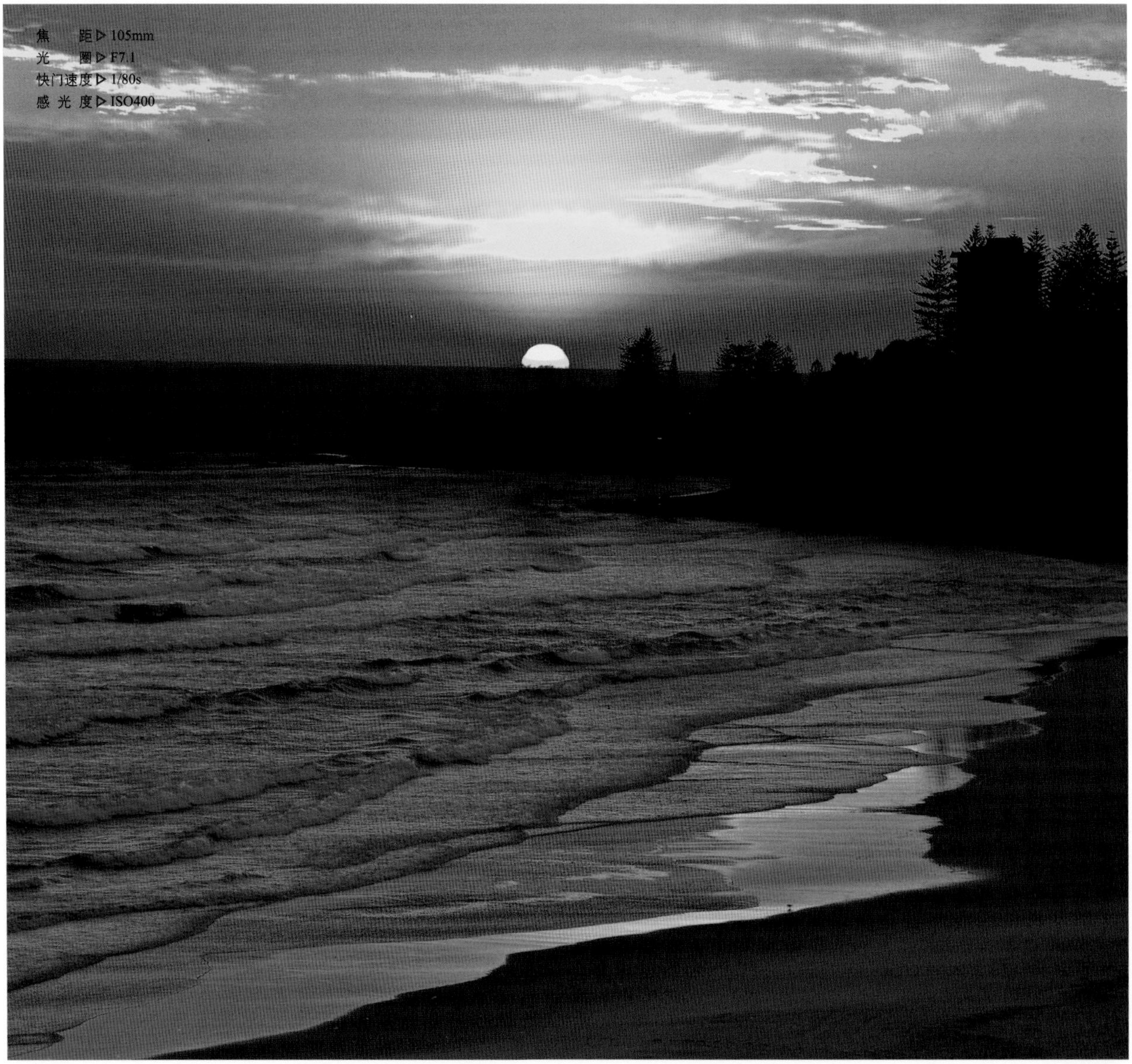

焦　距 ▷ 105mm
光　圈 ▷ F7.1
快门速度 ▷ 1/80s
感 光 度 ▷ ISO400

白平衡

功能要点：此菜单用于选择白平衡模式以及其中的相关参数。简单来说，白平衡的作用就是还原物体的真实色彩。由于不同的光源下，其色温有所不同，导致相机拍摄该光源下的物体时，所得到的照片也会随之产生一定的偏色，此时就可以使用白平衡进行校正偏色问题。

功能简介：Nikon D5500相机共提供了两类白平衡功能，即预设白平衡及自定义白平衡。

可以通过两种操作方法来选择预设白平衡，第一种是通过菜单来选择，第二种是通过机身按钮来操作。如下图所示。

操作步骤：点击选择**拍摄**菜单中的**白平衡**选项，然后在下级菜单中点击选择所需选项

操作步骤：按下*i*按钮，开启显示屏，然后点击右下角的*i*图标进入显示屏设置状态，点击选择白平衡图标，再点击选择所需白平衡选项

预设白平衡

功能简介：除了自动白平衡外，Nikon D5500相机还提供了闪光灯、白炽灯、荧光灯、晴天、阴天及背阴6种预设白平衡。在通常情况下，使用自动白平衡模式就可以获得不错的色彩效果。但如果在特殊光线条件下，使用自动白平衡模式有时可能无法得到准确的色彩还原，此时应根据不同的光线条件来选择不同的预设白平衡。

▲ 白炽灯白平衡模式，适合拍摄与其对等的色温条件下的场景，而拍摄其他场景会使画面色调偏蓝，严重影响色彩还原

▲ 荧光灯白平衡模式，会营造出偏蓝的冷色调，不同的是，荧光灯白平衡的色温比白炽灯白平衡的色温更接近现有光源色温，所以色彩相对接近原色彩

▲ 拍摄风光时一般只要将白平衡设置为晴天白平衡，就能获得较好的色彩还原。因为光线无论怎么变化都来自太阳光。晴天白平衡比较强调色彩，使颜色比较浓郁且饱和

▲ 闪光灯白平衡主要用于平衡使用闪光灯时的色温，较为接近阴天时的色温

▲ 在相同的现有光源下，阴天的白平衡可以营造出一种较浓郁的红色的暖色调，给人一种温暖的感觉

▲ 背阴白平衡可以营造出比阴天白平衡更浓郁的暖色调，常应用于拍摄日落的题材

自定义白平衡

功能要点：此功能可用于手动定义白平衡，即通过预拍白色对象并正确还原其色彩的方式，达到准确还原拍摄现场色彩的目的。下面是具体操作方法。

❶ 先将一个中灰色或白色物体放置在用于拍摄最终照片的光线下，并将机身上的对焦模式切换器拨至M（手动对焦）位置。再按下MENU按钮，在“拍摄”菜单中选择“白平衡”选项，然后选择“手动预设”选项并点击OK图标确定。

❷ 选择“测量”选项，显示屏中将显示如图所示的信息，点击选择“是”选项。

❸ 当相机准备好测量白平衡时，取景器和显示屏中将出现闪烁的PrE，在指示停止闪烁之前，将相机对准参照物并使其填满取景器，然后完全按下快门释放按钮拍摄一张照片。

❹ 若相机可以测量白平衡值，显示屏中将出现“已获得数据”提示信息，且在取景器中出现闪烁的GD，表示自定义白平衡已经完成，且已经被应用于相机。

使用经验：当曝光不足或曝光过度时，使用自定义白平衡可能会无法获得正确的色彩还原。此时取景器将显示NO Gd字样，半按快门按钮可返回步骤❹并再次测量白平衡。

在实际拍摄时可以使用18%灰度卡（市面有售）取代白色物体，这样可以更精确地设置白平衡。

许多摄影爱好者在使用此功能时感觉麻烦，殊不知如果在拍摄时养成自定义白平衡习惯，会极大提高照片的品质，使画面的颜色更真实、自然。另外，如果在拍摄用于自定义白平衡模式的照片时，有意识地使用有颜色的纸，能够获得意想不到的画面色彩。

❶ 点击选择**手动预设**选项

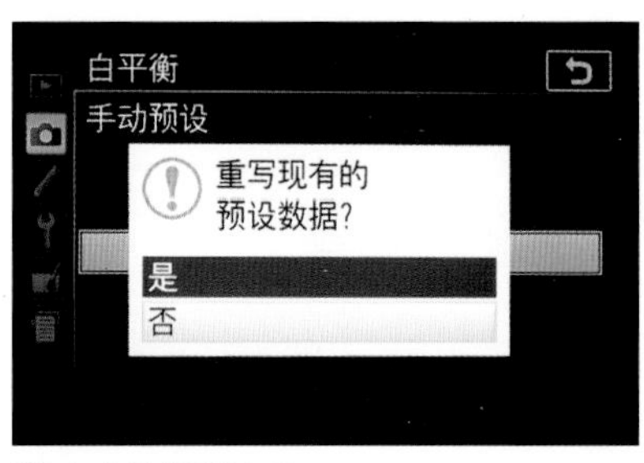

❷ 点击选择**是**选项

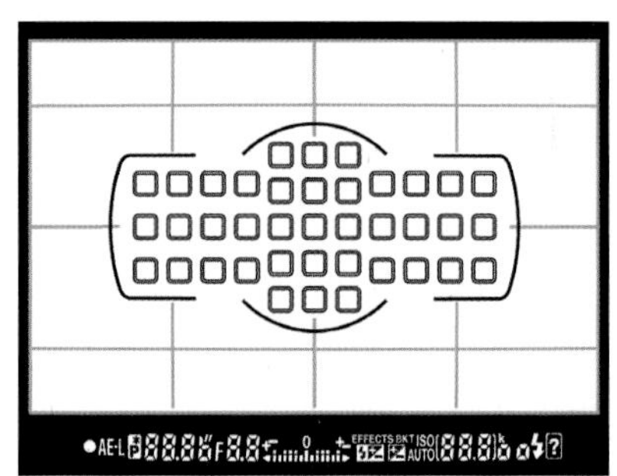
❸ 对白色物体进行拍摄

焦　　距 ▷ 85mm
光　　圈 ▷ F2
快门速度 ▷ 1/1000s
感 光 度 ▷ ISO100

◀ 在拍摄商业类照片时，由于对颜色要求较高，不能有色差现象，通过自定义白平衡的方式可获得准确的色彩，以保证拍摄出来的照片不偏色

从照片中复制白平衡

在Nikon D5500中，可以将拍摄某一张照片时定义的白平衡复制到当前指定的白平衡预设中，这种功能被称为从照片中复制白平衡。

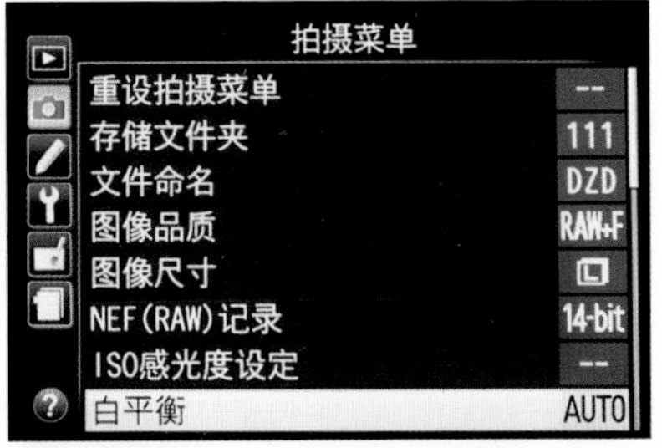

❶ 在**拍摄**菜单中点击选择**白平衡**选项

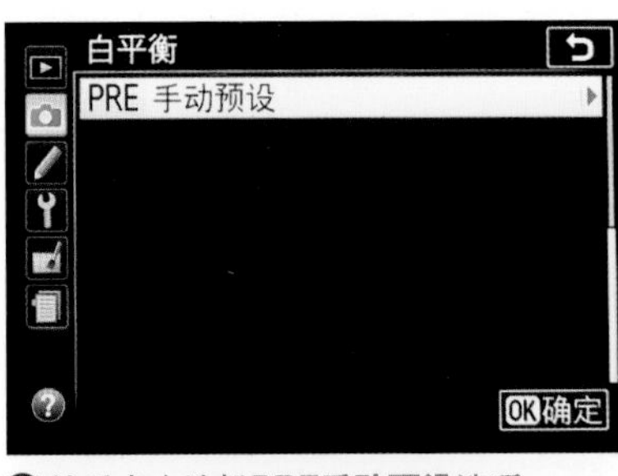

❷ 然后点击选择PRE**手动预设**选项

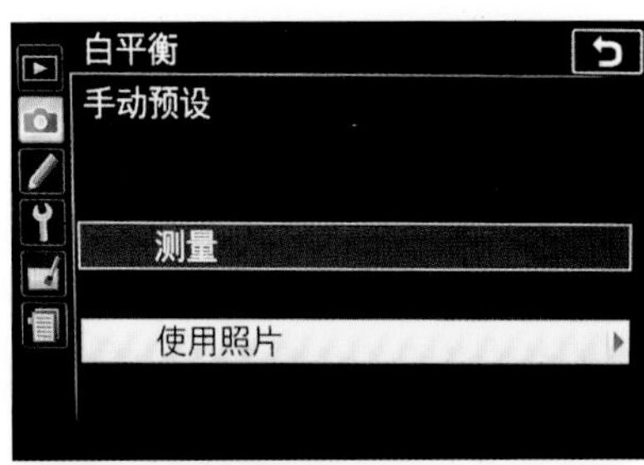

❸ 点击选择**使用照片**选项

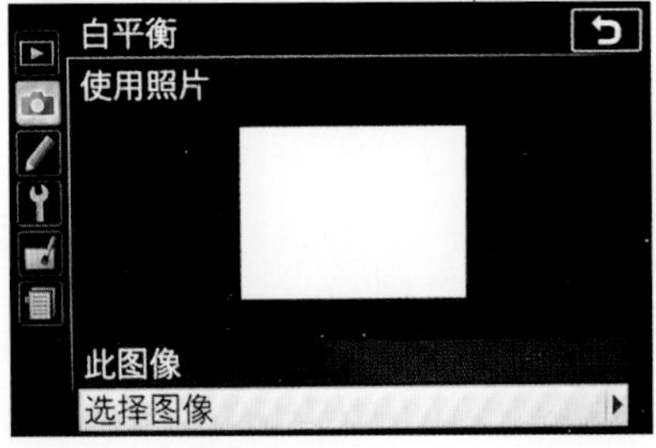

❹ 点击选择**选择图像**选项

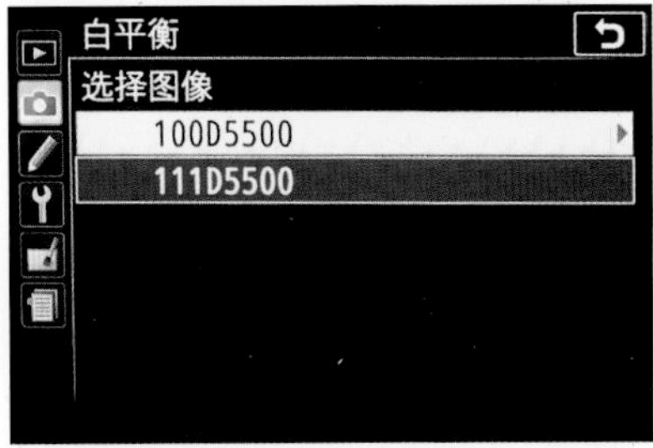

❺ 点击选择一个文件夹

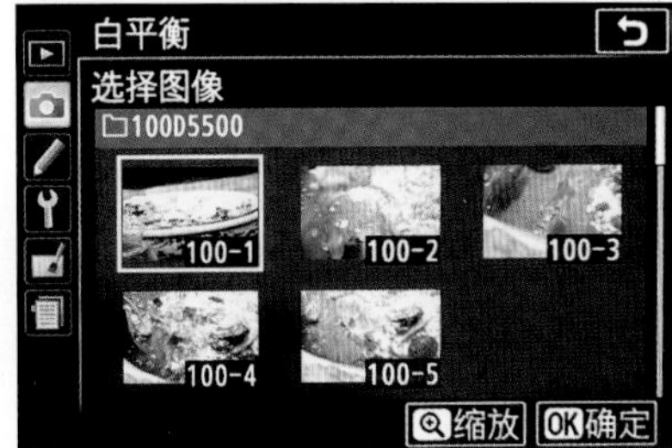

❻ 点击选择源图像，点击缩放图标可全屏查看选中的图像，点击OK图标即可将所选照片的白平衡设为预设白平衡

焦　　距 ▶ 16mm
光　　圈 ▶ F20
快门速度 ▶ 1/160s
感 光 度 ▶ ISO200

◀ 在拍摄此风光照片之前，利用复制白平衡功能，复制了另一张在类似光线下拍摄的照片的白平衡，最终拍摄出满意的色调，深蓝色的天空与橘黄色的光线形成对比，使画面显得更加震撼

知识链接：白平衡与色温之间的关系

白平衡与色温之间是互为表里的关系，摄影师在相机上所设置的各类白平衡实际上是为相机指定了一个色温值。而不同的光线之所以在照射同样的对象时，也会使该物体的色彩看上去发生了变化，这就是因为光线的色温不同（如下表所示）。

选项		色温	不同色温下光线色彩	说明	不同色温下拍摄的照片色调
AUTO自动	标准	3500～8000 K	—	相机自动调整白平衡。为了获得最佳效果，请使用G型或D型镜头。若使用内置或另购的闪光灯，相机将根据闪光灯闪光的强弱调整画面	—
	保留暖色调颜色				
白炽灯		3000 K		在白炽灯照明环境光下使用	
荧光灯	钠汽灯	2700 K		在钠汽灯照明环境（如运动场所）下使用	
	暖白色荧光灯	3000 K		在暖白色荧光灯照明环境下使用	
	白色荧光灯	3700 K		在白色荧光灯照明环境下使用	
	冷白色荧光灯	4200 K		在冷白色荧光灯照明环境下使用	
	昼白色荧光灯	5000 K		在昼白色荧光灯照明环境下使用	
	白昼荧光灯	6500 K		在白昼荧光灯照明环境下使用	
	高色温汞汽灯	7200 K		在高色温光源（如水银灯）照明环境下使用	
晴天		5200 K		在拍摄对象处于直射阳光下时使用	
闪光灯		5400 K		在使用内置或另购的闪光灯时使用	
阴天		6000 K		在白天多云时使用	
背阴		8000 K		在拍摄对象处于白天阴影中时使用	

▲ 这是一组在影棚内拍摄的照片，由于已知用于照明灯具的色温，因此直接将色温设置为准确的数值，即可获得正确的色彩还原效果

设置照片优化校准

功能简介：简单来说，优化校准就是相机依据不同拍摄题材的特点而进行的一些色彩、锐度及对比度等方面的调整，以更好地表现该题材的一种设置。

设定预设优化校准

功能简介："设定优化校准"菜单用于选择适合拍摄对象或拍摄场景的照片优化校准，包含"标准"、"自然"、"鲜艳"、"单色"、"人像"、"风景"和"平面"7个选项。各选项的作用如下。

选项释义

- ■标准：此风格是最常用的照片风格，拍出的照片画面清晰，色彩鲜艳、明快。
- ■自然：进行最小限度的处理以获得自然效果。在要进行后期处理或润饰照片时选用。
- ■鲜艳：进行增强处理以获得鲜艳的图像效果。在强调照片主要色彩时选用。
- ■单色：使用该风格可拍摄黑白或单色的照片。
- ■人像：使用该风格拍摄人像时，人的皮肤会显得更加柔和、细腻。
- ■风景：此风格适合拍摄风光，对画面中的蓝色和绿色有非常好的表现。
- ■平面：此风格将使照片获得更宽广的色调范围，如果在拍摄后需要对照片进行润饰处理，可以选择此选项。

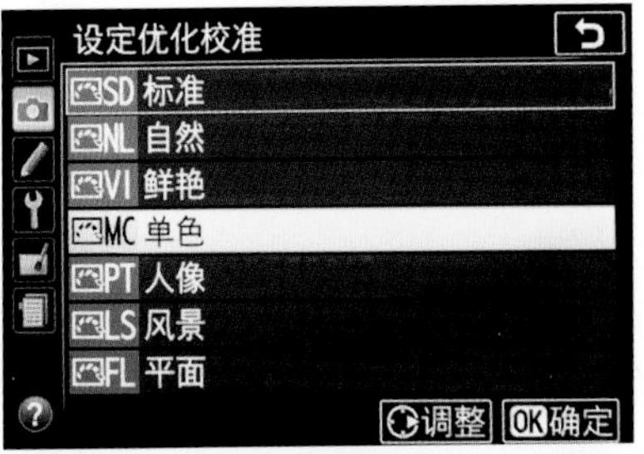

操作步骤：点击选择**拍摄**菜单中的**设定优化校准**选项，选择所需优化校准选项，然后点击右下角的OK按钮即可

使用经验：从实际应用来看，虽然可以在拍摄人像时选择"人像"风格，在拍摄风光时使用"风景"风格，但其实用性并不高，建议还是以"标准"风格作为常用设置。

在拍摄时，如果对某一方面不太满意，如锐度、对比度等，再单独进行调整也为时不晚，甚至连这些调整也可以省掉。

在数码时代的今天，后期处理技术可以帮助我们实现太多的效果，而且可编辑性非常高，没必要为了一些细微的变化，冒着可能出现问题的风险在相机中进行这些设置。

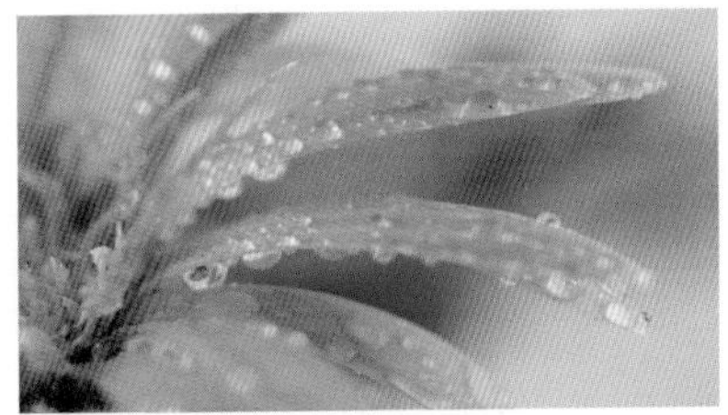

▲ 标准风格

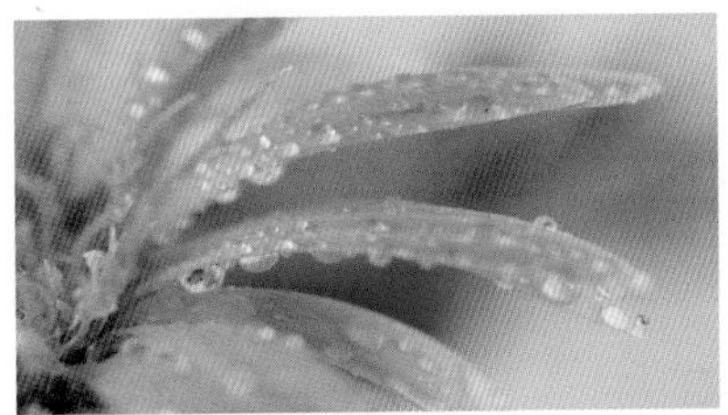

▲ 自然风格

▲ 鲜艳风格

▲ 人像风格

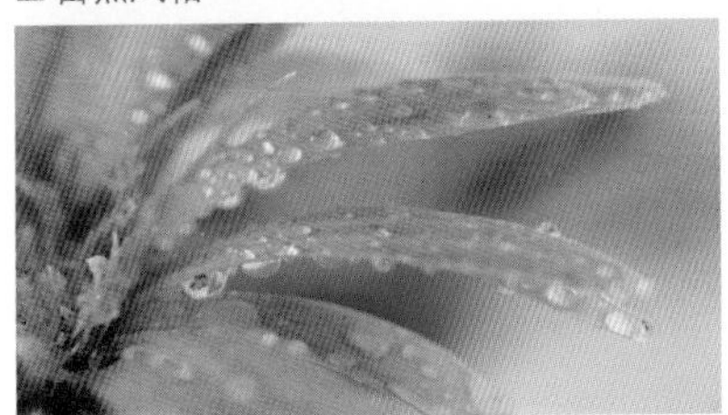

▲ 风景风格

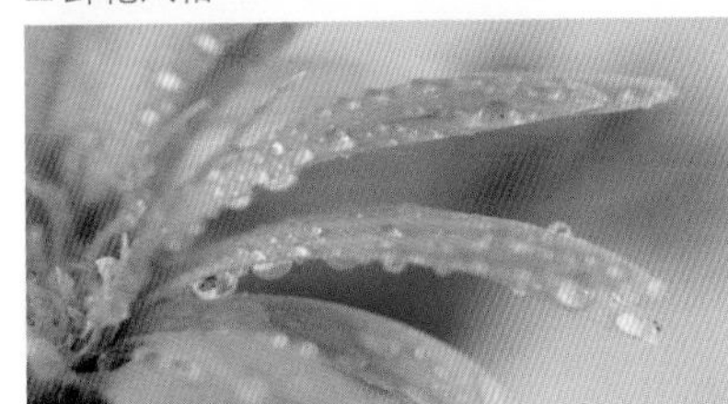

▲ 平面风格

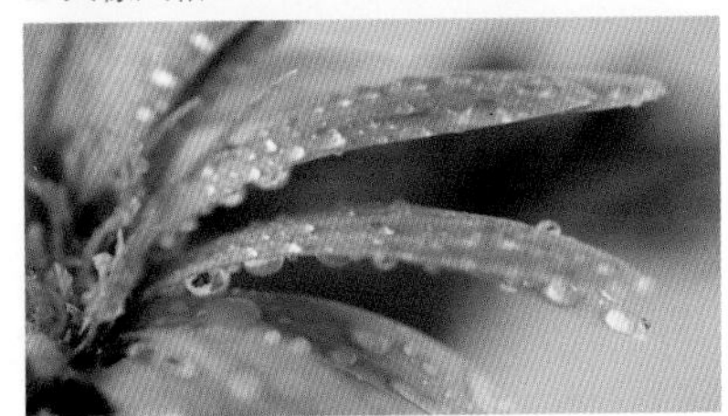

▲ 单色风格

修改预设的优化校准参数

功能简介：此菜单用于对上面讲解的预设优化校准的参数进行修改，以便于摄影师拍摄出更加个性化的照片。其中，可以对锐化、对比度、亮度、饱和度和色相5个参数进行修改。

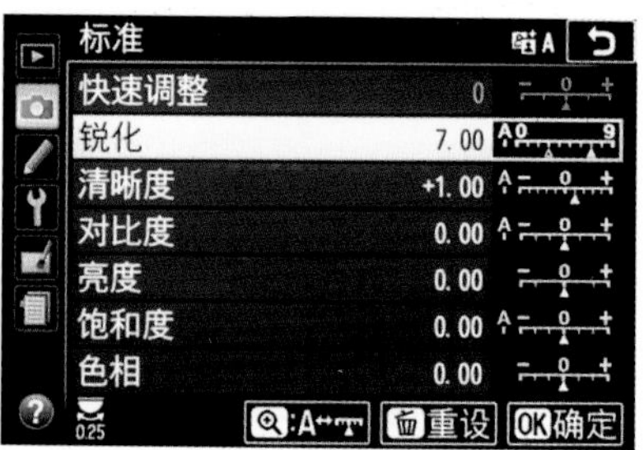

操作步骤：在**设定优化校准**选项中点击选择一个要编辑的预设优化校准，点击调整图标进入调整界面，在修改界面中，点击选择要设置的参数，再次点击以显示选项，然后点击◀或▶方向图标调整参数的具体数值；在选择锐化、清晰度、对比度及饱和度选项时，点击图标，可在手动和自动（A）设定之间进行切换。

选项释义

■快速调整：可以同时调整下面的"锐化"、"清晰度"、"对比度"、"亮度"、"饱和度"及"色相"6个参数。不过该选项不适用于自然、单色、平面或自定义优化校准。

■锐化：用于控制图像的锐度。向0端靠近则降低锐度，图像变得越来越模糊；向9端靠近则提高锐度，图像变得越来越清晰、锐利。

▲设置**锐化**前（+0）后（+2）的效果对比

■清晰度：控制图像的清晰度。向−端靠近则降低清晰度，图像变得越来越模糊；向+端靠近则提高清晰度，图像变得越来越清晰，其调整范围为-5~+5。

■对比度：用于控制图像的反差及色彩的鲜艳程度。向−端靠近则降低反差，图像变得越来越柔和；向+端靠近则提高反差，图像变得越来越明快。其调整范围为-3~+3。

▲设置**对比度**前（+0）后（+3）的效果对比

■ 饱和度：控制色彩的鲜艳程度。向−端靠近则降低饱和度，色彩变得越来越淡；向+端靠近则提高饱和度，色彩变得越来越艳。

▲ 设置**饱和度**前（+0）后（+3）的效果对比

■ 亮度：在不影响照片曝光的前提下，改变画面的亮度。

■ 色相：控制画面色调的偏向。向−端靠近则红色偏紫、蓝色偏绿、绿色偏黄；向+端靠近则红色偏橙、绿色偏蓝、蓝色偏紫。

▲ 向右调整3格前后的效果对比，可见其中绿色的变化最为明显

使用经验：在拍摄不同的题材时，可根据个人的喜好对优化校准进行修改。例如在拍摄风光时，可以加大反差与锐度，从而使画面更立体、画面细节更锐利。拍摄女性人像时，照片风格中的“锐化”参数设置不宜过高，否则画面中人像的皮肤会显得比较粗糙；“对比度”数值也应该设置得稍低一点，这样人像的皮肤会有被柔化的感觉。

利用单色优先校准直接拍出单色照片

功能要点：在“单色”选项下，其可调整的参数会与其他优化校准略有不同。还可以选择不同的滤镜效果及调色效果，从而拍摄出更有特色的黑白或单色照片效果。

功能简介：在“滤镜效果”选项下，可选择无、Y（黄）、O（橙）、R（红）或G（绿）等色彩，从而在拍摄过程中针对这些色彩进行过滤，得到更亮的灰色甚至白色。由于此优化校准中不存在色彩，因此其参数中去掉了饱和度和色调2个选项，并增加了“滤镜效果”与“调色”2个选项。

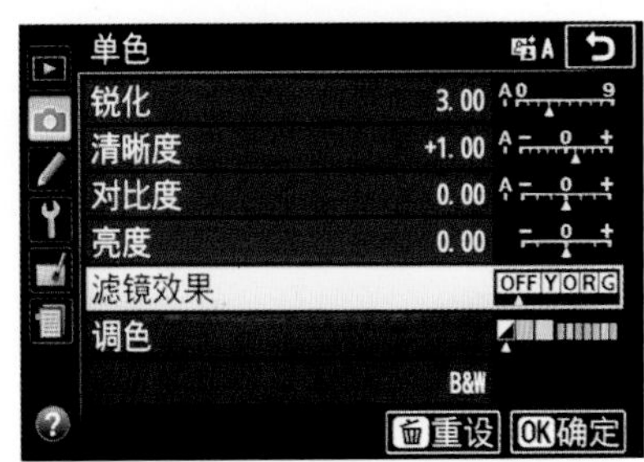

操作步骤：点击选择**设定优化校准**选项中的**单色**选项，点击选择所需选项，左右拖动▲滑杆以调节**参数**数值

管理优化校准

功能简介：此菜单用于修改并保存相机提供的优化校准，也可以为新的优化校准命名，包含“保存/编辑”、“重新命名”、“删除”、“载入/保存”4个选项。

保存/编辑优化校准

功能要点：当需要经常使用一些自定义的优化校准时，可以将其参数编辑好，然后保存为一个新的优化校准文件，以便于以后调用。

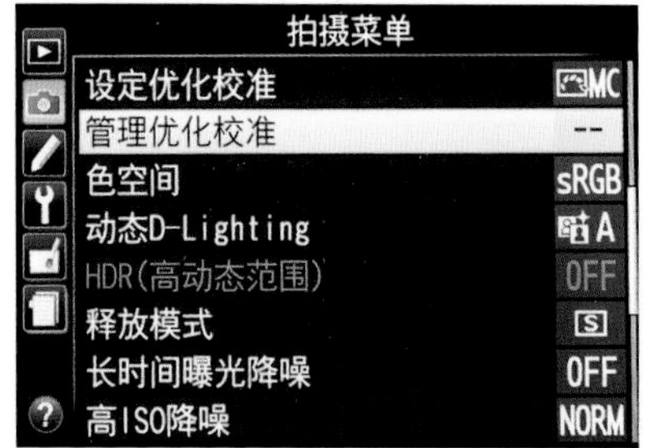

❶ 点击选择**拍摄**菜单中的**管理优化校准**选项

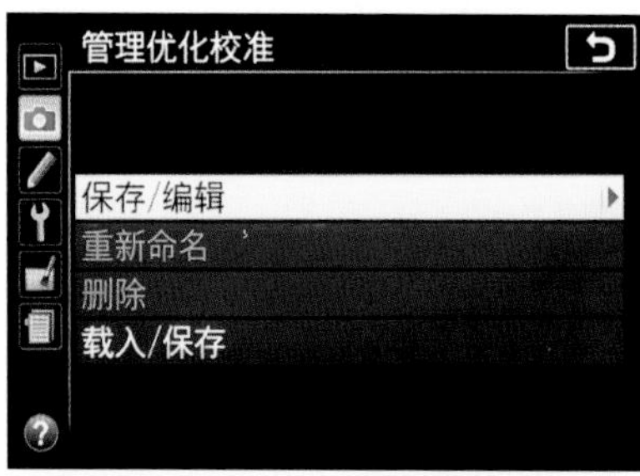

❷ 在子菜单中点击选择**保存/编辑**选项

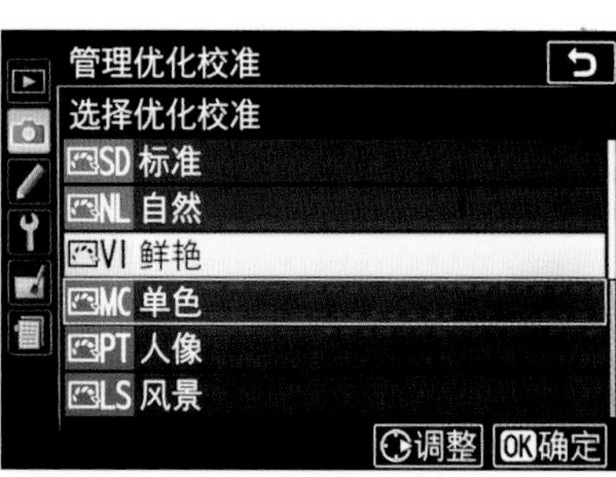

❸ 点击选择一个已有的优化校准作为保存/编辑的基础，然后点击调整图标

❹ 点击选择不同的参数并可根据需要修改设置

❺ 点击选择一个保存新优化校准预设的位置

❻ 点击选择所需字符输入好名称，然后点击确定图标完成保存操作

重新命名优化校准

功能简介：重命名优化校准操作，只对自定义的优化校准预设有效，而对相机内置的“标准”、“自然”等优化校准预设无法进行重命名。

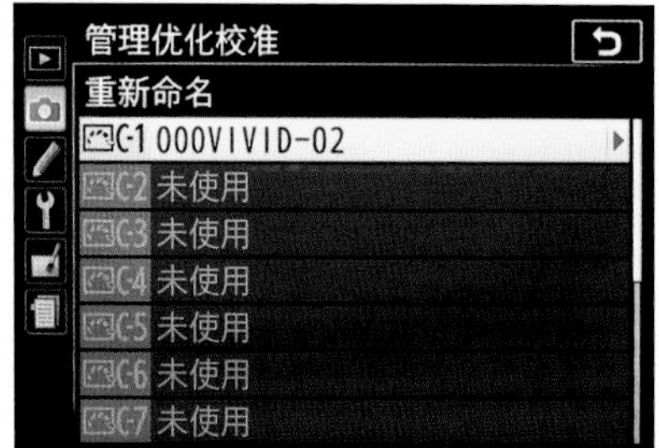

❶ 在**管理优化校准**菜单中点击选择**重新命名**选项，并点击选择一个要重命名的优化校准预设

❷ 点击选择所需字符输入好名称，然后点击确定图标完成保存操作

删除优化校准

功能要点：对于那些已经确认不会再使用的自定义优化校准选项，可以将其删除。

操作步骤：点击选择**删除**选项；然后点击选择要删除的优化校准

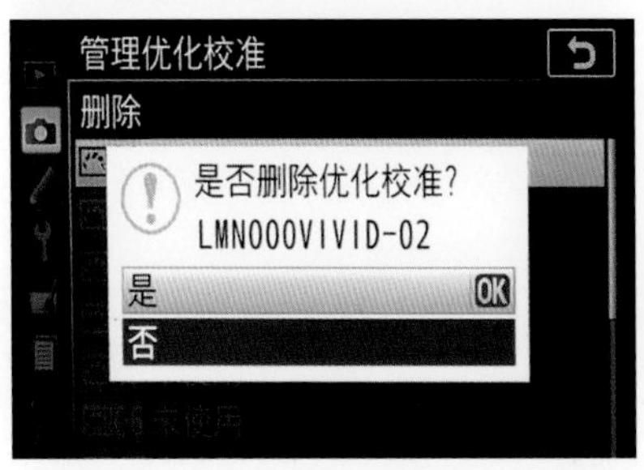

▲ 确认是否删除该优化校准界面图

使用经验：删除后的优化校准预设无法再恢复回来，因此在删除前一定要确认。

载入/保存优化校准

功能要点：通过载入/保存优化校准，可以向相机中输入或将已有的优化校准预设输出到存储卡中。

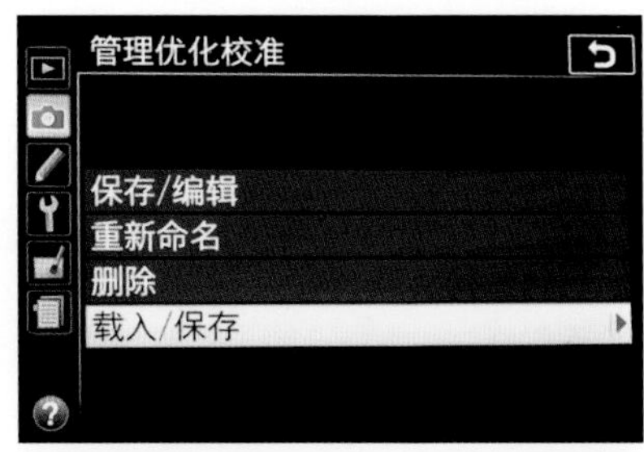

❶ 在**管理优化校准**菜单中点击选择**载入/保存**选项

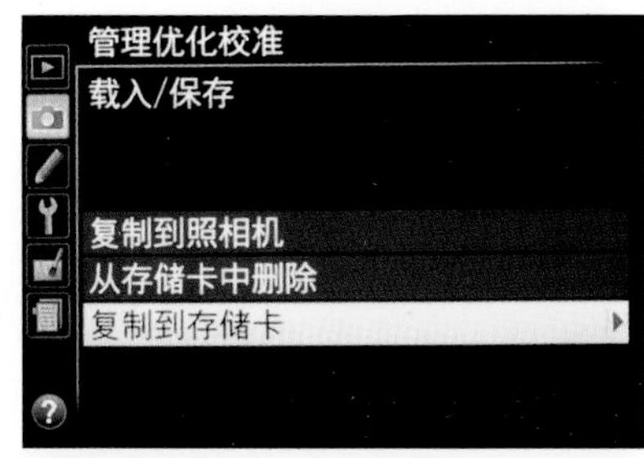

❷ 根据需要点击选择不同的选项。此处以选择**复制到存储卡**选项为例

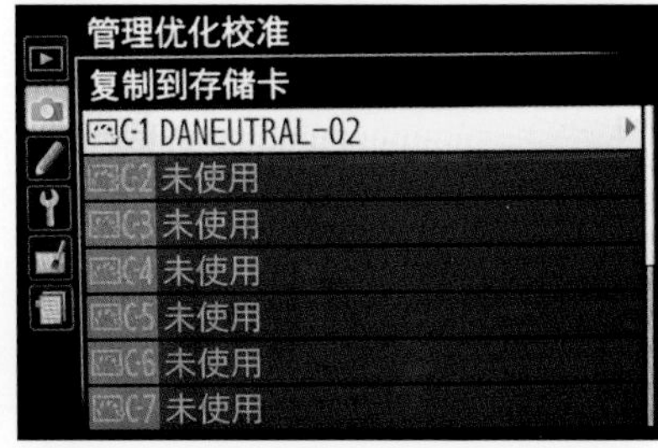

❸ 点击选择要复制到存储卡中的优化校准

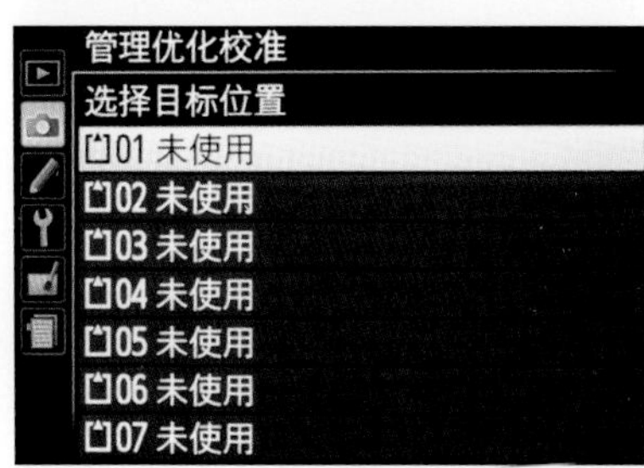

❹ 点击选择要保存优化校准的位置

选项释义

- ■复制到照相机：选择此选项，可将存储卡中的优化校准载入到相机中。
- ■从存储卡中删除：选择此选项，可删除存储卡中保存的优化校准预设。
- ■复制到存储卡：选择此选项，可以将相机中自定义的优化校准预设保存到存储卡中。

动态 D-Lighting

功能要点：在拍摄光比较大的画面时容易丢失细节，当亮部过亮、暗部过暗或明暗反差较小时，启用“动态D-Lighting”功能可以进行不同程度的校正。

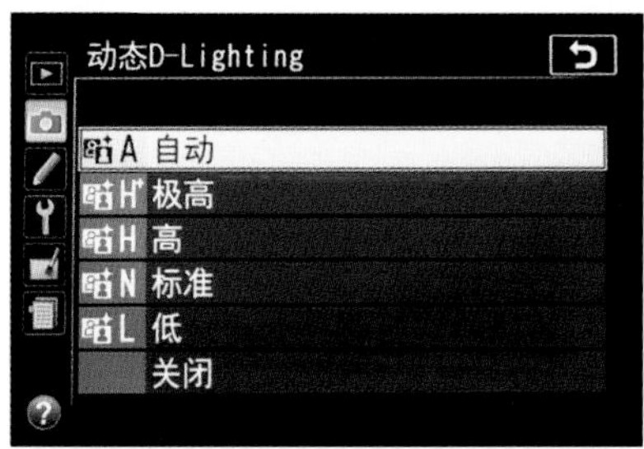

操作步骤：在**拍摄**菜单中点击选择**动态D-Lighting**选项

功能简介：启用“动态D-Lighting”功能，可以确保所拍摄照片中的高光和阴影的细节不会丢失，因为此功能会使照片的曝光稍欠一些，有助于防止照片的高光区域完全变白而显示不出任何细节，同时还能够避免因为曝光不足而使阴影区域的细节丢失。

使用经验：该功能与矩阵测光一起使用时，效果最明显。若选择了“自动”选项，相机将根据拍摄环境自动调整动态D-Lighting（但在M挡全手动模式下，“自动”相当于“标准”）。

但需要注意的是，校正强度设置得越高，校正的效果越明显，但也容易在暗部产生噪点，因此如非必要，不建议使用。

应用场合：例如，在直射光照射下拍摄或遇到光比较强的户外风景、人像时，拍出的照片中很容易出现较暗的阴影与较亮的高光区域，此时就非常适合使用此功能。

▲ 左图是使用动态D-Lighting前的状态，画面有些偏灰，曝光略显不足；右图是将“动态D-Lighting”设置为“高”后的效果，可以看出，此时的明暗效果更好

HDR（高动态范围）

功能要点：HDR（高动态范围）其原理是通过连续拍摄两张增加曝光量及减少曝光量的图像，然后由相机进行高动态图像合成，从而获得暗调与高光区域都能均匀显示细节的照片。

功能简介：HDR（高动态范围）菜单包含“自动”、“极高”、“高”、“标准”、“低”和“关闭”6 个选项，数值越大，两张照片的曝光级数相差越大，最终生成的照片中最亮与最暗区域的细节就越多，但照片的颜色有可能变得很怪异。若选择“自动”选项，相机将根据环境自动调整照片的明暗动态范围比例；如果选择“关闭”选项，则关闭“HDR（高动态范围）”功能。

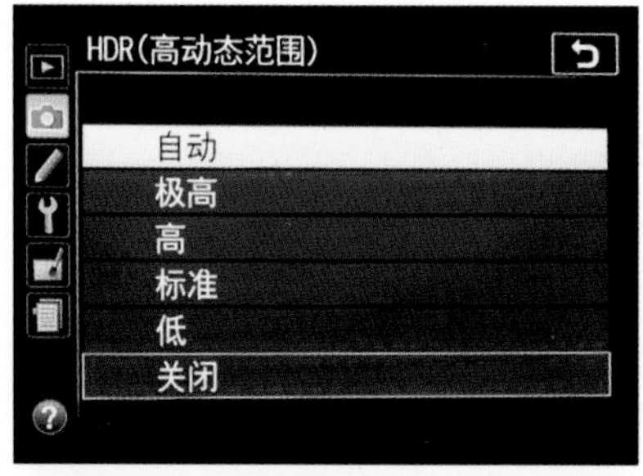

操作步骤：在**拍摄**菜单中点击选择HDR（**高动态范围**）选项，然后在下级菜单中点击选择所需的选项

知识链接：了解数码相机的宽容度

数码相机与胶片相机的最大区别之一就是宽容度不同，即两类相机能够记录的亮度动态范围不同。数码相机能够记录的从最亮区域到最暗区域的范围小于胶片相机，超出这个范围的画面均会表现为没有细节的黑色或白色。因此，如果希望在数码照片中表现更广的动态范围，比较好的方法就是利用相机的HDR功能进行拍摄，将亮部、暗部曝光均正确的影像合成在一张照片中。

使用经验：除了使用相机的HDR拍摄功能得到高动态范围照片外，还可以利用包围曝光功能分别拍摄高光、中间调、暗调部分曝光都正确的照片，再利用Photoshop等后期合成软件，将这些照片合起来。关于这种技法的详细讲解，请参阅本书第5章。

▲ HDR照片能够展现被摄对象更多的细节

高 ISO 降噪

功能要点：Nikon D5500在噪点控制方面非常出色。但在使用高感光度拍摄时，画面中仍然会有一定的噪点，此时就可以使用“高ISO降噪”功能对噪点进行不同程度的消减。

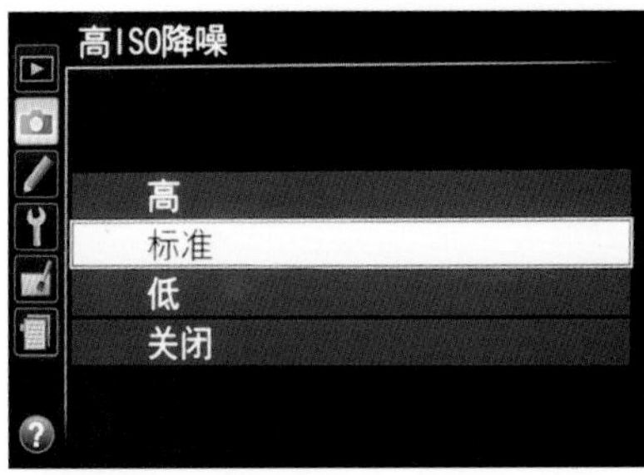

操作步骤：在**拍摄**菜单中点击选择**高ISO降噪**选项，选择不同的降噪标准

功能简介：在“高ISO降噪”菜单中共有4个选项，可以根据噪点的等级来改变其设置。

使用经验：当将“高ISO降噪”设置为“高”时，将使相机的连拍数量大幅度降低。

选项释义

■高：选择此选项，将以较大的幅度进行降噪，适用于弱光拍摄情况。

■标准：选择此选项，将以标准幅度进行降噪，照片的画质会略受影响，适用于以JPEG格式保存照片的情况。

■低：选择此选项，将以较弱的幅度进行降噪，适用于以JPEG格式拍摄且对照片不做调整的情况。

■关闭：选择此选项，仅在使用ISO1600或以上的感光度拍摄时才执行降噪，所执行的降噪量少于选择“低”选项时所执行的量。适用于以RAW格式保存照片的情况。

ISO 感光度设定

功能要点：Nikon D5500的“ISO感光度设定”功能非常强大，不仅可以设置ISO感光度数值，还可在M挡下使用，通过设置最大感光度和最低快门速度来实现感光度自动控制功能。

功能简介：在“自动ISO感光度控制”中选择“开启”时，可以对“最大感光度”和“最小快门速度”两个选项进行设定。

选项释义

■最大感光度：选择此选项，可设置自动感光度的最大值。

■最小快门速度：选择此选项，可以指定一个快门速度的最低数值，即当快门速度低于此数值时，才由相机自动提高感光度数值。

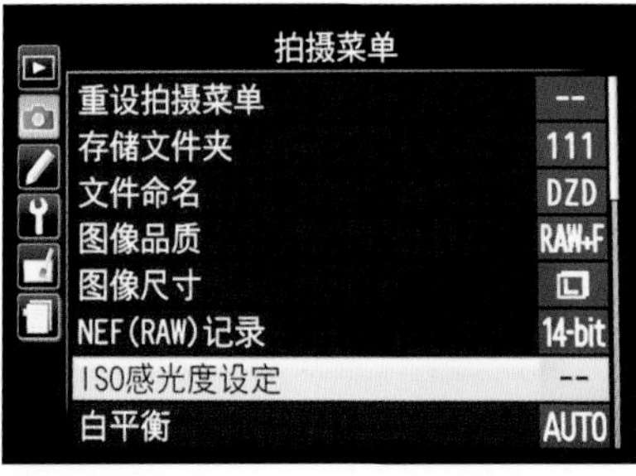

❶ 在**拍摄**菜单中点击选择**ISO感光度设定**选项

❷ 点击选择**自动ISO感光度控制**选项

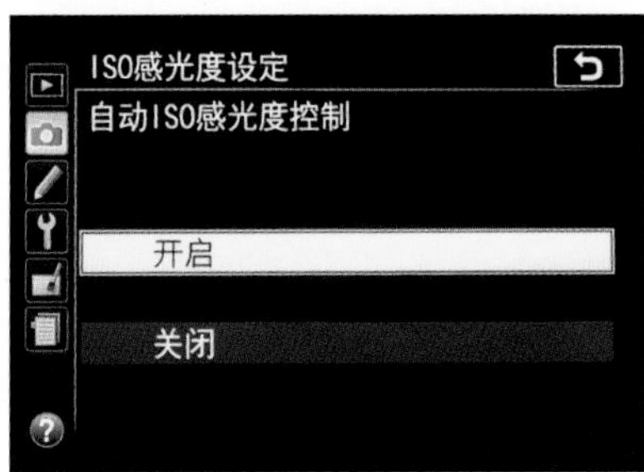

❸ 点击选择**开启**或**关闭**选项

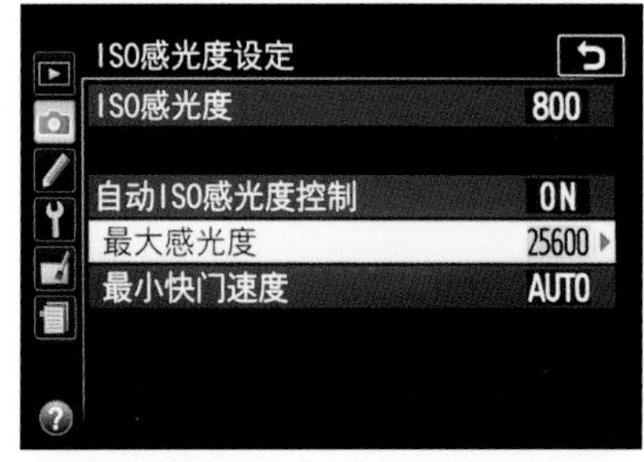

❹ 开启此功能后，可以对**最大感光度**和**最小快门速度**进行设定

❺ 若在步骤❹中点击选择**最大感光度**选项，可在其下级菜单中点击选择最大感光度数值

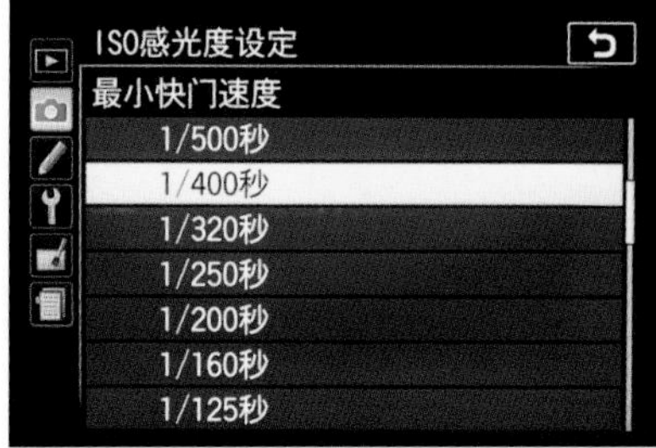

❻ 若在步骤❹中点击选择**最小快门速度**选项，可在其下级菜单中点击选择最小快门速度数值

间隔拍摄

功能简介：延时摄影又称“定时摄影”，即利用相机的间隔拍摄控制功能，每隔一定的时间拍摄一张照片，最终形成一个完整的照片序列，用这些照片生成的视频能够呈现出电视上经常看到的花朵开放、城市变迁、风起云涌的效果。

例如，花蕾的开放约需3天3夜72小时，但如果每半小时拍摄一个画面，顺序记录其开花的过程，即可拍摄144张照片，当用这些照片生成视频并以正常帧频率放映时（每秒24幅），在6秒钟之内即可重现花朵3天3夜的开放过程，能够给人强烈的视觉震撼。延时摄影通常用于拍摄城市风光、自然风景、天文现象、生物演变等题材。

使用经验：使用Nikon D5500进行延时摄影要注意以下几点。

■使用 M 挡全手动曝光模式，手动设置光圈、快门速度、感光度，以确保所有拍摄出来的照片序列有相同的曝光效果。

■一定要使用三脚架进行拍摄，否则在最终生成的视频短片中就会出现明显的跳动画面。

■将对焦方式切换为手动对焦。

■按短片的帧频与播放时长来计算需要拍摄的照片张数。例如，按 25fps 拍摄一个播放 10 秒的视频短片，就需要拍摄 250 张照片。而在拍摄这些照片时，彼此之间的时间间隔则是可以自定义的，可以是 1 分钟，也可以是 1 小时。

■为了防止从取景器进入的光线干扰曝光，拍摄时要用衣服或其他东西遮挡住取景器。

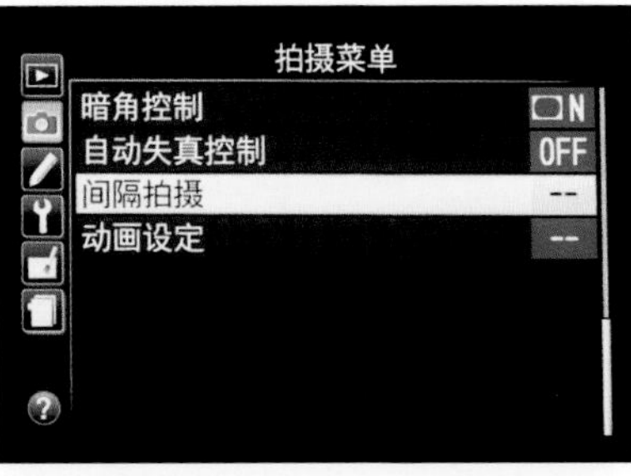

❶ 在**拍摄**菜单中点击选择**间隔拍摄**选项，有两种方式选择开始时间

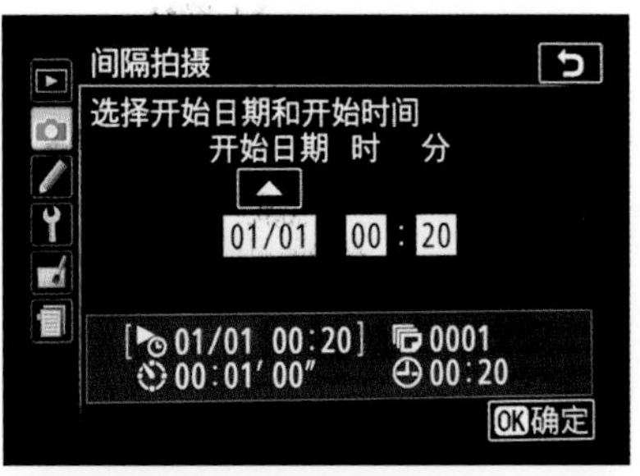

❷ 点击选择**开始选项**，可以对开始日期和开始时间进行设置

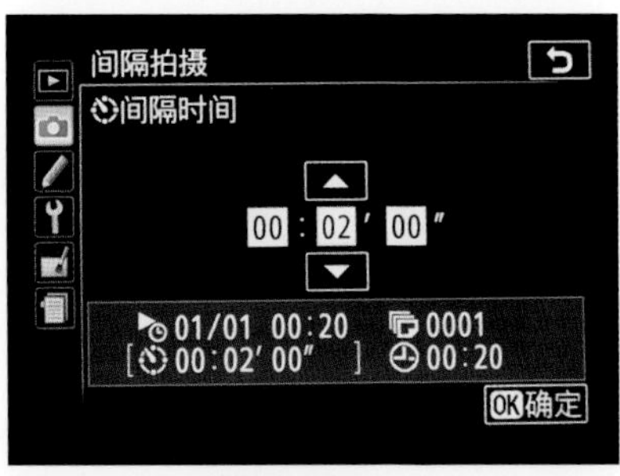

❸ 点击选择**间隔时间**选项，可更改间隔时间，应选择比最低预期快门速度更长的间隔时间

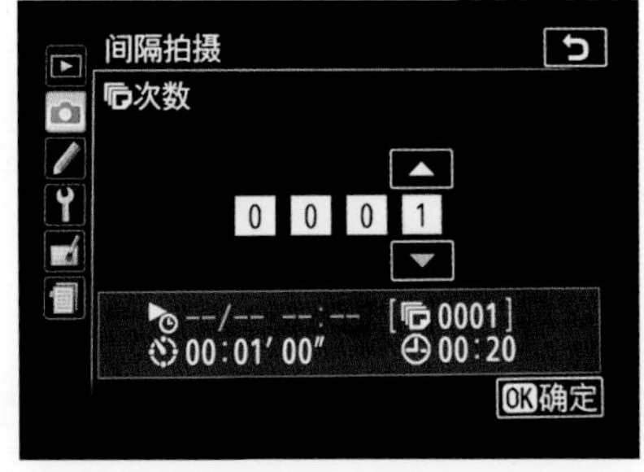

❹ 点击选择**次数**选项，可对其进行更改

▲ 这是一组使用延时摄影方法拍摄的照片，从图中可以看出，随着时间的变化，画面光线的明暗、天空中云彩的位置都在发生变化，这就是使用间隔拍摄功能进行延时摄影的魅力

第3章

播放与设定菜单重要功能详解

播放菜单

删除

功能要点：当希望释放存储卡空间或希望删除多余的照片时，可以利用此菜单删除一张、多张、某个文件夹中甚至整个存储卡中的照片。

选项释义

■**所选图像**：选择此选项，可以选中单张或多张照片进行删除。

■**选择日期**：选择此选项，可以删除在选定日期拍摄的所有照片。

■**全部**：选择此选项，可删除存储卡中的所有照片。

使用经验：尽量少使用“全部”选项，以避免误删。绝大多数恢复误删除文件的软件不能100%恢复被误删文件，因此删除图像时要谨慎操作。

❶ 在**播放**菜单中点击选择**删除**选项

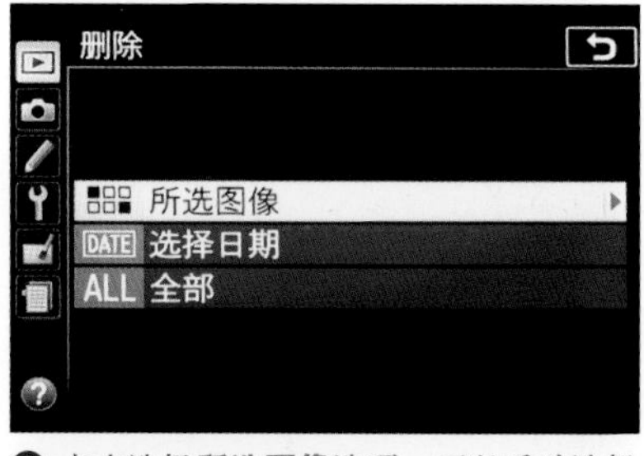

❷ 点击选择**所选图像**选项，可以手动选择要删除的图像

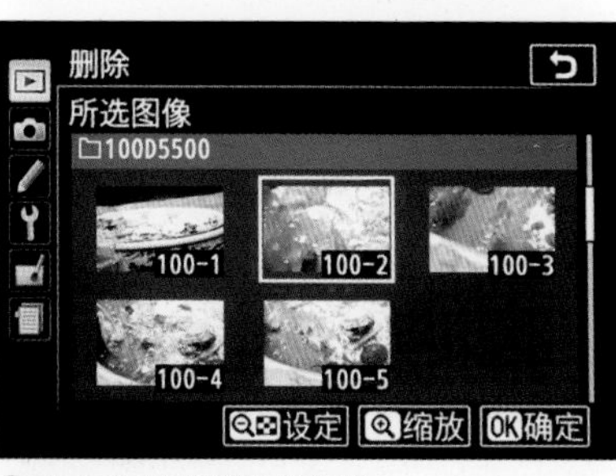

❸ 点击选择要删除的照片

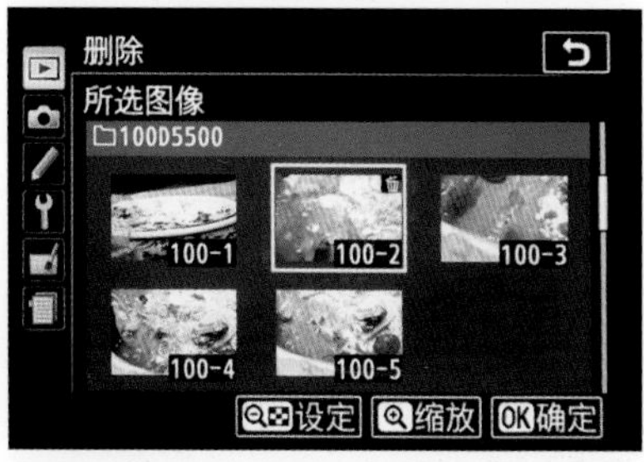

❹ 点击设定图标设定要删除的照片，此时在其右上角会出现删除图标，然后点击OK图标确定

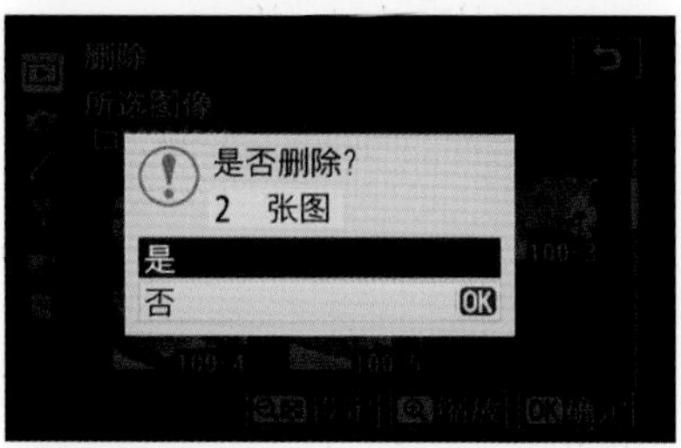

❺ 点击选择**是**选项，即可删除选中的图像

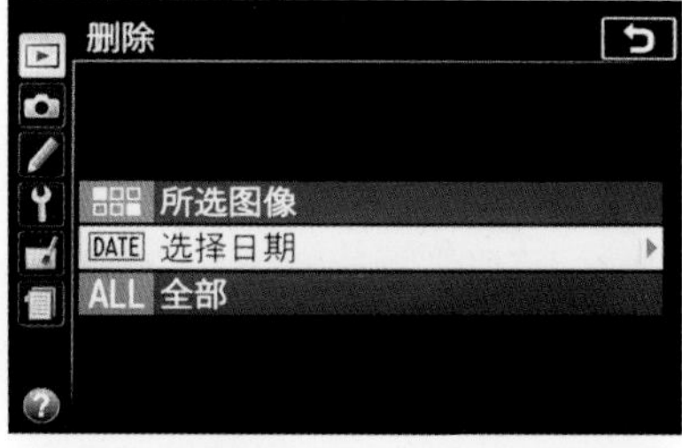

❻ 若是在第❷步中选择了**选择日期**选项，即可进入拍摄日期选择界面

❼ 点击选择要删除的拍摄日期选项，点击选择图标，所选项目旁将出现✔，点击OK图标并在出现的提示对话框中点击选择**是**选项即可

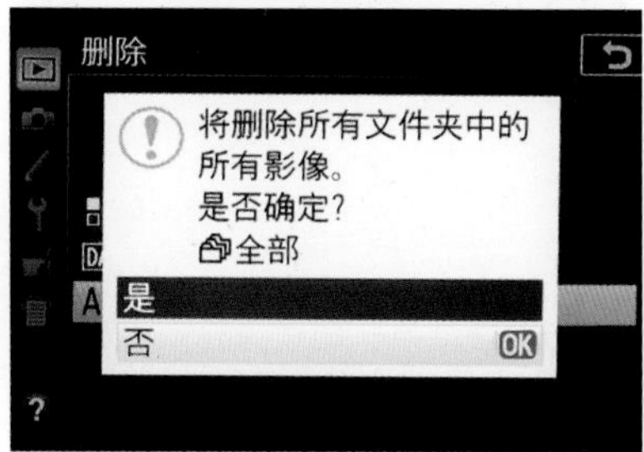

❽ 若是在第❷步中选择了**全部**选项，点击选择**是**选项，即可删除存储卡中的所有照片

播放显示选项

功能要点：该菜单用于选择回放时照片信息显示中可用的信息，其中包括了对焦点、加亮显示、RGB直方图及数据等选项。

在播放照片时，按下▼或▲方向键，则可以按在“播放显示选项”菜单中选中的选项，以不同的状态显示照片。

操作步骤：点击选择**播放**菜单中的**播放显示选项**，点击加亮显示一个选项，点击选择用于照片信息显示的选项，☑将出现在所选项目旁

选项释义

■无（仅影像）：选择此选项，在播放照片时将隐藏其他内容，而仅显示当前的图像。

■加亮显示：选择此选项，可以帮助用户发现所拍图像中曝光过度的区域，如果想要表现曝光过度区域的细节，就需要适当减少曝光量。

■RGB 直方图：选择此选项，在播放照片时可查看 RGB 直方图，从而更好地控制画面的曝光及色彩。

■拍摄数据：选择此选项，可显示主要拍摄数据。

■概览：选择此选项，在播放照片时，将能查看到这幅照片的详细拍摄参数。

使用经验：如果在一个反光较强的环境下进行拍摄，应该确保在此菜单中选中“加亮显示”选项。因为受显示屏亮度及拍摄时周边环境的影响，在相机上查看图像时，并不能准确地分辨画面的曝光情况，而选中“加亮显示”选项后可以更方便地判断出画面曝光过度区域。如果区域过大，可以重新拍摄，而如果只是照片的较小的部分以高光形式出现，可忽略不计。

以下是在回放照片模式下按下▲方向键时的显示模式变化情况。如果按下▼方向键，则界面的变化顺序刚好与之相反。

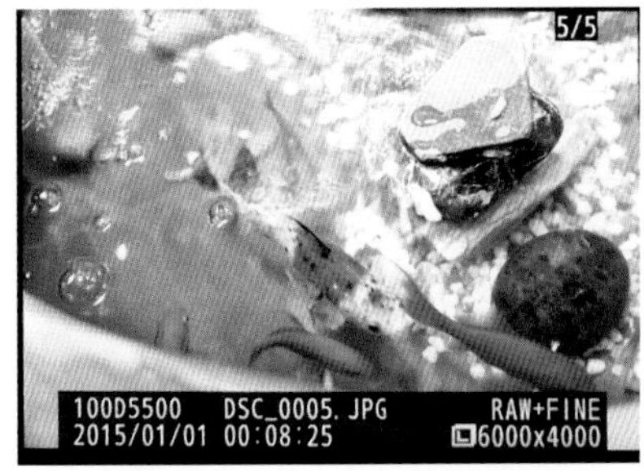

▲文件信息

▲无（仅影像）

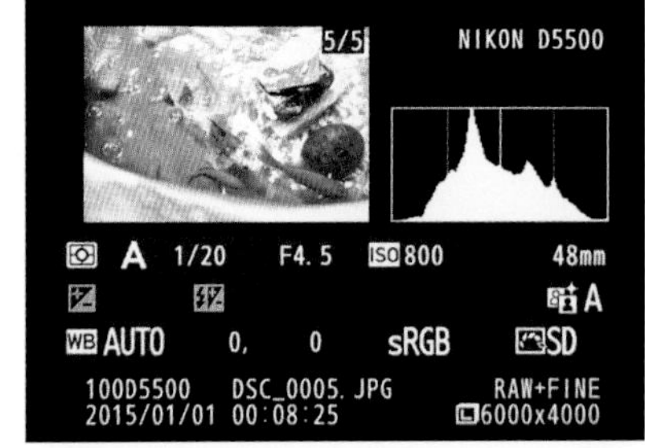

▲概览

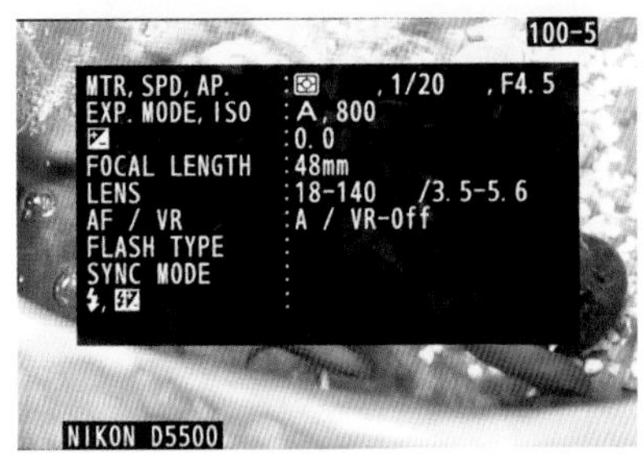

▲拍摄数据

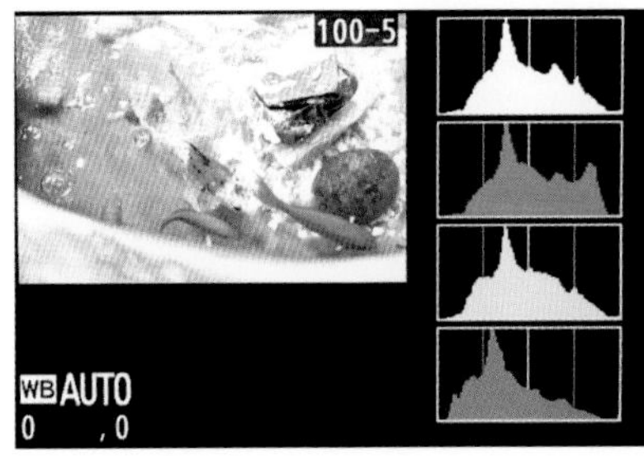

▲RGB直方图

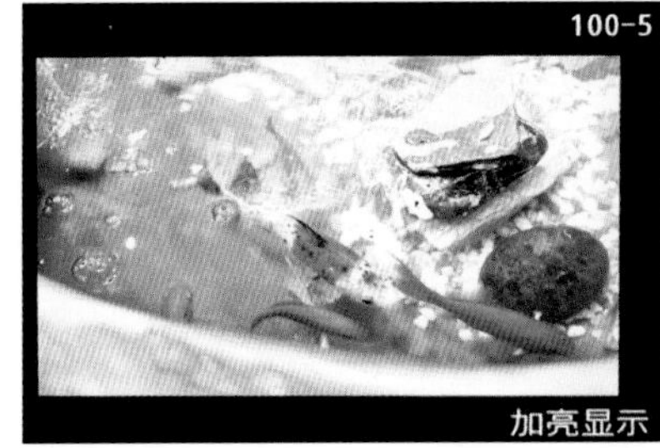

▲加亮显示（图片中间黑色区域）

图像查看

功能要点：在拍摄环境变化不大的情况下，通常只需要在开始拍摄时调整拍摄参数并拍摄样片时，需要反复地查看拍摄得到的照片是否满意，而一旦确认了曝光、对焦方式等参数后，就不必每次拍摄后都显示并查看照片，这就要通过“图像查看”菜单来关闭拍摄后相机自动显示照片的功能。

选项释义

■开启：选择此选项，可在拍摄后查看照片，直至显示屏自动关闭或执行半按快门按钮等操作为止。

■关闭：选择此选项，则只在按下播放按钮▶时才显示照片。

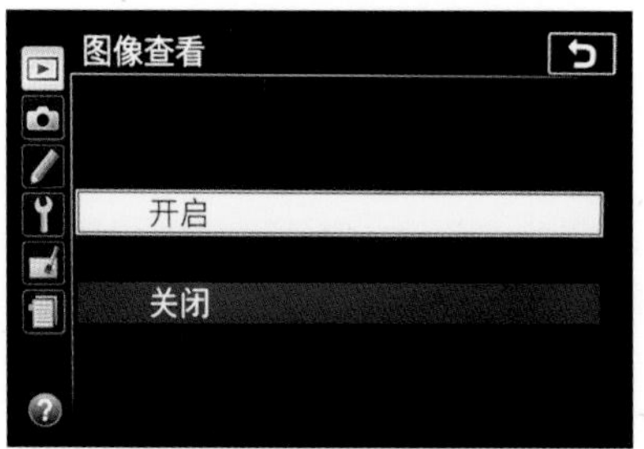

操作步骤：点击选择**播放**菜单中的**图像查看**选项

旋转至竖直方向

功能要点：该菜单用于设置在播放以竖向持机拍摄的照片时，是否将竖拍照片旋转为竖向显示，以便于查看。

选项释义

■开启：选择此选项，则竖拍照片在显示屏中将被自动旋转为竖向显示。

■关闭：选择此选项，则竖拍照片将以横向显示。

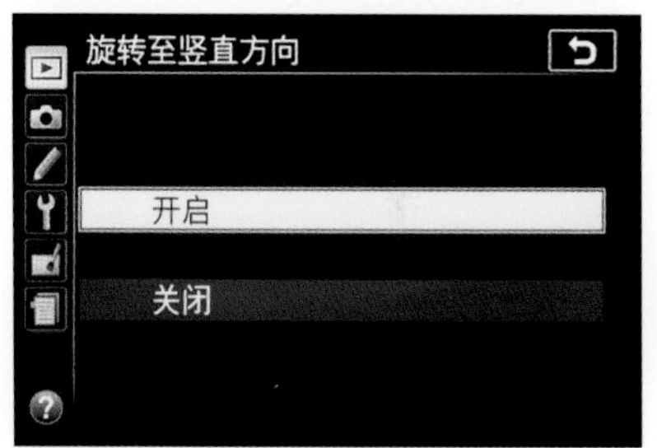

操作步骤：点击选择**播放**菜单中的**旋转至竖直方向**选项

使用经验：如果选择了“开启”功能，在查看图像时可以更好地审视和检查画面，便于及时纠正不美观的构图。

▲ 开启“旋转至竖直方向”功能后查看竖画幅照片将更方便、更直观

▲ 开启“旋转至竖直方向”功能时，竖拍照片的显示状态

▲ 关闭“旋转至竖直方向”功能时，竖拍照片的显示状态

自动旋转图像

功能要点：此菜单用于控制照片显示时是否将竖幅照片自动旋转为竖直方向显示。

功能简介：选择“开启”选项时，拍摄的照片中将包含相机的方向信息，这些照片在播放过程中或者在ViewNX 2、捕影工匠中查看时会自动旋转，可记录风景（横向）方向、相机顺时针旋转90°和相机逆时针旋转90°的3个方向。选择“关闭”选项时，将不记录相机的方向信息。

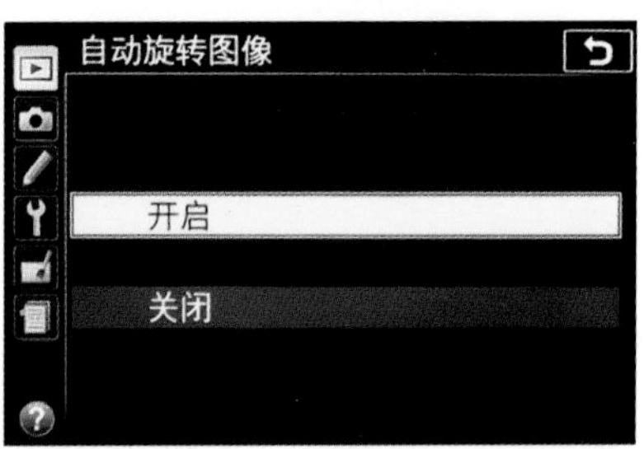

操作步骤：点击选择**播放**菜单中的**自动旋转图像**选项，点击选择是否启用自动旋转图像功能

拍摄经验：此命令通常是与前面所讲述过的“旋转至竖直方向”命令结合在一起使用，如果此菜单命令选项的设置为“关闭”，则即使在“旋转至竖直方向”菜单命令中选中“开启”选项，照片也不会被自动旋转过来，因为此时拍摄的照片并没有记录拍摄时相机的方向。

当“自动旋转图像”设置为“关闭”时

▲“旋转至竖直方向”关闭

▲“旋转至竖直方向”开启

当“自动旋转图像”设置为“开启”时

▲“旋转至竖直方向”关闭

▲“旋转至竖直方向”开启

幻灯播放

功能要点：该菜单用于将当前播放文件夹中的照片以幻灯片的形式播放。

功能简介：包含“开始”、“图像类型”和“画面间隔”3个选项。

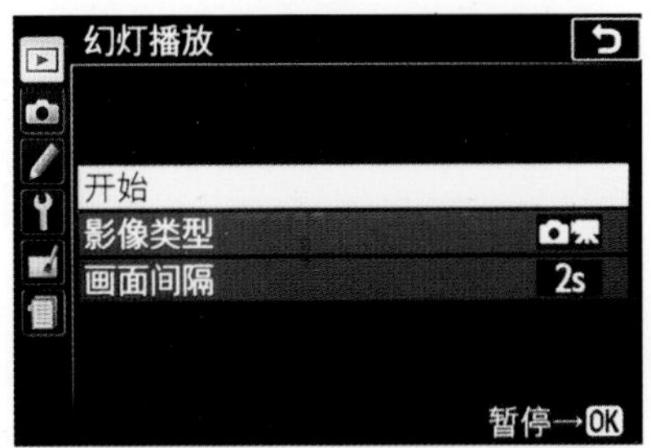

操作步骤：点击选择**播放**菜单中的**幻灯播放**选项

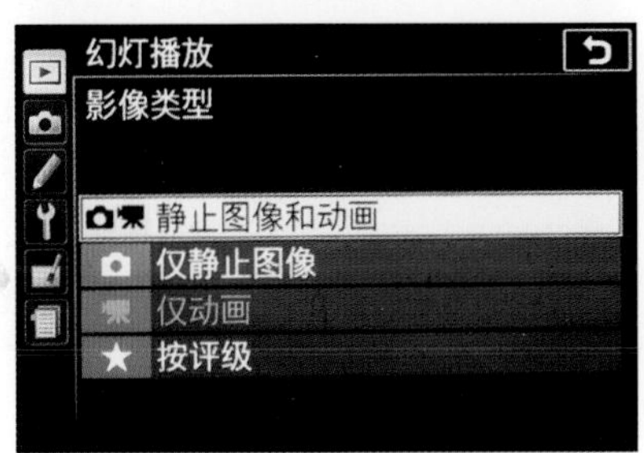

▲ **影像类型**选项界面图

▲ **画面间隔**选项界面图

使用经验：只想查看构图、曝光的照片，可以设置较短的间隔时间。想要查看照片细节、焦点位置等细节的照片，可设置较长的间隔时间。

在幻灯片播放过程中可以进行以下操作。

目　的	操作按钮	说　明
向后/向前显示画面		按下◀方向键可返回前一幅画面，按下▶方向键则跳至下一幅画面
查看其他照片信息		更改或隐藏所显示的照片信息
暂停/恢复幻灯播放		按下可暂停幻灯片播放，再次按下则恢复幻灯片播放
提高/降低音量	（QUAL）/(ISO)	在动画播放期间，按下（QUAL）可提高音量，按下(ISO)则降低音量
退回播放模式		结束幻灯片播放并返回播放模式
退回拍摄模式		半按快门释放按钮可返回拍摄模式

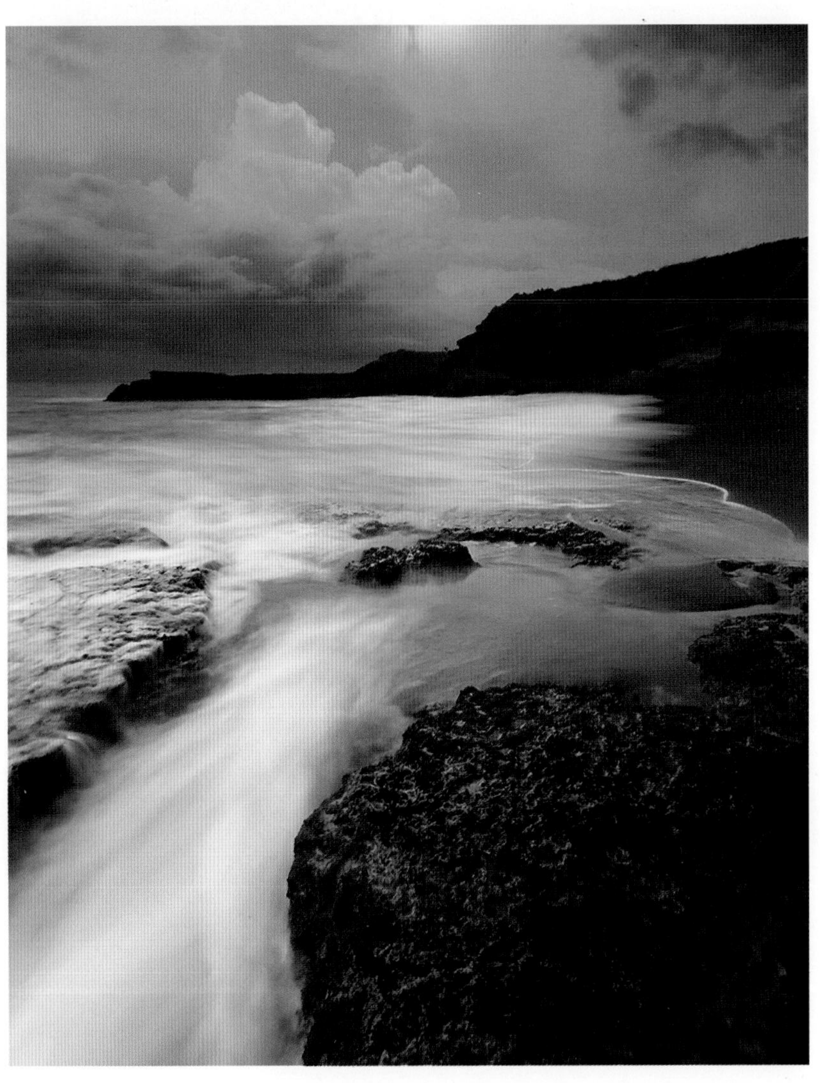

设定菜单

格式化存储卡

功能要点："格式化存储卡"功能用于删除储存卡内的全部数据。一般在使用新购买的储存卡时，都要对其进行格式化操作。

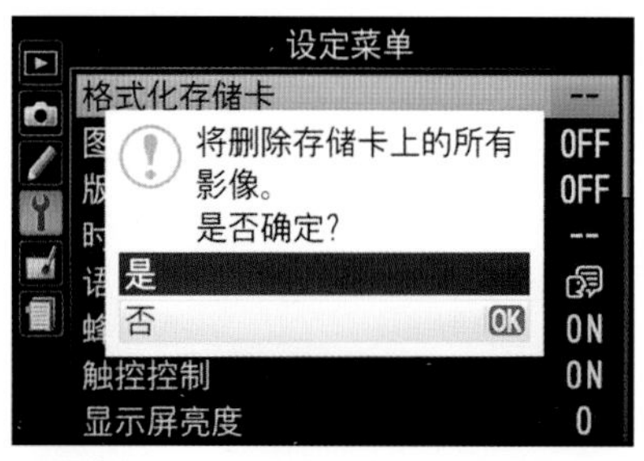

操作步骤：选择**设定**菜单中的**格式化存储卡**选项，点击选择**是**选项即可对存储卡进行格式化

使用经验：在格式化之前，一定要确保存储卡中的数据确实已经无用，因为格式化后，存储卡中的所有数据都将消失——包括非图像文件，以及之前设置过保护锁定的图像。

显示屏亮度

功能要点：此菜单用于控制显示屏的亮度，以适应不同环境下的显示需求。

使用经验：建议找一个显示准确的显示器，然后在计算机和相机上显示同一张照片，再调整显示屏的亮度，直至二者的显示最为相近为止，从而保证查看到的照片结果尽可能接近最终需要的结果，而不会有太大的偏差。

另外，在光线充足的环境里查看相机的显示屏时，由于屏幕会出现明亮反光，因此难以看清。但如果能够灵活运用以下几个小技巧，则能够较好地解决此问题。

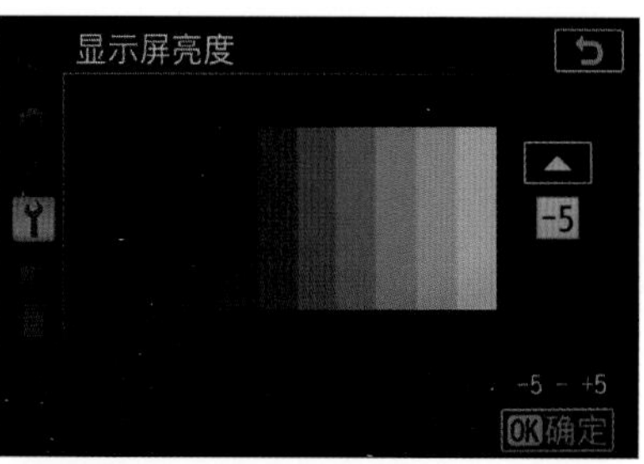

操作步骤：点击选择**设定**菜单中的**显示屏亮度**选项

▲ 将显示屏的亮度设置得比较低时，在显示屏上观察觉得曝光合适的照片，在电脑上显示时却很亮

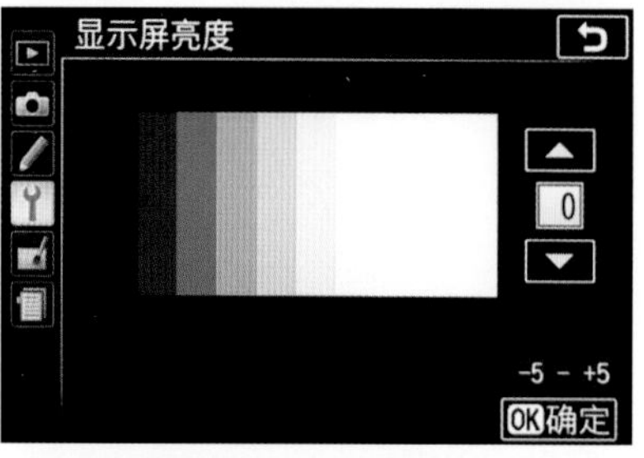

▲ 将显示屏的亮度设置为零时，照片在显示屏上观察的效果与在电脑上显示的效果相似

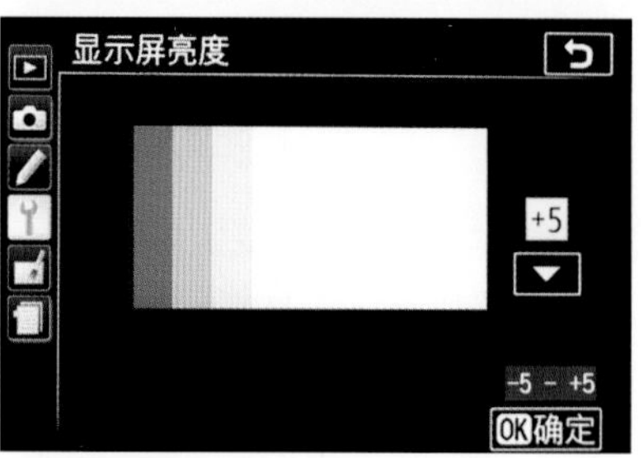

▲ 将显示屏的亮度设置得比较高时，在显示屏上观察觉得曝光合适的照片，在电脑上显示时却很暗

信息显示格式

功能要点：此菜单用于选择显示屏中拍摄信息显示的格式。

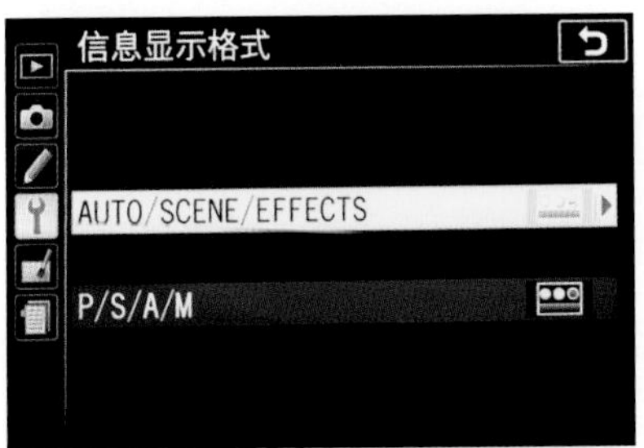

操作步骤：点击选择**设定**菜单中的**信息显示格式**选项，可点击选择AUTO/SCENE/EFFECTS或P/S/A/M选项

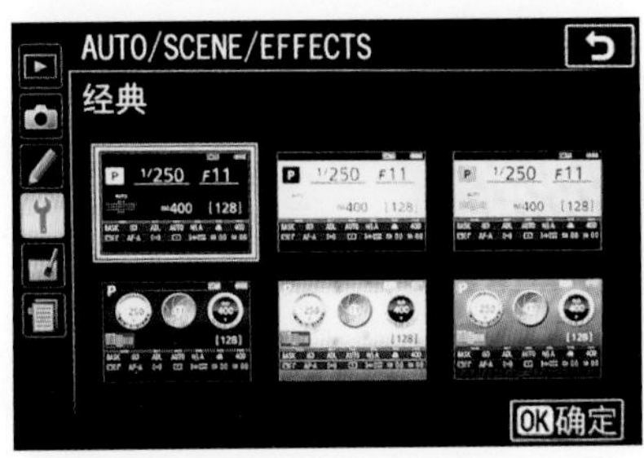

▲ 不同的信息显示界面

自动信息显示

功能要点：此菜单用于控制拍摄信息是否会自动显示。

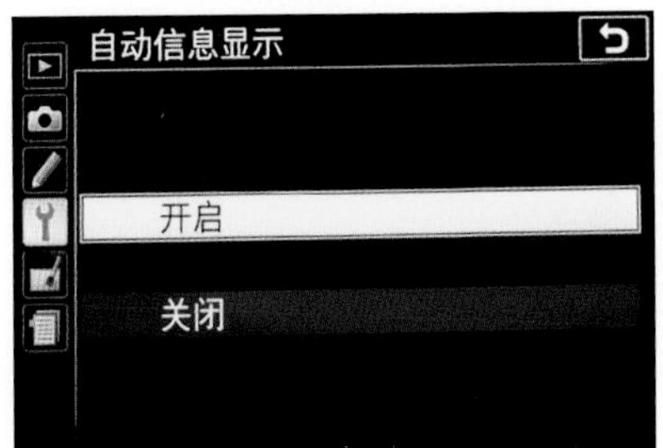

操作步骤：点击选择**设定**菜单中的**自动信息显示**选项，可点击选择**开启**或**关闭**选项

功能简介：选择“开启”选项，以“经典”或“图形”格式显示的拍摄参数信息将在半按快门释放按钮后出现。

如果在拍摄过程中需经常参阅拍摄信息，应选择“开启”选项；若选择“关闭”选项，则可通过按下info按钮来查看拍摄参数。

信息显示自动关闭

功能要点：此菜单用于控制拍摄信息是否会自动关闭。

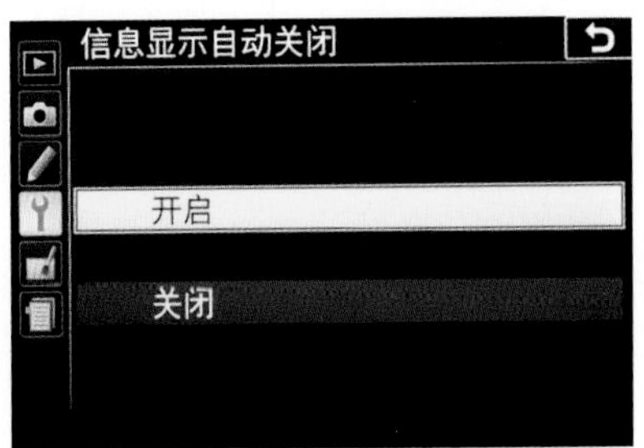

操作步骤：点击选择**设定**菜单中的**信息显示自动关闭**选项，可点击选择**开启**或**关闭**选项

功能简介：选择“开启”选项，当摄影师将眼睛对准取景器时，眼感应将关闭信息显示。选择“关闭”选项，则当透过取景器观看时，信息显示不会关闭，但同时也会增加电池电量的消耗。

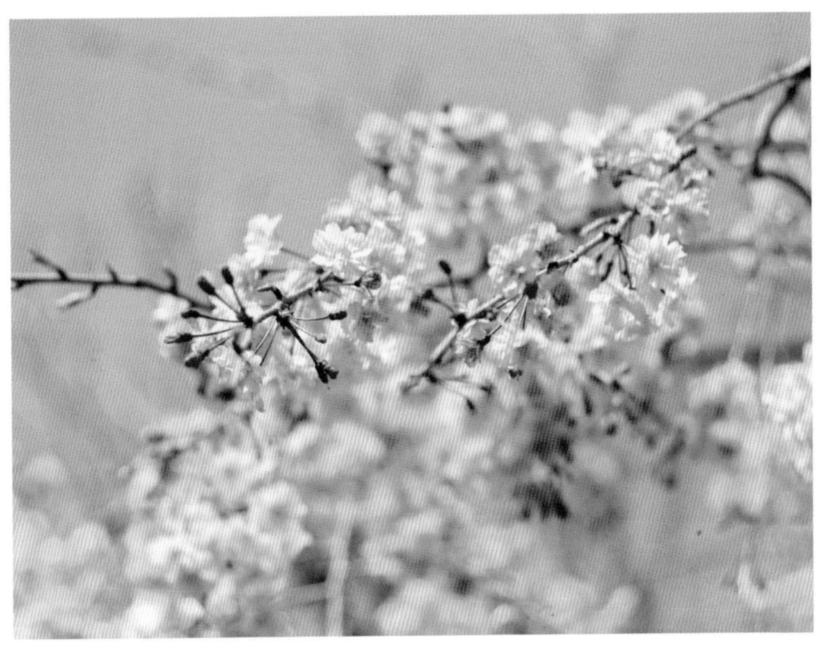

焦　　距 ▷ 70mm
光　　圈 ▷ 5.6
快门速度 ▷ 1/800s
感 光 度 ▷ ISO200

▶ 开启“自动信息显示”来查看照片的参数信息，有助于拍摄到曝光正常的照片

空插槽时快门释放锁定

功能要点：如果忘记为相机装存储卡，无论你多么用心拍摄，终将一张照片也留不下来，白白浪费时间和精力，利用“空插槽时快门释放锁定”菜单可防止出现未安装储存卡而进行拍摄的情况出现。

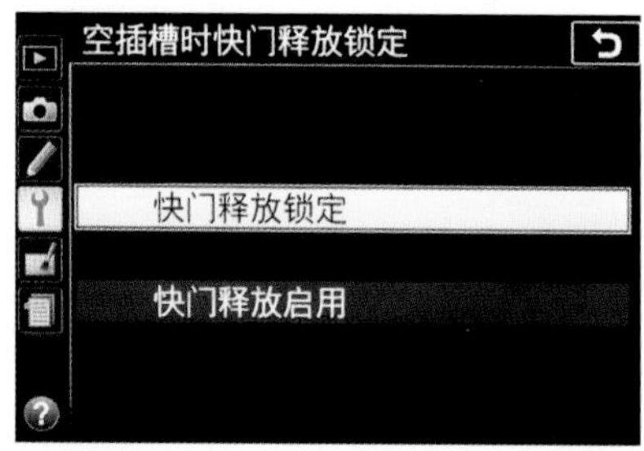

操作步骤：点击选择**设定**菜单中的**空插槽时快门释放锁定**选项，可点击选择**快门释放锁定**或**快门释放启用**选项

选项释义

■快门释放锁定：选择此选项，则不允许在无存储卡时按下快门。

■快门释放启用：选择此选项，未安装储存卡时仍然可以按下快门，但照片无法被存储。此时，照片将以 demo 模式出现在显示屏中。

使用经验：通常情况下，建议选择“快门释放锁定”选项，这样可以在第一时间发现是否安装了存储卡，从而避免忘带存储卡、延误拍摄时机的情况发生。

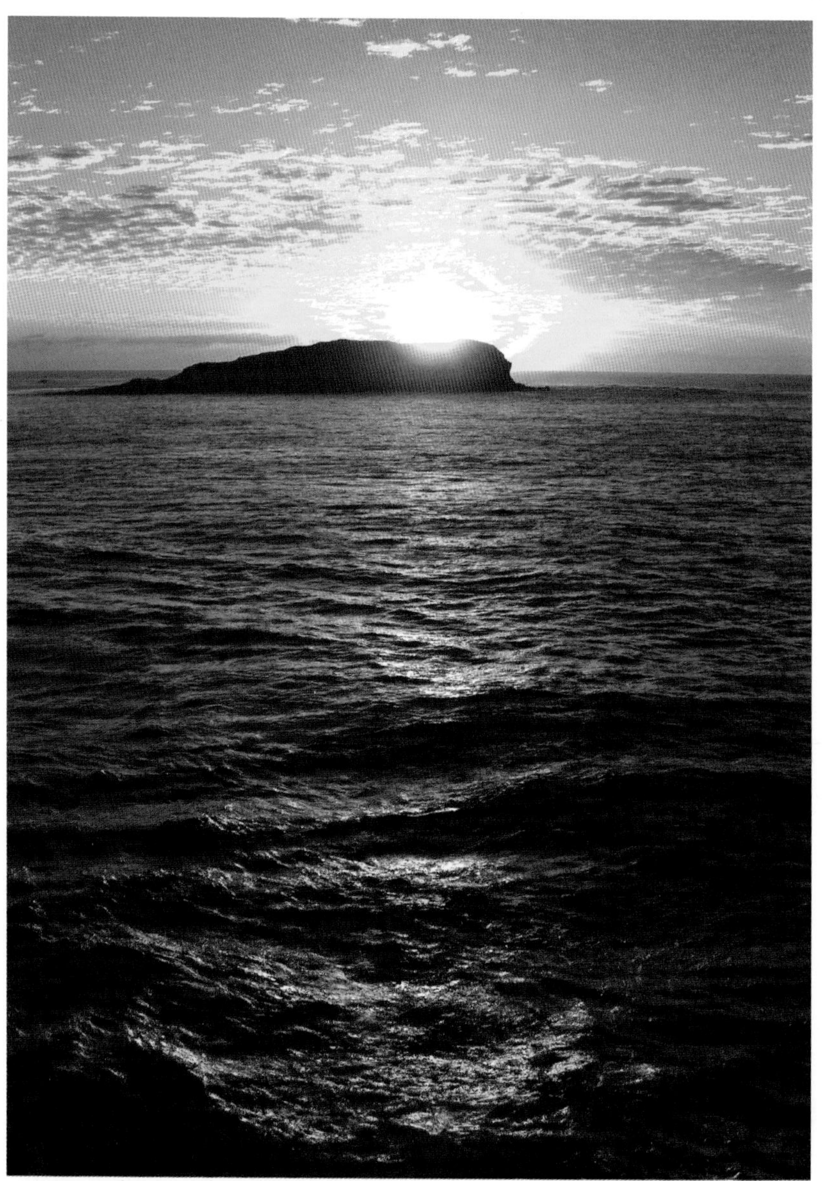

▲ 在拍摄日出日落这种稍纵即失的景色时，“快门释放锁定”选项可帮我们及时发现没有装存储卡，避免错过拍摄机会

焦　　距 ▷ 100mm
光　　圈 ▷ F7.1
快门速度 ▷ 1/1250s
感 光 度 ▷ ISO200

蜂鸣音选项

功能要点：蜂鸣音最常见的作用就是在对焦成功时发出清脆的声音，以便确认是否对焦成功。

除此之外，在使用触摸屏控制、自拍模式及遥控模式时，会发出蜂鸣音。

选项释义

■蜂鸣音开启 / 关闭：选择“开启”选项，将开启蜂鸣音功能；选择“关闭（仅限触控控制）”可关闭操作触摸屏控制时相机发出的声音；选择“关闭”选项则可关闭所有蜂鸣音。

■音调：选择此选项，可以设置蜂鸣音的“高”或“低”声调。

使用经验：在拍摄舞台剧、戏剧等需要安静、严肃的场合时，建议将蜂鸣音关闭，以免打扰观众或演员；而在拍摄微距摄影或弱光环境等不容易对焦的题材时，开启蜂鸣音可以辅助确认相机是否成功对焦；在拍摄合影、自拍时，开启蜂鸣音可以使被摄者预知相机在何时按下快门，以做好充分准备。

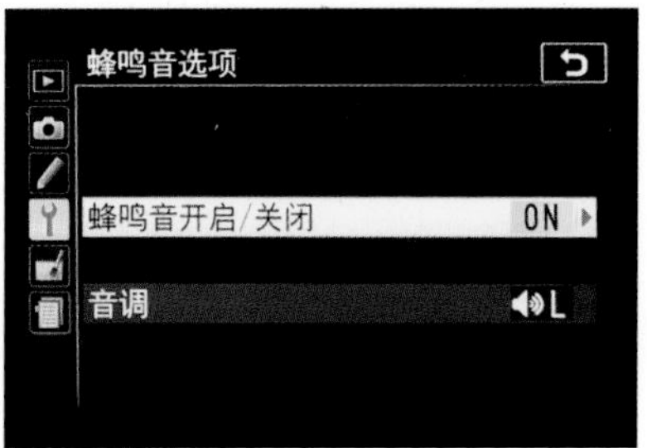

操作步骤：点击选择**设定**菜单中的**蜂鸣音选项**，点击选择**蜂鸣音开启/关闭**或**音调**选项，再点击选择所需的选项

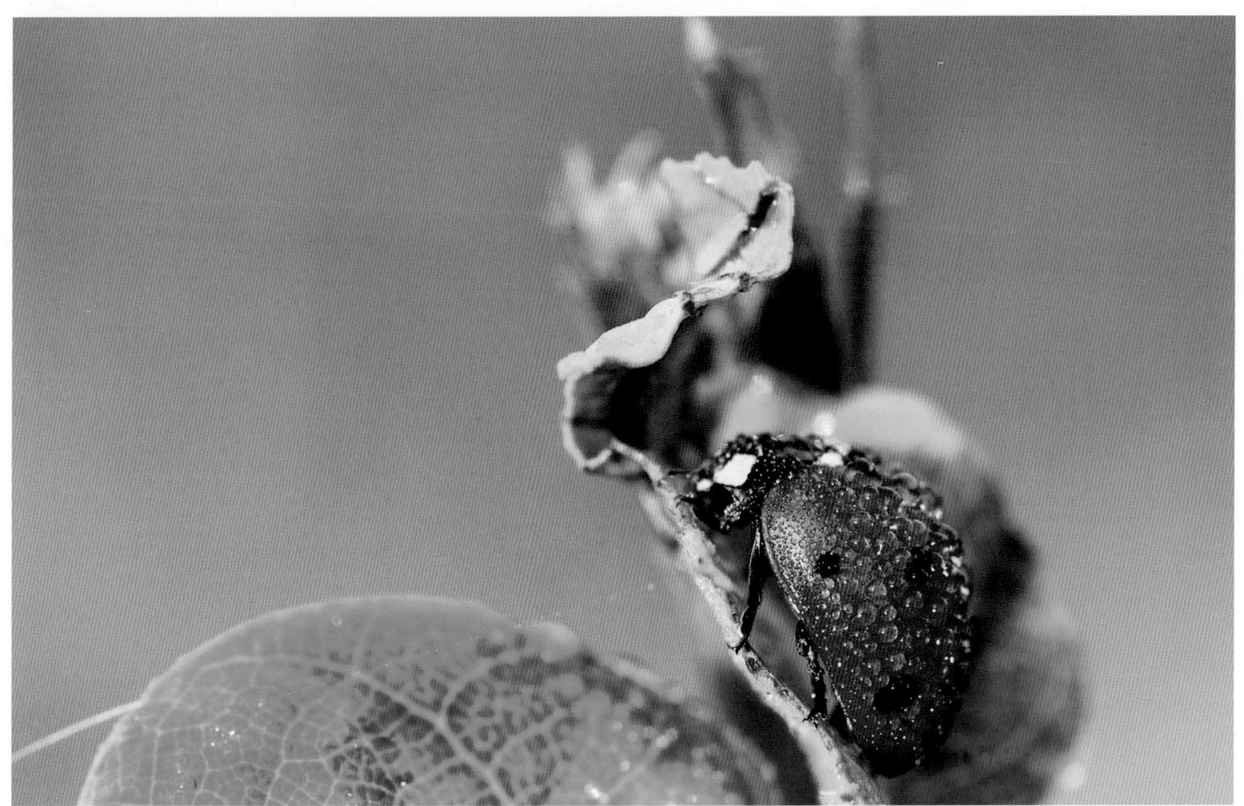

▲ 在拍摄昆虫之前开启蜂鸣音功能，可以很方便地判断对焦是否成功，因而得到了对焦准确的画面

焦　距 ▶ 60mm
光　圈 ▶ F16
快门速度 ▶ 1/6s
感 光 度 ▶ ISO100

清洁影像传感器

功能要点：该菜单用于清除感光元件上的粉尘。

功能简介：包含“立即清洁”和“启动/关闭时清洁”两个选项。

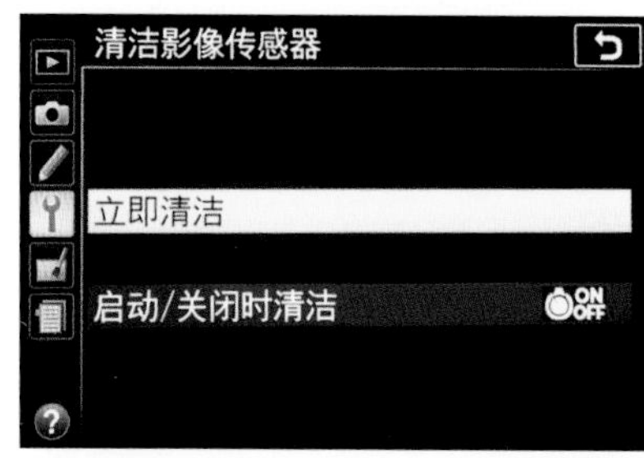

操作步骤：点击选择**设定**菜单中的**清洁影像传感器**选项，可点击选择**立即清洁**或**启动/关闭时清洁**选项

选项释义

■立即清洁：选择此选项，在任何时候均可立即清洁图像传感器。

■启动 / 关闭时清洁：

选择“启动时清洁”选项，则每次开启相机的同时自动清洁图像传感器；

选择“关闭时清洁”选项，则每次关闭相机的同时自动清洁图像传感器；

选择“启动和关闭时清洁”选项，则启动和关闭相机时均自动清洁图像传感器；

选择“关闭清洁”选项，将禁用图像传感器自动清洁功能。

使用经验：要获得最好的清洁效果，在清洁图像传感器时应将相机垂直立放在桌子或其他平面物体上。由于重复清洁图像传感器的效果不是很明显，因此无需短时间内多次重复清洁。

焦　距 ▷ 80mm
光　圈 ▷ F8
快门速度 ▷ 1/200s
感光度 ▷ ISO200

▶ 在较恶劣的环境中拍摄，相机感光元件上难免会沾上灰尘，使用“清洁图像传感器”功能可以有效减少传感器上的灰尘

向上锁定反光板以便清洁

功能要点：该菜单用于在无法使用“清洁图像传感器”功能进行相机图像传感器清洁时，手动清洁图像传感器。

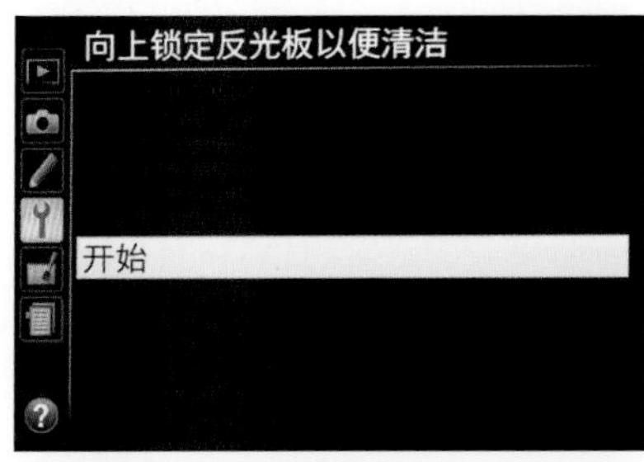

操作步骤：点击选择**设定**菜单中的**向上锁定反光板以便清洁**选项，点击**开始**选项

手动清洁图像传感器的操作步骤如下：

❶ 关闭相机，插入充满电的EN-EL14a电池或连接另购的EP-5A相机电源连接器和EH-5b电源适配器，然后取下镜头。

❷ 开启相机，然后按下MENU按钮显示菜单。选择“设定”菜单中的“向上锁定反光板以便清洁”选项（注意，电池电量级别为▯或以下时，该选项无效）。

❸ 将显示提示信息，若不需要检查图像传感器而恢复通常操作，可关闭相机。

❹ 完全按下快门释放按钮。反光板将被弹起，快门帘幕也将被打开，即可看到图像传感器。

❺ 用气吹去除低通滤镜上的所有灰尘和浮屑。请勿使用吹风刷，因为刷毛可能会损坏低通滤镜。若使用气吹无法去除脏物，可将相机送至尼康授权的服务点进行清洁。任何情况下都不要触摸或擦拭低通滤镜。

❻ 清洁完毕后关闭相机，反光板将被降下，快门帘幕也将被关闭。重新安装好镜头或机身盖，即可完成手动清洁图像传感器操作。

▲ 利用“向上锁定反光板以便清洁”功能手动清洁图像传感器，拍摄出了洁净的画面

焦　　距 ▷ 16mm
光　　圈 ▷ F8
快门速度 ▷ 8s
感 光 度 ▷ ISO100

第 4 章

「自定义设定菜单重要功能详解」

自定义设定菜单

自动对焦

AF-C 优先选择

功能要点：使用“AF-C优先选择”菜单可以控制在采用AF-C连续伺服自动对焦模式时，每次按下快门释放按钮时都可拍摄照片，还是仅当相机清晰对焦时才可拍摄照片。

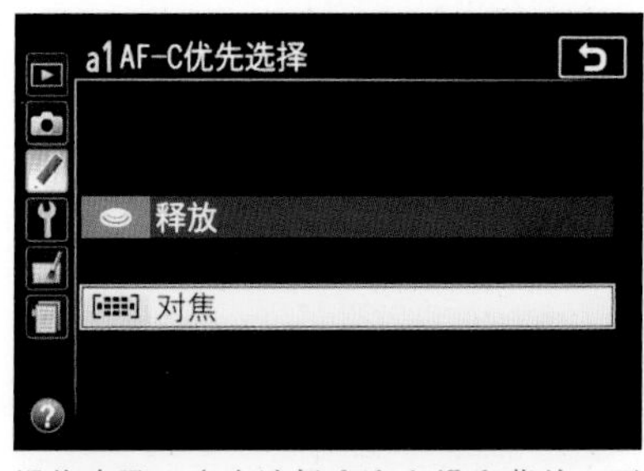

操作步骤：点击选择**自定义设定**菜单，再选择a**自动对焦**中的a1 AF-C**优先选择**选项

选项释义

■释放：选择此选项，则无论何时按下快门释放按钮均可拍摄照片。适用于“拍到”比“拍好”更重要的情况。例如，在突发事件的现场或记录不会再出现的重大时刻，都可以选择此选项，以确保至少拍到了值得记录的画面，至于是否清晰就靠运气了。

■对焦：选择此选项，则仅当显示对焦指示（●）时方可拍摄照片。选择此选项拍摄得到的照片是最清晰的，但有可能出现在相机对焦的过程中，被摄对象已经消失，或拍摄时机已经丧失的情况。

使用经验：在该模式下，无论选择哪个选项，对焦都不会被锁定，相机将连续调整对焦直至快门被释放。

▲ 利用“AF-C优先选择”菜单中的“释放”功能拍摄翠鸟捕鱼，这样做可以避免错过捕鱼时精彩的瞬间

对焦点数量

功能要点：虽然Nikon D5500提供了多达39个对焦点，但并非拍摄所有题材时都需要使用这么多的对焦点，我们可以根据实际拍摄需要选择可用的自动对焦点数量。

使用经验：在拍摄人像时，使用11个对焦点就已经完全可以满足拍摄需求了，同时也可以避免由于对焦点过多导致选择对焦点时过于复杂的问题。

选项释义

■39 个对焦点：选择此选项，则从 39 个对焦点中进行选择，适用于需要对拍摄对象精确对焦的情况。

■11 个对焦点：选择此选项，可从 11 个对焦点中选择所需要的对焦点，常用于快速选择对焦点的情况。

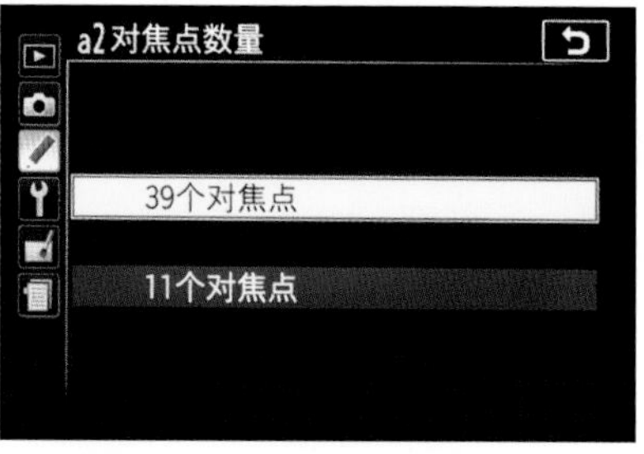

操作步骤：点击选择**自定义设定**菜单，再选择a**自动对焦**中的a2**对焦点数量**选项，可设置对焦点数量为39个或11个

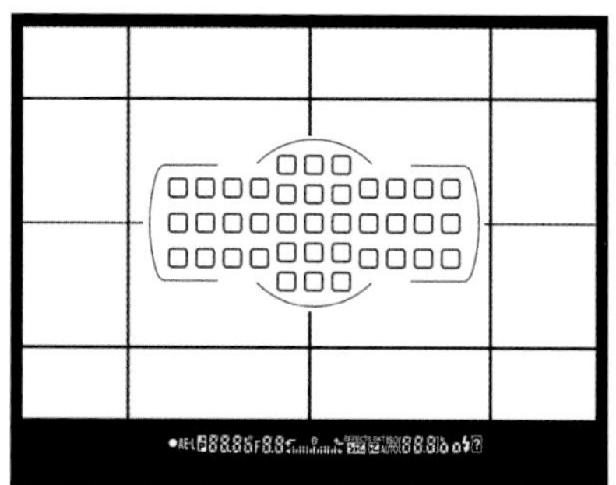

▲ 39个对焦点

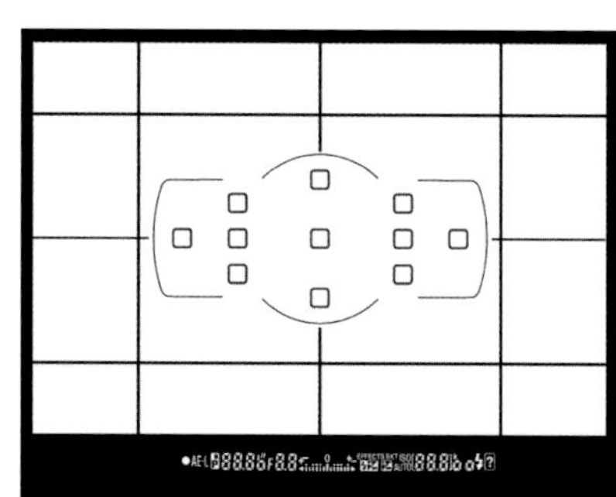

▲ 11个对焦点

焦　　距 ▷ 59mm
光　　圈 ▷ F2.8
快门速度 ▷ 1/50s
感 光 度 ▷ ISO250

◀ 使用11个对焦点拍摄人像，可以使对焦更便捷，快速捕捉到人物的动作和表情

内置AF辅助照明器

功能要点：在弱光环境下，相机的自动对焦功能会受到很大的影响，“内置AF辅助照明器”功能可以提供简单照明，以满足自动对焦对拍摄环境亮度的要求。

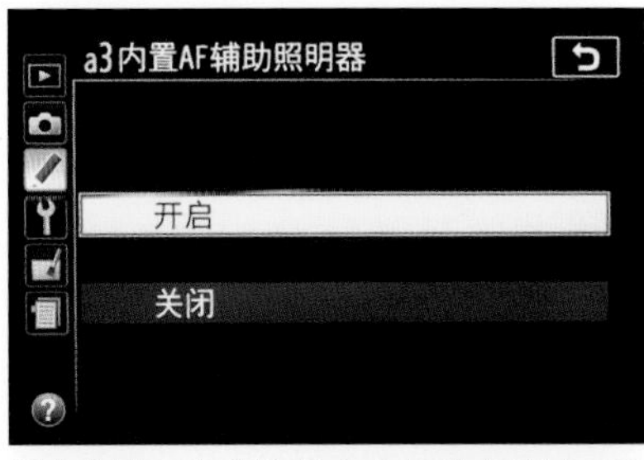

操作步骤：点击选择**自定义设定**菜单，再选择a**自动对焦**中的a3 **内置AF辅助照明器**选项

选项释义

■开启：在光线不足时，内置自动对焦辅助照明器需要同时满足以下两个条件才可被点亮（仅限于使用取景器拍摄）：①自动对焦模式被设为AF-S单次伺服自动对焦模式，或在AF-A自动伺服自动对焦模式下选择了单次伺服自动对焦模式；②将AF区域模式设为“自动区域AF”，或者选择“单点AF”或“动态区域AF”选项的同时选择了中央对焦点。

■关闭：内置自动对焦辅助照明器不会被点亮以辅助对焦操作。在光线不足时，相机可能无法使用自动对焦功能。

使用经验：在不能使用自动对焦辅助照明器照明时，如果难于对焦，可以尽量使用中央对焦点进行对焦，并挑选明暗反差较大的位置进行对焦。如果拍摄的是会议或体育比赛等不能被打扰的对象，应该关闭此功能。另外，此功能并不适用于所有镜头，因为某些体积较大的镜头会挡住AF 辅助照明器。当开启此功能但AF 辅助照明器未发挥作用时，要检查是否是由于镜头遮挡了AF 辅助照明器造成的。

▲ 在这种光线较暗的环境中拍摄人像时，对焦会十分困难，开启“内置AF辅助照明”功能可以使对焦容易一些，如果不能使用此功能，可以将焦点对在人物面部轮廓线上，此处与背景的明暗反差最为强烈，因此比较容易对焦

焦　距 ▷ 35mm
光　圈 ▷ F4
快门速度 ▷ 1/100s
感 光 度 ▷ ISO200

曝光

曝光控制EV步长

功能要点：该菜单用于调整曝光增量，以便于使曝光更精细、准确。

功能简介：此菜单包括“1/3步长”和“1/2步长”两个选项。

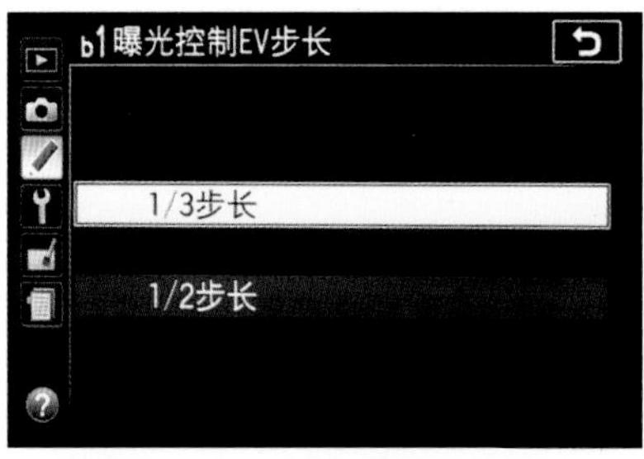

操作步骤：点击选择**自定义设定**菜单，再选择b**曝光**中的b1 **曝光控制**EV**步长**选项，可点击选择1/3**步长**或1/2**步长**选项

使用经验：由于1/3步长比1/2步长调整更精确，在使用点测光时，推荐使用1/3级，调整更为精确；如果使用矩阵测光，可以考虑使用1/2级进行调整。

但当调整的曝光参数数值跨度较大时，如若仍使用1/3步长进行调节，则需要转动多次指令拨盘才可以达到目的，此时就可以将其调整步长值修改为1/2步长。

	快门速度变化规律（秒）	光圈值变化规律
1/3步长	1/50、1/60、1/80、1/100、1/125、1/160…	F2.8、F3.2、F3.5、F4、F5.6…
1/2步长	1/45、1/60、1/90、1/125、1/180、1/250…	F2.8、F3.3、F4、F4.8、F5.6、F6.7、F8…

▲ 拍摄波涛汹涌的海浪时，快门速度太快会使海浪缺少气势，过慢又将海浪拍得太过柔和，一般将“曝光控制EV步长”设置为“1/3步长”

焦　距 ▷ 28mm
光　圈 ▷ F10
快门速度 ▷ 1/800s
感 光 度 ▷ ISO400

计时/AE锁定

快门释放按钮AE-L

功能要点：该菜单用于设置是否允许快门释放按钮锁定曝光。对于经常使用“测光—锁定曝光—构图—拍摄”这个拍摄流程的用户而言，启用“快门释放按钮 AE-L”功能，使用快门释放按钮来锁定曝光，在操作时更方便一些。

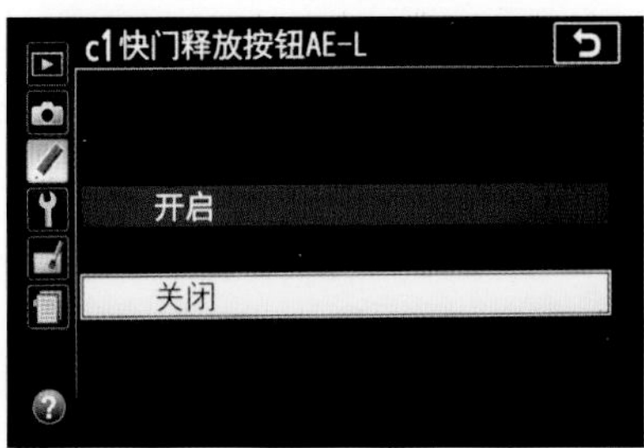

操作步骤：在**自定义设定**菜单中，点击选择c**计时/AE锁定**中的c1**快门释放按钮**AE-L选项，可点击选择**开启**或**关闭**选项

选项释义

■关闭：选择此选项，则仅当按下 AE-L/AF-L 按钮时会锁定曝光。

■开启：选择此选项，则在半按快门释放按钮时也将锁定曝光。

使用经验：如果发现使用他人的相机拍摄出来的照片基本上每一张曝光都不正确，此时就应该检查一下，是否是由于“快门释放按钮AE-L”菜单被设为了“关闭”，从而导致半按快门时无法进行曝光锁定。

自动关闭延迟

功能要点：该菜单可以控制在播放、菜单查看、图像查看以及即时取景过程中，未执行任何操作时，显示屏保持开启的时间长度。

操作步骤：进入**自定义设定**菜单，选择c**计时/AE锁定**中的c2**自动关闭延迟**选项，点击选择自动关闭延迟的时间，当选择**自定义**选项时，可以分别为**播放/菜单**、**图像查看**、**即时取景**或**待机定时器**选择显示屏关闭的延迟时间

选项释义

■播放/菜单：用于设置播放照片或进行菜单设置时显示屏关闭的延迟时间。

■图像查看：用于设置拍摄照片后，立即查看照片效果时显示屏关闭的延迟时间。

■即时取景：用于设置即时取景和动画录制期间，显示屏关闭的延迟时间。

■待机定时器：用于设置未执行任何操作时取景器和信息显示保持开启的时间长度。

使用经验：在拍摄照片时，如果面对美景手中的相机电量却消耗殆尽，这无疑是一大憾事。在“显示屏关闭延迟”中将各个选项设置成较短时间可有效减少电池的耗电量。

▲ 当拍摄雪景时电池电量的消耗会变快，除了要准备备用电池外，还可以将“自动关闭延迟”设置为较短时间，以尽量节省电量，从而可以多拍摄一些照片

焦　距▷35mm
光　圈▷F8
快门速度▷1/400s
感 光 度▷ISO100

自拍

功能要点：该菜单可以设置自拍延迟时间以及自拍张数。

在进行自拍时，可以指定一个从按下快门按钮起（准备拍摄）至开始曝光（开始拍摄）的延迟时间，利用“自拍延时”功能，可以为拍摄对象留出足够的时间，以便摆出想要的造型等。

功能简介：此菜单包括了“自拍延迟”和“拍摄张数”两个选项，其中“自拍延迟”包括了“2秒”、“5秒”、“10秒”和“20秒”4个选项。在“拍摄张数”选项中，可以将自拍照片的张数设置为1~9张。

操作步骤：在**自定义设定**菜单中，点击选择**c计时/AE锁定**中的c3**自拍**选项，点击选择**自拍延迟**选项后，可在其下级菜单中点击选择延迟时间

操作步骤：在**自定义设定**菜单中，选点击择**c计时/AE锁定**中的c3**自拍**选项，选择**拍摄张数**选项，点击▲或▼图标选择拍摄的张数，然后点击右下角的OK图标确定

拍摄经验：要重视“拍摄张数”这个参数，因为在自拍团体照时，通常会出现某些人没有笑容或某些人闭眼的情况，将此数值设置得高一点，能够提高后期挑选照片的余地。

▼ 利用自拍功能设置自拍延迟时间和自拍张数，不仅可以将姐妹们都拍摄进来，而且可以选择大家表情都比较好的一张

焦　距 ▷ 50mm
光　圈 ▷ F3.5
快门速度 ▷ 1/100s
感 光 度 ▷ ISO400

拍摄/显示

曝光延迟模式

功能要点：在相机轻微振动可能导致照片模糊的情形下，可在此菜单中选择“开启”选项，使快门释放延迟至弹起反光板后1s的时间，从而使反光板弹起对相机造成的振动不会对画质产生影响。

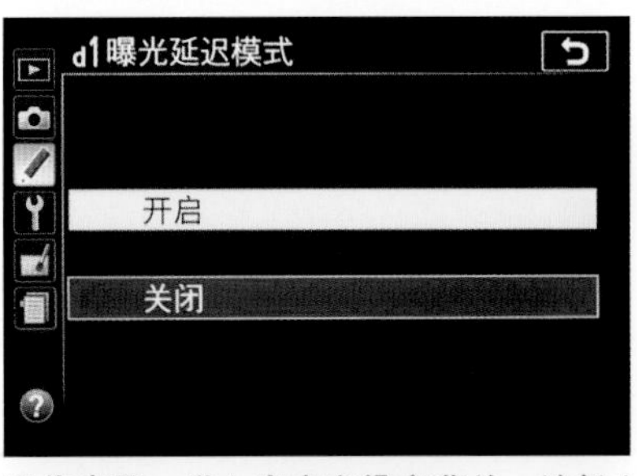

操作步骤：进入**自定义设定**菜单，选择d **拍摄/显示**中的d1**曝光延迟模式**选项

取景器网格显示

功能要点：该菜单用于设置是否显示取景器网格。

功能简介：此菜单包含“开启”和“关闭”两个选项。选择“开启”选项时，在拍摄时取景器中将显示网格线以辅助构图。

使用经验：Nikon D5500相机的“取景器网格显示”功能可以为我们进行比较精确构图提供极大的便利，如严格的水平线或垂直线构图等。

另外，3×3的网格结构，也可以帮助我们进行较准确的3分法构图，这在拍摄时是非常实用的。

操作步骤：进入**自定义设定**菜单，点击选择d**拍摄/显示**中的d3 **取景器网格显示**选项，点击选择**开启**或**关闭**选项

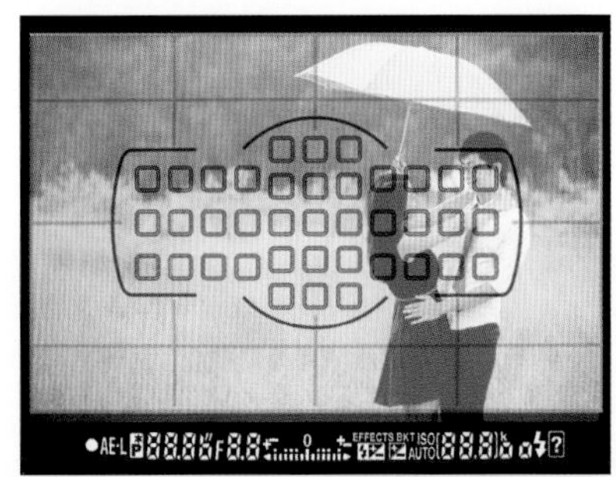

▼ 拍摄人物时，借助网格线显示功能，将人物放置在黄金分割线上，使人物突出的同时，画面效果也显得更加生动

焦　　距 ▷ 85mm
光　　圈 ▷ F2.8
快门速度 ▷ 1/1250s
感 光 度 ▷ ISO160

包围/闪光

内置闪光灯闪光控制

功能要点：Nikon D5500的内置闪光灯提供了非常丰富的控制功能，在使用时，可以根据需要选择以何种方式输出光线。

功能简介：此菜单包括默认的TTL自动测光并闪光功能、手动、重复闪光以及指令器模式4个闪光控制模式。

选项释义

■TTL：选择此选项，将根据拍摄环境自动调整闪光量。

■手动：选择此选项，可以选择闪光级别。在全光和1/32（全光的1/32）之间选择闪光级别。在全光级别下，内置闪光灯的指数为12(m、ISO 100、20℃)。

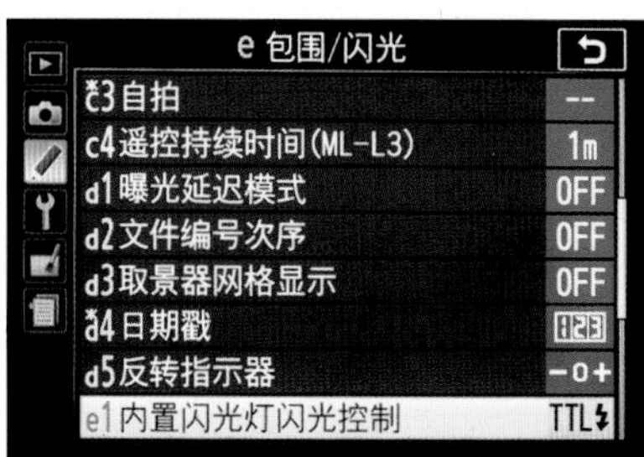

❶ 进入**自定义设定**菜单，点击选择**e包围/闪光**中的**e1内置闪光灯闪光控制**选项

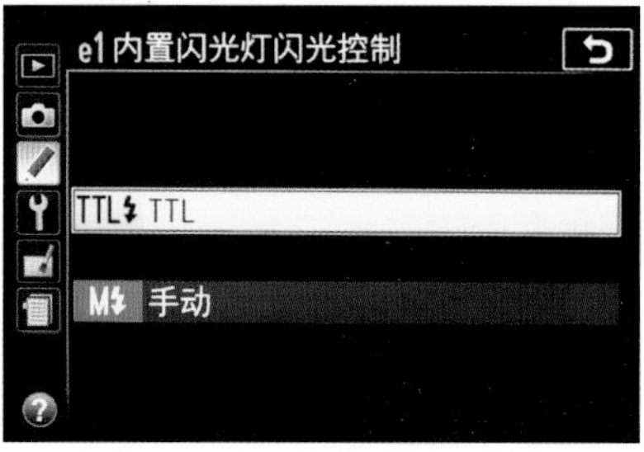

❷ 点击选择一种闪光模式选项

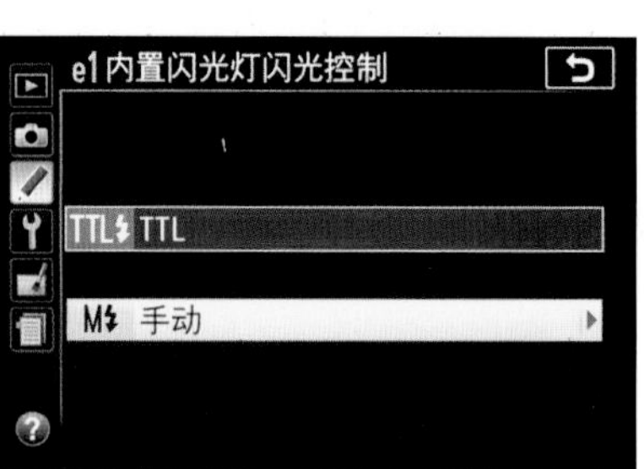

❸ 若在步骤❷中点击选择**手动**选项

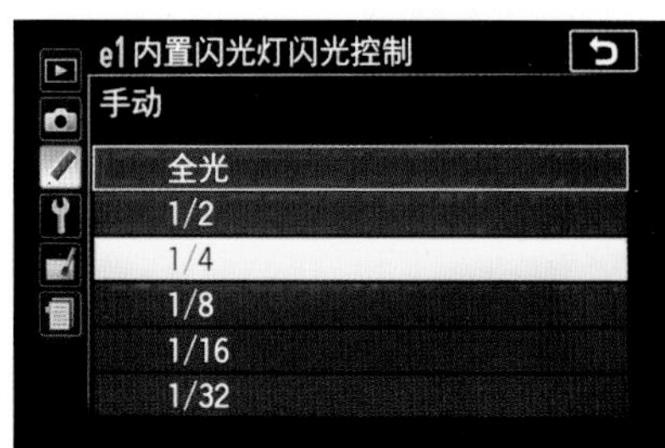

❹ 可在下级菜单中点击选择全光和1/32（全光的1/32）之间的闪光级别

▲ 将“内置闪光灯闪光控制”设置为“TTL”时拍摄的照片，人物得到了很好的补光，皮肤显得更加白净、细腻

焦　　距 ▷ 85mm
光　　圈 ▷ F1.4
快门速度 ▷ 1/320s
感 光 度 ▷ ISO200

自动包围设定

功能要点：默认情况下，在该菜单中选择各选项，可以分别拍摄3张带有不同偏移量的照片。

功能简介：Nikon D5500的自动包围曝光功能提供了3种包围选项，即自动曝光包围、白平衡包围及动态D-Lighting包围。

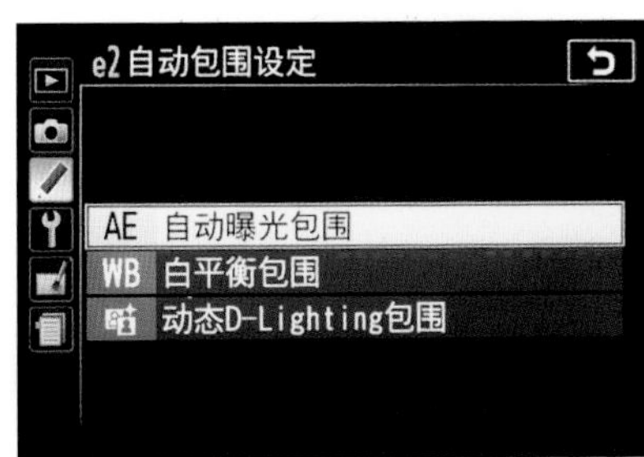

操作步骤：进入**自定义设定**菜单，点击选择**e包围/闪光**中的**e2自动包围设定**选项

选项释义

■ 自动曝光包围：选择此选项，则执行包围曝光。

■ 白平衡包围：选择此选项，则执行白平衡包围。

■ 动态 D-Lighting 包围：选择此选项，则执行动态 D-Lighting 包围，在动态 D-Lighting 当前设定和关闭时各拍摄一张照片。

▲ 上面两张图分别是曝光稍过度和降低2挡曝光补偿后曝光不足的照片

▲ 降低2/3挡曝光补偿后正确曝光的照片

控制

指定 Fn按钮

功能要点：Fn按钮相当于一个自定义功能按钮，可以根据个人的操作习惯或临时的拍摄需求为其指定一个功能。在Nikon D5500中，可以为Fn按钮指定不同的功能。

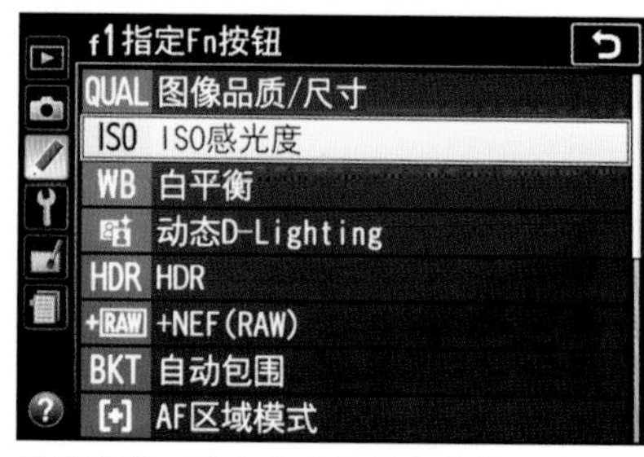

操作步骤：进入**自定义设定**菜单，点击选择f**控制**中的f1 **指定Fn按钮**选项

选项释义

■图像品质 / 尺寸：按住 Fn 按钮，同时旋转指令拨盘可选择图像品质和尺寸。

■ISO 感光度：按住 Fn 按钮，同时旋转指令拨盘可选择 ISO 感光度。

■白平衡：按住 Fn 按钮，同时旋转指令拨盘可选择白平衡（仅限于 P 挡程序自动模式、S 挡快门优先模式、A 挡光圈优先模式和 M 挡全手动模式）。

■动态 D-Lighting：按住 Fn 按钮，同时旋转指令拨盘可选择动态 D-Lighting （仅限于 P 挡程序自动模式、S 挡快门优先模式、A 挡光圈优先模式和 M 挡全手动模式）。

■HDR：按住 Fn 按钮，同时旋转指令拨盘可调整 HDR 设定（仅限于 P 挡程序自动模式、S 挡快门优先模式、A 挡光圈优先模式和 M 挡全手动模式）。

■+NEF（RAW）：若图像品质被设为“JPEG 精细”、“JPEG 标准”或“JPEG 基本”，按下 Fn 按钮后，“RAW”将出现在信息显示中，且在按下该按钮拍摄下一张照片的同时，将记录一个 NEF（RAW）副本。若不记录 NEF（RAW）副本直接退出，再次按下 Fn 按钮即可。当在特殊效果模式中选择“夜视”、“超级鲜艳”、“流行”“照片说明”、“玩具照相机效果”“模型效果”或“可选颜色”时，该选项无效。

■自动包围：按住 Fn 按钮，同时旋转指令拨盘可选择包围增量（曝光和白平衡包围），或者开启或关闭动态 D-Lighting 包围（仅限于 P 挡程序自动模式、S 挡快门优先模式、A 挡光圈优先模式和 M 挡全手动模式）。

■AF 区域模式：按住 Fn 按钮，同时旋转指令拨盘可选择 AF 区域模式。

■取景器网格显示：按下 Fn 按钮，可显示或隐藏取景器取景网格。

■Wi-Fi：按下 Fn 按钮可显示 Wi-Fi 菜单。

▲ Nikon D5500上的Fn按钮

焦　　距 ▷ 70mm
光　　圈 ▷ F2.8
快门速度 ▷ 1/50s
感 光 度 ▷ ISO250

◀ 在拍摄日出美景时，光线的变化是很快的，提前将Fn按钮指定为需要的功能，可在拍摄时节约了设置参数的操作时间，从而拍摄到漂亮的照片

指定 AE-L/AF-L 按钮

功能要点：该菜单用于选择AE-L/AF-L按钮所执行的功能。

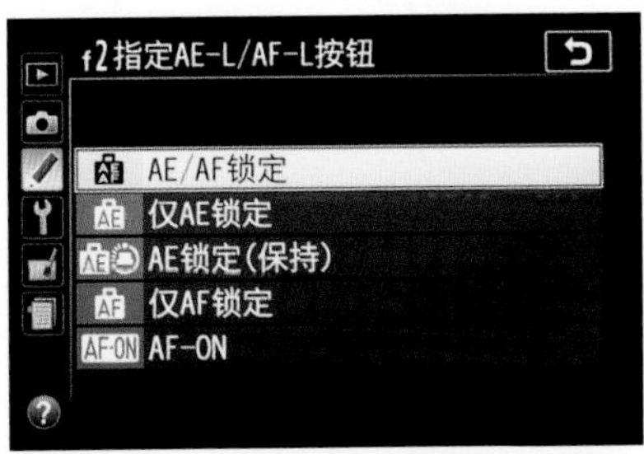

操作步骤：进入**自定义设定**菜单，点击选择f**控制**中的f2 **指定**AE-L/AF-L**按钮**选项

选项释义

■AE/AF 锁定：选择此选项，则按住 AE-L/AF-L 按钮时，对焦和曝光均被锁定。

■仅 AE 锁定：选择此选项，则按住 AE-L/AF-L 按钮时，仅曝光被锁定。

■AE 锁定（保持）：选择此选项，则按住 AE-L/AF-L 按钮时，曝光被锁定并保持锁定，直至再次按下该按钮或自动关闭延迟时间被耗尽为止。

■仅 AF 锁定：选择此选项，则按住 AE-L/AF-L按钮时，对焦被锁定。

■AF-ON：选择此选项，则按下AE-L/AF-L 按钮可启动自动对焦。快门释放按钮无法用于对焦。

▲ 在拍摄人像时，经常用到曝光锁定功能，此时就可以将AE-L/AF-L按钮指定为"仅AE 锁定"或"AE 锁定（保持）"

焦　　距 ▷ 70mm
光　　圈 ▷ F2.8
快门速度 ▷ 1/50s
感 光 度 ▷ ISO250

第 5 章

获得正确的曝光

灵活使用曝光模式

Nikon D5500提供了程序自动、光圈优先以及快门优先3种自动曝光模式，以及完全由摄影师控制拍摄参数的手动曝光模式，这已经完全可以满足摄影师的拍摄需求了。

程序自动模式 P

程序自动曝光模式在Nikon D5500的取景器及显示屏上显示为“P”。

使用这种曝光模式拍摄时，光圈和快门速度由相机自动控制，相机会自动给出不同的曝光组合，此时拨动主指令拨盘可以在相机给出的曝光组合中进行自由选择。除此之外，白平衡、ISO感光度、曝光补偿等参数也可以手动控制。

通过对这些参数进行不同的设置，拍摄者可以得到不同效果的照片，而且不用自己去考虑光圈和快门速度就能够获得较为准确的曝光。程序自动曝光模式常用于拍摄新闻、纪实等需要抓拍的题材。

在实际拍摄时，向右旋转指令拨盘可获得模糊背景细节的大光圈（低F值）或“锁定”动作的高速快门曝光组合；向左旋转指令拨盘可获得增加景深的小光圈（高F值）或模糊动作的低速快门曝光组合。此时取景器和显示屏会显示P*图标。

▲ 在P挡程序自动模式下，通过旋转指令拨盘可选择快门速度和光圈的不同组合

拍摄经验：相机自动选择的曝光设置未必是最佳组合。例如，摄影师可能认为按此快门速度手持拍摄不够稳定，或者希望用更大的光圈。此时，可以利用Nikon D5500的程序自动模式，即在P模式下，在保持测定的曝光值不变的情况下，通过转动主指令拨盘来改变光圈和快门速度组合（即等效曝光）。

焦　　距 ▷ 105mm
光　　圈 ▷ F2.8
快门速度 ▷ 1/800s
感 光 度 ▷ ISO100

◀ 用P挡快速抓拍身着盛装的狂欢者，画面效果十分生动

快门优先模式 S

在快门优先模式下，可以转动主指令拨盘在1/4000~30s间选择所需快门速度，然后相机会根据快门速度自动计算光圈的大小，以获得正确的曝光。

在拍摄时，快门速度需要根据拍摄对象的运动速度及照片的表现形式来决定。

较高的快门速度可以凝固动作或者移动主体的瞬间；较慢的快门速度可以形成模糊效果，从而产生动感。

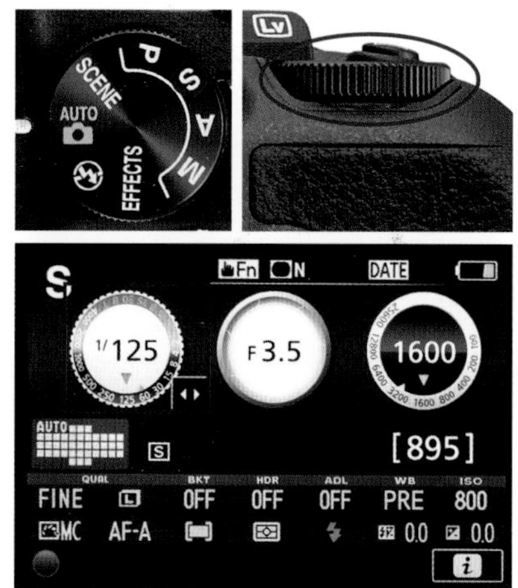

▲ 在S挡快门优先模式下，可通过旋转指令拨盘调整快门速度值。还可以通过点击屏幕上图标进入修改状态。

▲ 用快门优先模式抓拍鹰捕食的精彩瞬间

焦　　距 ▷ 500mm
光　　圈 ▷ F4
快门速度 ▷ 1/800s
感 光 度 ▷ ISO640

焦　　距 ▷ 20mm
光　　圈 ▷ F14
快门速度 ▷ 6s
感 光 度 ▷ ISO200

◀ 用快门优先模式将溪流拍成如丝般柔顺的效果

光圈优先模式 A

在光圈优先模式下，相机会根据当前设置的光圈大小自动计算出合适的快门速度。使用光圈优先模式可以控制画面的景深，在同样的拍摄距离下，光圈越大，景深越小，即画面中的前景、背景的虚化效果就越好；反之，光圈越小，景深越大，即画面中的前景、背景的清晰度就越高。

拍摄经验：使用光圈优先模式应该注意如下两个问题。

（1）当光圈过大而导致快门速度超出了相机的极限时，如果仍然希望保持该光圈，可以尝试降低ISO感光度的数值，或使用中灰滤镜降低光线的进入量，以保证曝光准确。

（2）为了得到大景深而使用小光圈时，应该注意快门速度不能低于安全快门速度。

▲ 在A挡光圈优先模式下，可通过旋转指令拨盘调整光圈值。还可以通过点击屏幕上◂▸图标进入修改状态

▲ 利用大光圈拍摄人像，人物主体得到很好表现

焦　　距 ▶ 105mm
光　　圈 ▶ F4.5
快门速度 ▶ 1/250s
感 光 度 ▶ ISO200

▲ 用小光圈拍摄使背景清晰呈现，利用周围环境来烘托画面气氛

焦　　距 ▶ 16mm
光　　圈 ▶ F16
快门速度 ▶ 1/200s
感 光 度 ▶ ISO100

全手动模式 M

在全手动模式下，所有拍摄参数都由摄影师手动进行设置，使用此模式拍摄有以下优点。

首先，使用M 挡全手动模式拍摄时，当摄影师设置好恰当的光圈、快门速度数值后，即使移动镜头进行再次构图，光圈与快门速度数值也不会发生变化。

其次，使用其他曝光模式拍摄时，往往需要根据场景的亮度在测光后进行曝光补偿操作，而在M 挡全手动模式下，由于光圈与快门速度值都是由摄影师设定的，在设定的同时就可以将曝光补偿考虑在内，从而省略了曝光补偿的设置过程。因此，在全手动模式下，可以按自己的想法让影像曝光不足，以使照片显得较暗，给人忧伤的感觉；或者让影像稍微过曝，拍摄出明快的高调照片。

另外，当在摄影棚拍摄并使用了频闪灯或外置非专用闪光灯时，由于无法使用相机的测光系统，需要使用闪光灯测光表或通过手动计算来确定正确的曝光值，此时就需要手动设置光圈和快门速度，从而实现正确的曝光。

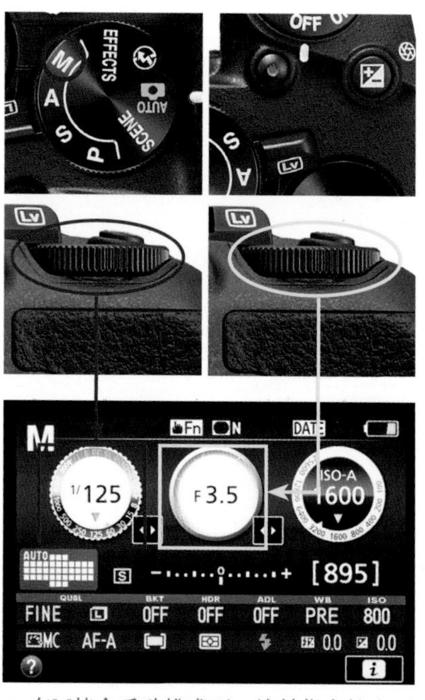

▲ 在M挡全手动模式下，旋转指令拨盘可调整快门速度值；按住☒(⊛)按钮同时旋转指令拨盘可调整光圈值。还可以通过点击屏幕上◂▸图标进入修改状态

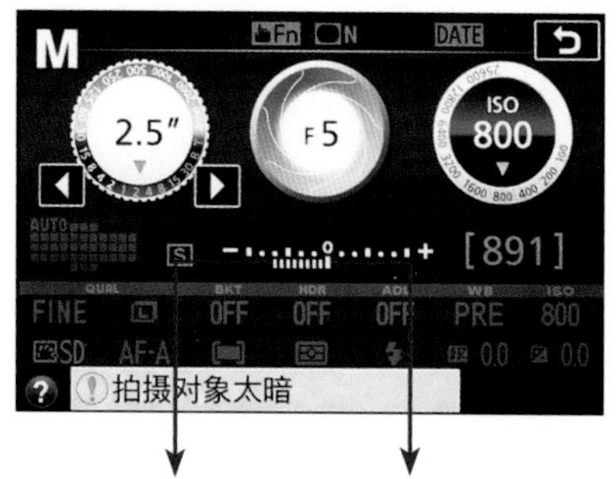

▲ 在棚内拍摄人像时，由于光线较为固定，不会有明显的变化，而且有时也受灯光器具的限制，因此通常都是采用手动模式进行拍摄

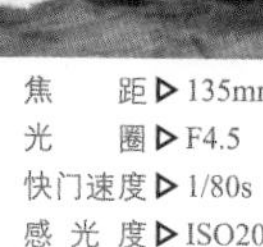
焦　　距 ▷ 135mm
光　　圈 ▷ F4.5
快门速度 ▷ 1/80s
感 光 度 ▷ ISO200

拍摄经验：在改变光圈或快门速度时，曝光量标志会左右移动，当曝光量标志位于正常曝光量标志的位置时，能获得相对准确的曝光。

如果当前曝光量标志靠近标有“-”号的右侧时，表明如果使用当前曝光组合拍摄，照片会偏暗（欠曝）；反之，如果当前曝光量标志靠近标有“+”号的左侧时，表明如果使用当前曝光组合拍摄，照片会偏亮（过曝）。在拍摄时要通过调整光圈、快门及感光度等曝光要素，使曝光量标志正好位于正常曝光量标志处（希望照片过曝或曝光不足的类型除外）。

B门曝光模式

使用B门模式拍摄时，持续完全按下快门按钮时快门将保持打开，直到松开快门按钮时快门就关闭，即完成整个曝光过程，其曝光时间取决于从快门按钮被按下到快门按钮被释放的持续时间长度，此曝光模式特别适合拍摄光绘、天体、焰火等需要长时间曝光并手动控制曝光时间的题材。为了避免画面模糊，使用B门模式拍摄时，应该使用三脚架及遥控快门线。

包括Nikon D5500在内的所有数码单反相机，都只支持最低30s的快门速度。对于超过30s的曝光时间，只能通过B门模式进行手动控制。

拍摄经验：在使用B门模式且未使用遥控器拍摄时，最好在“自定义设定”菜单中将“d1 曝光延迟模式”设置为“开启”，这样在按下快门释放按钮且相机的反光板被升起后，快门将延迟释放约1s，以避免由于按下快门按钮使机身产生抖动而导致照片模糊。

▲ 使用B门模式长时间曝光拍摄星空，将星星运行的轨迹都记录下来，呈现出震撼的画面效果

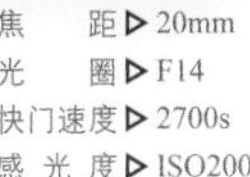

焦　　距 ▶ 20mm
光　　圈 ▶ F14
快门速度 ▶ 2700s
感 光 度 ▶ ISO200

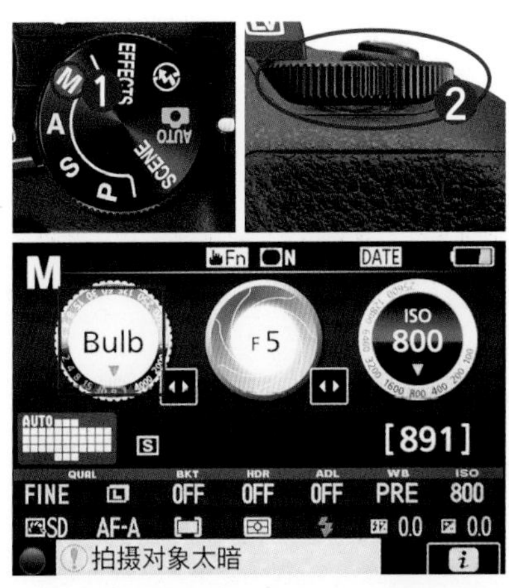

▲ 先将模式拨盘转至M模式，然后向左转动指令拨盘直至显示屏中显示的快门速度为Bulb，此时即可激活B门模式

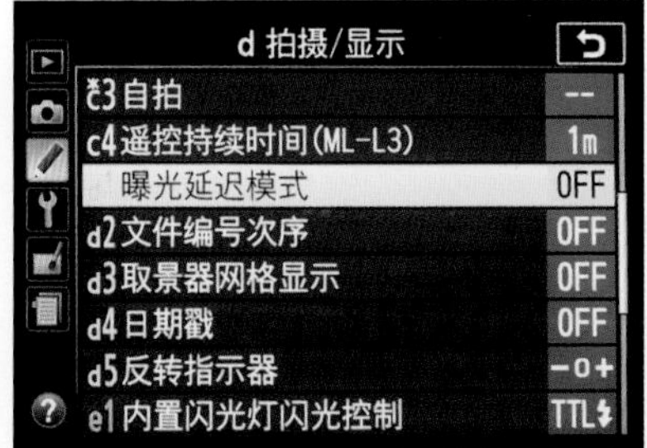

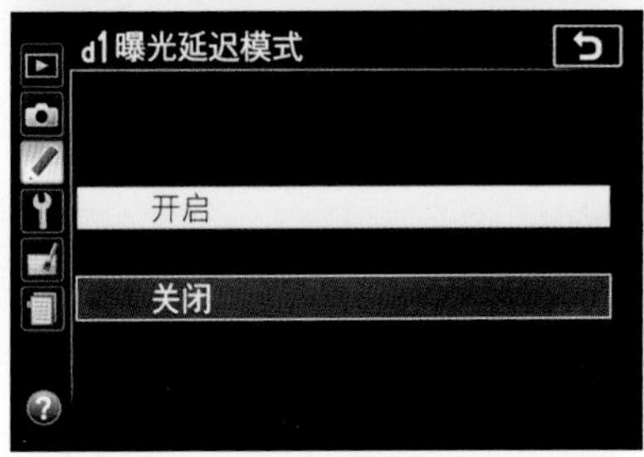

操作步骤：进入**自定义设定**菜单，点击选择d**拍摄/显示**中的d1**曝光延迟模式**选项，然后点击选择**开启**或**关闭**选项

采用长时间曝光拍摄时，光线会进入取景器而影响最终的曝光效果。

为了避免出现这种问题，可用手或其他物体将取景器完全遮住。

长时间曝光降噪

功能简介：曝光时间越长，产生的噪点就越多，Nikon D5500在这一方面也不例外。此时可以启用“长时间曝光降噪”功能来消减画面中产生的噪点。

选项释义

■ 关闭：选择此选项，则关闭“长时间曝光降噪”功能。

■ 开启：选择此选项，相机会对所有曝光时间超过 1s 拍摄的画面进行降噪处理。

使用经验：开启此功能后，相机将对曝光时间超过1s的照片进行减少噪点处理。处理所需时间长度约等于当前快门速度。

例如，在使用30s的快门速度拍摄夜景时，则使用此功能消除照片中的噪点也要用30s的时间。需要注意的是，在处理过程中，取景器中的Job nr字样将会闪烁且无法拍摄照片（若处理完毕前关闭相机，则照片会被保存，但相机不会对其进行降噪处理）。

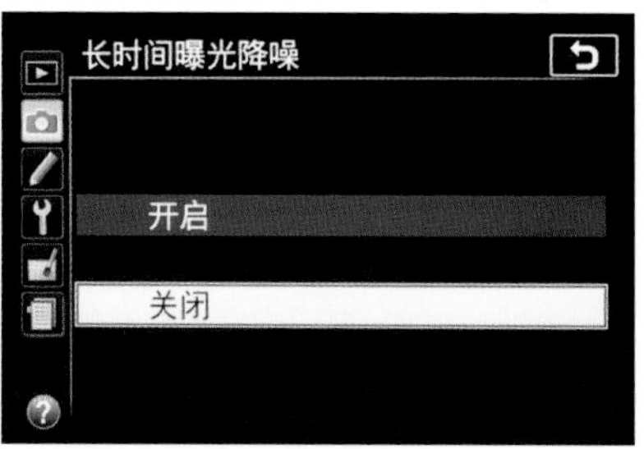

操作方法：点击选择**拍摄**菜单中的**长时间曝光降噪**选项，然后点击可选择**开启**或**关闭**选项

▲ 用较小的光圈、较长的曝光时间拍摄城市夜景，星芒状的灯光闪烁在深蓝色的天空之下。由于拍摄时使用了“长时间曝光降噪”功能，因此画质更加纯净，画面效果更加突出

焦　　距 ▷ 17mm
光　　圈 ▷ F9
快门速度 ▷ 15s
感 光 度 ▷ ISO100

快门速度

快门速度的基本概念

快门是相机中用于控制曝光时间的组件，这个曝光时间即我们所说的快门速度。

快门速度以秒为单位，通常写作s，常见的快门速度有30s、15s、8s、4s、2s、1s、1/2s、1/4s、1/8s、1/15s、1/30s、1/60s、1/125s、1/250s、1/500s、1/1000s、1/2000s及1/4000s等。

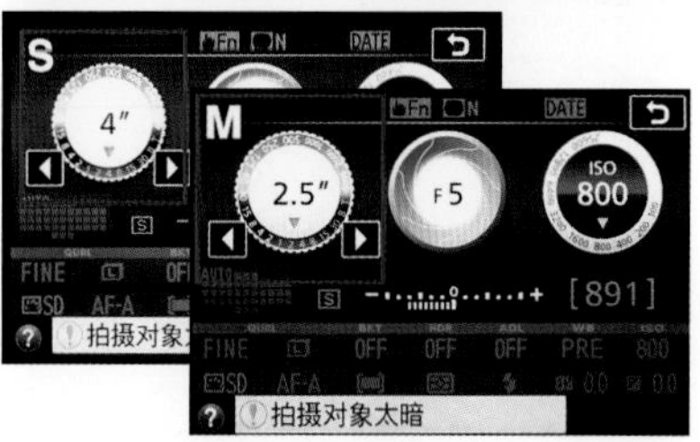

▲ 选择快门优先模式或全手动曝光模式时，可以转动指令拨盘调节快门速度

快门速度与画面亮度

在其他条件不变的情况下，快门速度提高一挡，则曝光时间减少1/2，因此画面中的曝光降低一挡，画面会变得更暗；反之，快门速度降低一挡，则曝光时间增加1倍，因此画面的曝光增加一挡，画面会变得更亮。

▲ 焦距：100mm；光圈：F4.5；快门速度：1/5s；感光度：ISO100

▲ 焦距：100mm；光圈：F4.5；快门速度：1/4s；感光度：ISO100

▲ 焦距：100mm；光圈：F4.5；快门速度：1/3s；感光度：ISO100

▲ 焦距：100mm；光圈：F4.5；快门速度：1/2.5s；感光度：ISO100

▲ 焦距：100mm；光圈：F4.5；快门速度：1/2s；感光度：ISO100

▲ 焦距：100mm；光圈：F4.5；快门速度：1s；感光度：ISO100

快门速度的快慢决定了曝光量的多少。在其他条件不变的情况下，每一倍的快门速度变化，即代表了一倍曝光量的变化。例如，当快门速度由1/125s 变为1/60s 时，由于快门速度慢了1倍，曝光时间增加了1倍，因此总的曝光量也随之增加了1倍。从展示的一组照片中可以发现，在光圈与ISO 感光度数值不变的情况下，快门速度越慢、曝光时间越长，画面感光越充分，所以画面越亮。

快门速度与画面动感

拍摄动感的对象时，不同的快门速度会呈现出完全不同的画面效果，通常，快门时间越长，被摄对象在画面中留下的轨迹也越长，会营造出一种动感效果；快门速度越短，可将运动中的被摄对象瞬间定格在画面中，得到清晰的画面效果。

▲ 焦距：70mm；光圈：F5；快门速度：1/25s；感光度：ISO500

▲ 焦距：70mm；光圈：F5.6；快门速度：1/20s；感光度：ISO500

▲ 焦距：70mm；光圈：F6.3；快门速度：1/15s；感光度：ISO500

▲ 焦距：70mm；光圈：F7.1；快门速度：1/13s；感光度：ISO500

▲ 焦距：70mm；光圈：F8；快门速度：1/10s；感光度：ISO500

▲ 焦距：70mm；光圈：F9；快门速度：1/6s；感光度：ISO500

▲ 焦距：70mm；光圈：F10；快门速度：1/4s；感光度：ISO500

▲ 焦距：70mm；光圈：F11；快门速度：1/2.5s；感光度：ISO500

通过这一组照片可看出，随着快门速度逐渐降低，物体运动轨迹记录逐渐完整，转动速度感表现越来越明显。

知识链接：认识安全快门

在快门速度的基础上，还要注意一个安全快门值。所谓的安全快门，是指在手持拍摄时能保证画面清晰的最低快门速度，其数值等同于当前所用焦距的倒数。例如当前焦距为200mm，拍摄时的快门速度应不低于1/200s。

当然，安全快门的计算只是一个参考值，它与个人的臂力、天气环境、是否有依靠物等因素都有关系，因此可以根据实际情况进行适当的增减。

光圈

光圈的基本概念

在曝光参数中，我们所说的光圈即指光圈值，用于控制在单位时间（快门速度）内的通光量。

常见的光圈值有F1.4、F2、F2.8、F4、F5.6、F8、F11、F16、F22、F32、F36等，相邻光圈间的通光量相差一倍，光圈值的变化是1.4倍，每递进一挡光圈，光圈口径就不断缩小，通光量也逐挡减半。比如F2光圈下的进光量是F2.8的1倍，但在数值上，后者是前者的1.4倍，这也是光圈的变化规律。

操作步骤：在选择光圈优先模式时，可以转动指令拨盘调整光圈值；在选择全手动模式时，可以按下☒（㊎）按钮并转动指令拨盘调整光圈值

光圈与画面亮度

如前所述，在其他参数不变的情况下，光圈增大1挡，则曝光量提高1倍，例如光圈从F4 增大至F2.8，即可增加1倍的曝光量；反之，光圈减小1挡，则曝光量也随之降低1/2。换言之，光圈开启越大，通光量越多，所拍摄出来的照片也越明亮；光圈开启越小，通光量越少，所拍摄出来的照片也越暗淡。

下面是一组在焦距为100mm、快门速度为1/25s、感光度为ISO100 的特定参数下，只改变光圈值拍摄的照片。

▲ 焦距：50mm；光圈：F7.1；快门速度：1/25s；感光度：ISO100

▲ 焦距：100mm；光圈：F5.6；快门速度：1/25s；感光度：ISO100

▲ 焦距：100mm；光圈：F4.5；快门速度：1/25s；感光度：ISO100

▲ 焦距：100mm；光圈：F2.8；快门速度：1/25s ；感光度：ISO100

▲ 焦距：100mm；光圈：F3.5；快门速度：1/25s；感光度：ISO100

▲ 焦距：100mm；光圈：F2.8；快门速度：1/25s；感光度：ISO100

从这一组照片中可以看出，在相同的曝光时间内，当光圈逐渐变大时，画面逐渐变亮。

光圈与画面景深

光圈是控制景深（背景虚化程度）的重要因素。在其他条件不变的情况下，光圈越大景深越小，反之光圈越小景深越大。在拍摄时想通过控制景深来使自己的作品更有艺术效果，就要合理使用大光圈和小光圈。

通过调整光圈数值的大小，即可拍摄不同的对象或表现不同的主题。例如，大光圈主要用于人像摄影、微距摄影，通过模糊背景来有效地突出主体；小光圈主要用于风景摄影、建筑摄影、纪实摄影等，大景深让画面中的所有景物都能清晰再现。

下面是一组在焦距为100mm、快门速度为4s、感光度为ISO100 的特定参数下，只改变光圈值拍摄的照片。

▲ 焦距：100mm；光圈：F14；快门速度：4s；感光度：ISO100

▲ 焦距：100mm；光圈：F11；快门速度：4s；感光度：ISO100

▲ 焦距：100mm；光圈：F9；快门速度：4s；感光度：ISO100

▲ 焦距：100mm；光圈：F7.1；快门速度：4s；感光度：ISO100

▲ 焦距：100mm；光圈：F5；快门速度：4s；感光度：ISO100

▲ 焦距：100mm；光圈：F4；快门速度：4s；感光度：ISO100

从这一组照片可以看出，当光圈从F14 逐渐增大到F4 时，画面的景深逐渐变小。光圈越大，所拍出画面中背景位置的物体就越模糊。

快门速度与光圈的关系

快门速度与光圈之间的关系就好比自来水管的水龙头，光圈就好比水龙头的大小，快门速度就好比开放水龙头的时间。水龙头的口径越大，在同等的时间内水流量就会越多。同理可证，光圈越小，进光量就会越少，快门速度也就越慢（如下表所示）。

快门速度	1/1000	1/500	1/250	1/125	1/60
光圈值	F2.8	F4.0	F5.6	F8.0	F11

当光圈过大，导致快门速度超出了相机的极限时，如果仍然希望保持该光圈，可以尝试降低ISO参数，或使用中灰滤镜降低光线的进入量，以保证曝光准确。反之，如果光圈过小，或环境光线太弱，在此模式下，快门速度最低为30s，当到达该曝光时间时，将自动停止继续曝光。

感光度

感光度基本概念

数码相机的感光度概念是从传统胶片感光度引入的，用于表示感光元件对光线的感光敏锐程度，即在相同条件下，感光度越高，获得光线的数量也就越多。但要注意的是，感光度越高，产生的噪点就越多，而低感光度画面则清晰、细腻，细节表现较好。

Nikon D5500作为一款中端入门级DX画幅数码相机，其感光度性能比较优秀。其常用感光度范围为ISO100~ISO25600，在光线充足的情况下，一般使用ISO100拍摄即可。

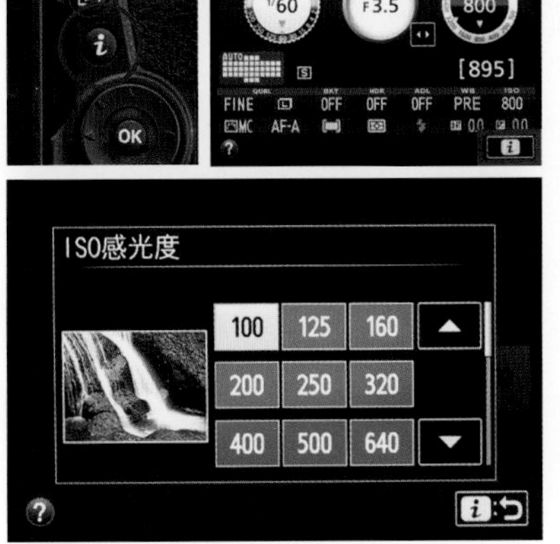

▲ 按下i按钮开启显示屏，点击右下角的i图标进入显示屏设置状态，点击选择感光度图标，即可显示感光度数值，点击▲或▼图标选择所需感光度数值

感光度与画面亮度

作为控制曝光的三大要素之一，在其他条件不变的情况下，感光度每增加一挡，感光元件对光线的敏锐度会随之增加1倍，即曝光量增加1倍；反之，感光度每减少一挡，曝光量则减少1/2。

更直观地说，感光度的变化直接影响光圈或快门速度的设置。以F2.8、1/200s、ISO400 的曝光组合为例，在保证被摄体正确曝光的条件下，如果要改变快门速度并使光圈数值保持不变，可以通过提高或降低感光度来实现，快门速度提高1倍（变为1/400s），则可以将感光度提高1倍（变为ISO800）；如果要改变光圈值而保证快门速度不变，例如要增加2 挡光圈（变为F1.4），则可以将ISO感光度数值降低2 倍（变为ISO100）。

▲ 焦距：17mm；光圈：F13；快门速度：30s；感光度：ISO640

▲ 焦距：17mm；光圈：F13；快门速度：30s；感光度：ISO800

▲ 焦距：17mm；光圈：F13；快门速度：30s；感光度：ISO1000

▲ 焦距：17mm；光圈：F13；快门速度：30s；感光度：ISO1250

▲ 焦距：17mm；光圈：F13；快门速度：30s；感光度：ISO1600

▲ 焦距：17mm；光圈：F13；快门速度：30s；感光度：ISO2000

上面展示的一组照片是在光圈与快门速度都不变的情况下，采用不同ISO感光度数值拍摄的照片，从中可以看出，随着ISO 感光度数值的增加，感光元件的感光敏锐度也不断提高，导致画面越来越亮。

感光度与噪点

感光度的变化除了会对曝光产生影响外，对画质也有着极大的影响，即感光度越低，画面就越细腻；反之，感光度越高，就越容易产生噪点、杂色，画质就越差。

在条件允许的情况下，建议采用Nikon D5500 基础感光度中的最低值，即ISO100，这样可以在最大程度上保证得到较高画质的照片。

使用经验：使用相同的ISO 感光度分别在光线充足与不足的环境中拍摄时，在光线不足环境中拍摄的照片会产生较多的噪点，如果此时再采用较长的曝光时间，那么就更容易产生噪点。因此，在弱光环境中拍摄时，更需要设置低感光度，并配合“高ISO 降噪”功能来获得较高的画质。

但低感光度的设置可能会导致快门速度很低，在手持拍摄时很容易由于手的抖动而导致画面模糊。而如果拍摄时没有或无法使用三脚架，应该果断地提高感光度，即优先保证能够成功完成拍摄，然后再考虑高感光度给画质带来的损失。因为画质损失可通过后期处理来弥补（在一定程度上），而画面模糊则意味着拍摄失败，几乎无法补救。

▲ 焦距：200mm；光圈：F3.5；快门速度：0.3s；感光度：ISO100

▲ 焦距：100mm；光圈：F3.5；快门速度：1/6s；感光度：ISO200

▲ 焦距：100mm；光圈：F3.5；快门速度：1/13s；感光度：ISO400

▲ 焦距：100mm；光圈：F3.5；快门速度：1/25s；感光度：ISO800

▲ 焦距：100mm；光圈：F3.5；快门速度：1/50s；感光度：ISO1600

▲ 焦距：100mm；光圈：F3.5；快门速度：1/100s；感光度：ISO3200

▲ 焦距：100mm；光圈：F3.5；快门速度：1/200s；感光度：ISO16400

▲ 焦距：100mm；光圈：F3.5；快门速度：1/400s；感光度：ISO12800

▲ 焦距：100mm；光圈：F3.5；快门速度：1/800s；感光度：ISO25600

由上面一组画面可看出随着感光度的增加，画面的噪点也越来越明显，画质明显下降。

通过拍摄技法解决高感拍摄时噪点多的问题

鉴于感光度越高，画面噪点也越多的问题，在实际拍摄过程中，可以参考以下一些建议：

（1）在光线允许的情况下，尽量使用低感光度，可以保证更高的画质和细节表现力。

（2）在光线不够充足的情况下，如果能够使用三脚架或通过倚靠等方式使相机保持稳定，那么也应该尽可能地使用低感光度。因为在弱光环境下，即使是设置相同的ISO感光度，弱光环境下也会产生更多的噪点。

（3）在暗光下手持拍摄，应优先考虑使成像清晰，其次考虑高感光度给画质带来的损失。因为画质损失可采取后期方式来弥补，而画面模糊无法补救。

▲ 设置了ISO100拍摄的夜景，可看出画面很精细

焦　　距 ▷ 18mm
光　　圈 ▷ F6.3
快门速度 ▷ 13s
感 光 度 ▷ ISO100

拍摄经验：使用高ISO感光度而产生大量噪点时，可以通过启用高ISO降噪功能，以消减画面中的部分噪点。

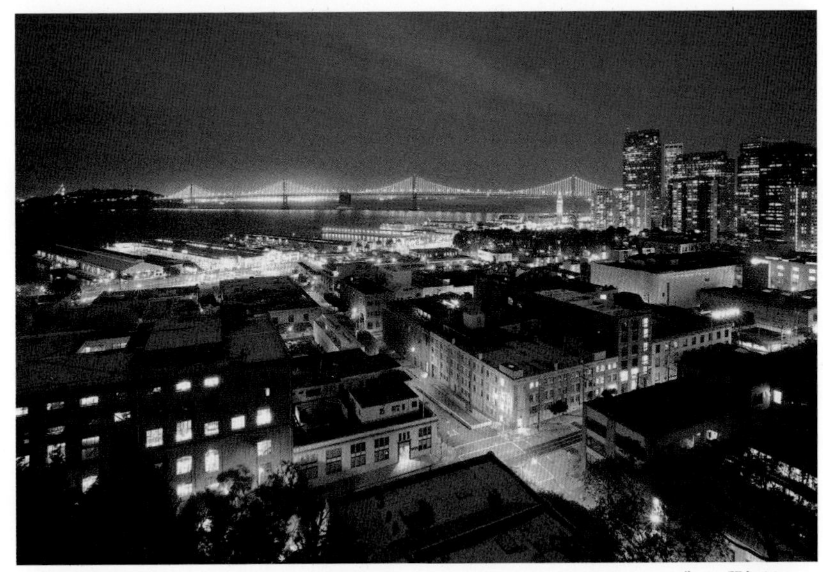

▲ 拍摄此照片时，为了提高快门速度使用了较高的感光度，虽然画面呈现出明显的噪点，但却好过照片模糊

焦　　距 ▷ 16mm
光　　圈 ▷ F13
快门速度 ▷ 1/40s
感 光 度 ▷ ISO1000

曝光补偿

曝光补偿的基本概念

所有数码单反相机的曝光参数都来自于自动测光与手动设置曝光参数，而绝大多数摄影爱好者使用的都是相机的自动测光功能，并由此得到一组曝光参数。

但无论使用那一种自动测光模式进行测光，相机都依赖于内置的固定的自动测光算法，当拍摄较亮、较暗的题材时，自动测光系统并不能够给出准确的曝光参数组合，此时，就需要摄影师使用曝光补偿功能对此曝光参数组合进行校正，使拍摄得到的照片有更准确的曝光效果。

在实际操作中，曝光补偿以“±n EV”的方式来表示。“+1EV”是指增加1挡曝光（补偿）；“–1EV”是指减少1挡曝光（补偿），依此类推。Nikon D5500 的曝光补偿范围为–5.0~+5.0，可以设置以1/3挡为单位进行调整。

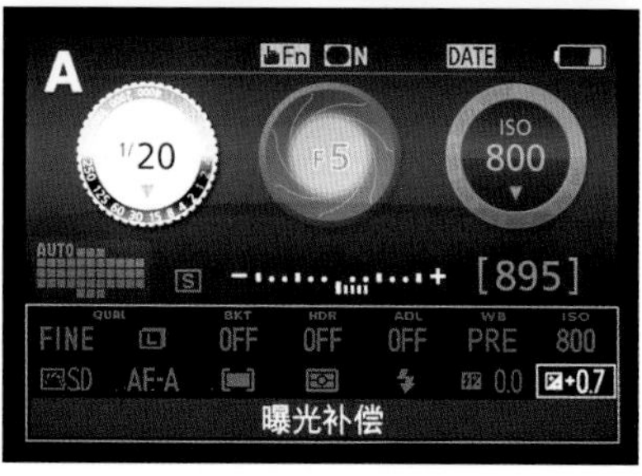

操作步骤：按住⊠(⊗)按钮并同时旋转指令拨盘设定曝光补偿值

曝光补偿对画面亮度的影响

如前所述，曝光补偿可以在当前相机测定的曝光数值基础上，做增加亮度或减少亮度的补偿性操作。例如，为了拍摄浓郁、纯粹的剪影，常常就需要降低1挡左右的曝光补偿。而要拍摄出雪白的纱巾，又需要提高一挡曝光补偿。

曝光补偿的本质是改变光圈与快门参数，例如在光圈优先模式下，每增加一挡曝光补偿，快门速度即降低1半，从而获得增加1挡曝光的结果；反之，每降低1挡曝光补偿，则快门速度提高1倍，从而获得减少1挡曝光的结果。

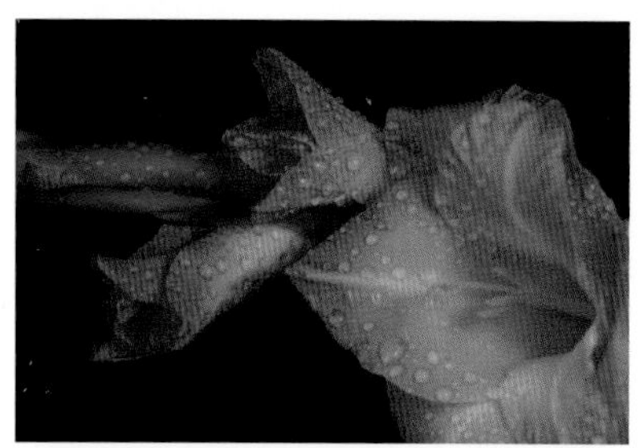

▲ 光圈：F3.2；快门速度：1/13s；感光度：ISO100；曝光补偿：–0.7EV

▲ 光圈：F3.2；快门速度：1/8s；感光度：ISO100；曝光补偿：–0.3EV

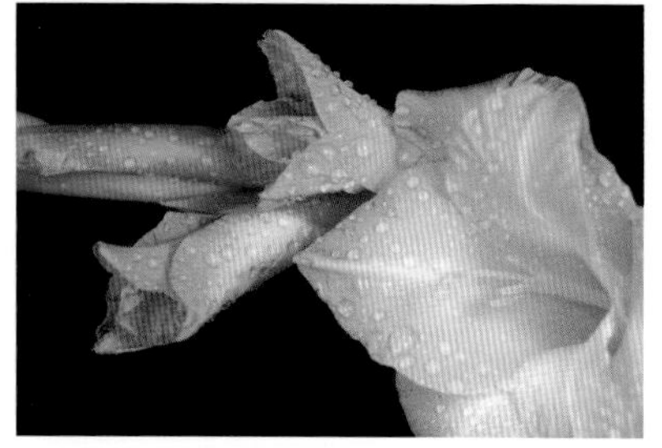

▲ 光圈：F3.2；快门速度：1/6s；感光度：ISO100；曝光补偿：0EV

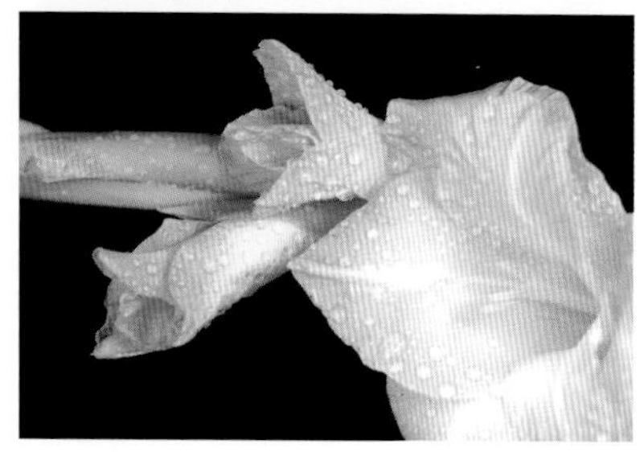

▲ 光圈：F3.2；快门速度：1/4s；感光度：ISO100；曝光补偿：+0.3EV

左侧展示的一组照片是增加和减少曝光补偿后拍摄的照片，从中可以看出，随着曝光补偿的增加，画面逐渐变亮。

判断曝光补偿方向

判断曝光补偿的方向，最简单的方法就是依据“白加黑减”这个口诀。其中“白加”是泛指一切颜色看上去比较亮的、比较浅的景物，如雪、雾、白云、浅色的墙体、亮黄色的衣服等；同理，“黑减”中提到的“黑”，则是泛指一切颜色看上去比较暗的、比较深的景物，如夜景、深蓝色的衣服、阴暗的树林、黑胡桃色的木器等。

增加曝光补偿还原纯白雪景

很多摄影初学者在拍摄雪景时，往往会把雪拍摄成灰色。解决这个问题的方法是：在拍摄时应当遵循“白加黑减”的原则，视白雪的面积大小增加1挡或2挡曝光补偿。这是由于雪对光线的反射十分强烈，使相机的测光结果出现较大的偏差。因此，如果能在拍摄前增加1挡曝光补偿，对相机经过自动测光得到的曝光参数进行修正，就可以拍摄出色彩洁白的雪景。

60 F4 2.0

▲取景器中游标靠右

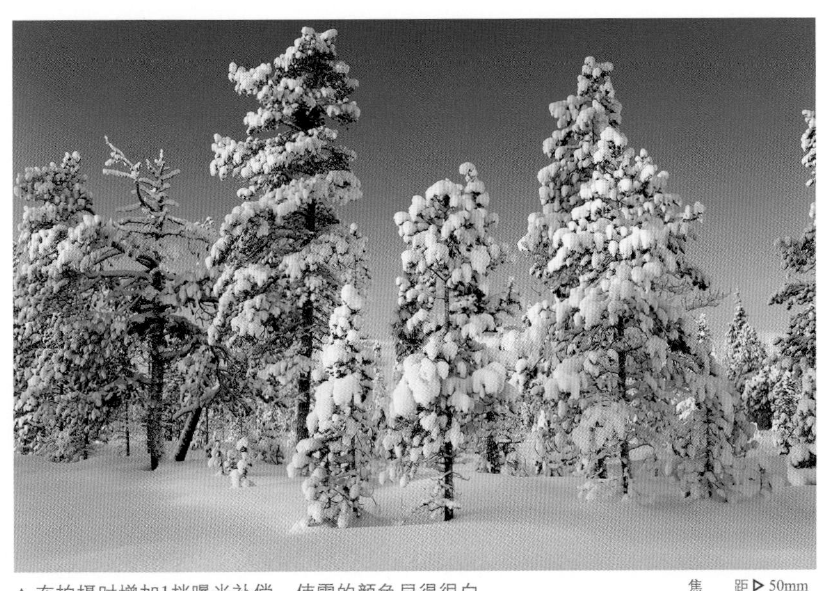

▲在拍摄时增加1挡曝光补偿，使雪的颜色显得很白

焦　距▷50mm
光　圈▷F8
快门速度▷1/2s
感 光 度▷ISO100

拍摄暗调场景时降低曝光补偿

在拍摄主体位于暗色背景前时，测光结果容易让暗色变成灰色，为了得到纯黑的背景以更好地突出表现主体，可以适当适当降低曝光量，以此来得到想要的效果。

160 F5 0.3

▲取景器中游标靠左

▲ 在拍摄时减少了0.3挡曝光补偿，从而获得了纯黑色的背景，使黄色的花朵在画面中显得特别突出

焦　距▷85mm
光　圈▷F3.2
快门速度▷1/200s
感 光 度▷ISO200

自动包围曝光

自动包围曝光的功用

功能要点：在使用自动包围曝光功能拍摄时，相机将针对同一场景连续拍摄出3张曝光量略有差异的照片，每一张照片曝光量具体相差多少，可由摄影师自己进行定义。在具体拍摄过程中，摄影师无需调整曝光量，相机将根据摄影师预先的设置，自动在第一张照片曝光量的基础上增加、减少一定的曝光量拍摄出其他另外两张照片。

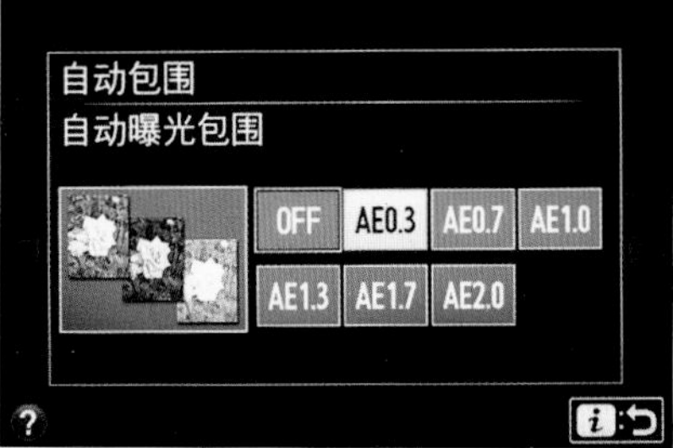

操作步骤：按下i按钮开启显示屏，点击右下角的i图标可在显示屏中修改拍摄参数，点击选择自动包围图标，然后点击选择一个包围增量值

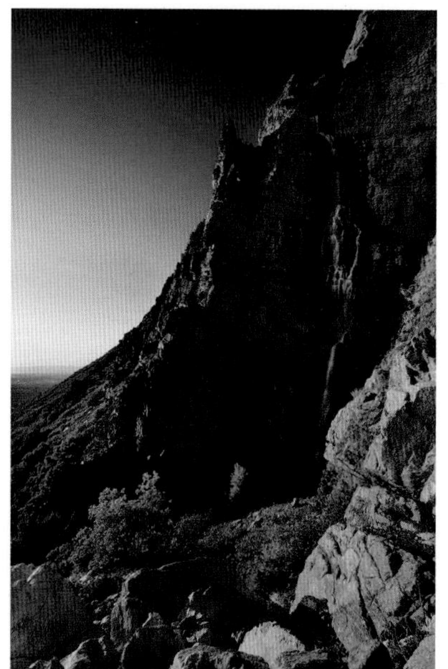

▲ 在光比较大的环境中，使用自动包围曝光拍摄了三张不同曝光量的画面，还可以在后期合成一张受光面和背光面都曝光合适的HDR照片

使用经验：如果是在光线很难把握的拍摄场合，或者拍摄的时间很短暂，为了避免曝光不准确而失去这次难得的拍摄机会，可以选择包围曝光功能以确保万无一失。将曝光补偿的范围设置得大一些，以拍摄得到不同曝光量的3张照片，然后再从中选择比较满意的一张。

用自动包围曝光素材合成高动态HDR照片

针对风光、建筑等题材而言，使用包围曝光功能拍摄出的不同曝光的照片，还可以进行后期的HDR合成，得到高光、中间调及暗调都包含丰富细节的照片。

在此以下面展示的三张使用自动包围曝光功能拍摄的素材照片为例，讲解如何使用Photoshop合成HDR照片。

❶启动Photoshop软件，打开要进行HDR合成的3幅照片

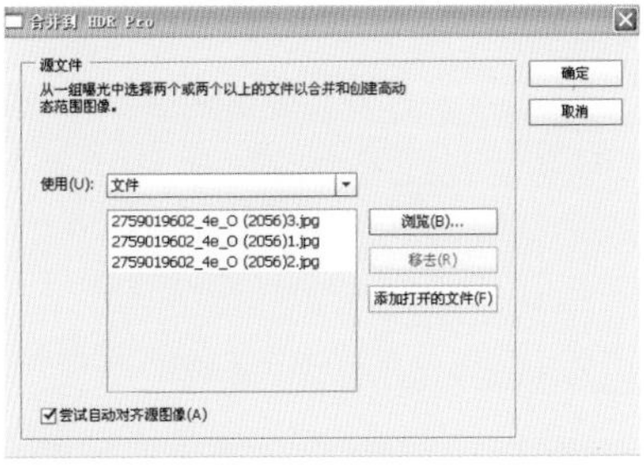

❷选择“文件”|“自动”|“合并到HDR Pro”命令，在弹出的对话框中单击“添加打开的文件”按钮

❸单击“确定”按钮退出对话框，在弹出的提示框中直接单击“确定”按钮退出，数秒后弹出“手动设置曝光值”对话框，单击向右按钮，使上方的预览图像为“素材3”，然后设置“EV”的数值

❹按照上一步的操作方法，通过单击向左或向右按钮，设置“素材2”和“素材1”的“EV”数值分别为0.3、1，单击“确定”按钮退出后，弹出“合并到 HDR Pro”对话框

❺根据需要在对话框中设置“半径”、“数量”等参数，直至满意后，单击“确定”按钮即可完成HDR 合成

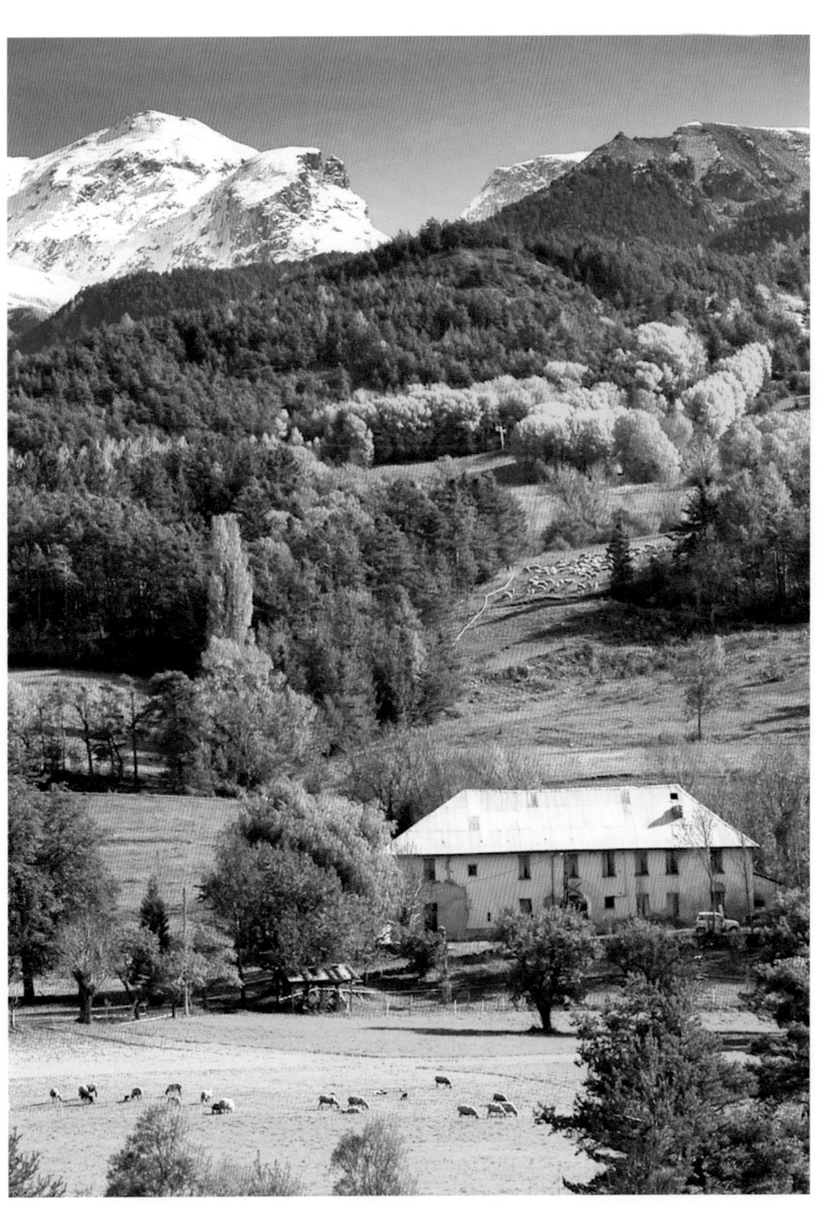

▲通过HDR合成后，得到的高动态、高饱和度的画面效果

测光模式

要想准确曝光，前提是必须做到准确测光，Nikon D5500提供了三种测光模式，这三种测光模式的区别仅在于测光面积的大小，因此在学习下面将要讲解的三种测光模式时，要从这一角度去理解和运用。

3D彩色矩阵测光 II 模式

3D彩色矩阵测光 II 是由早期的矩阵测光升级而来的，当摄影师在Nikon D5500上安装了G型、E型和D型镜头时，相机默认使用此测光模式；而当使用其他类型的CPU镜头时，相机默认使用不包括3D 距离信息的彩色矩阵测光 II 模式。

使用3D彩色矩阵测光 II 模式测光时，Nikon D5500 搭载的测光感应器在测量所拍摄的场景时，不仅仅只针对亮度、对比度进行测量，同时还把色彩以及与拍摄对象之间的距离等因素也考虑在内，然后调用内置数据库进行智能化的场景分析，以保证得到最佳的测光结果。

在主体和背景的明暗反差不大时，使用3D彩色矩阵测光 II 模式一般可以获得准确曝光，此模式最适合拍摄日常及风光题材的照片。

使用经验：只要所拍摄场景的光比不太大，整个场景的明暗区域分布均匀，都可以优先考虑使用这种测光模式。

操作步骤：按下i按钮开启显示屏信息显示，点击右下角的i图标进入显示屏设置状态，点击选择测光选项，再点击选择矩阵测光、中央重点测光或点测光选项

▼ 画面中的光线较为均匀，特别适合使用3D彩色矩阵测光模式

中央重点测光模式

在此测光模式下，虽然相机对整个画面进行测光，但将约75%的权重分配给中央的圆形区域（该圆的直径约为8mm）。

例如，当Nikon D5500在测光后认为，画面中央位置的对象合适的曝光组合是F8、1/320s，而其他区域正确的曝光组合是F4、1/200s时，由于中央位置对象的测光权重较大，最终相机确定的曝光组合可能会是F5.6、1/320s，以优先照顾中央位置对象的曝光。由于测光时能够兼顾其他区域的亮度，因此该测光模式既能实现画面中央区域的精准曝光，又能保留部分背景的细节。

使用经验：这种测光模式适合拍摄主体位于画面中央主要位置的场景，如人像、建筑物、背景较亮的逆光对象以及其他在位于画面中央的对象。

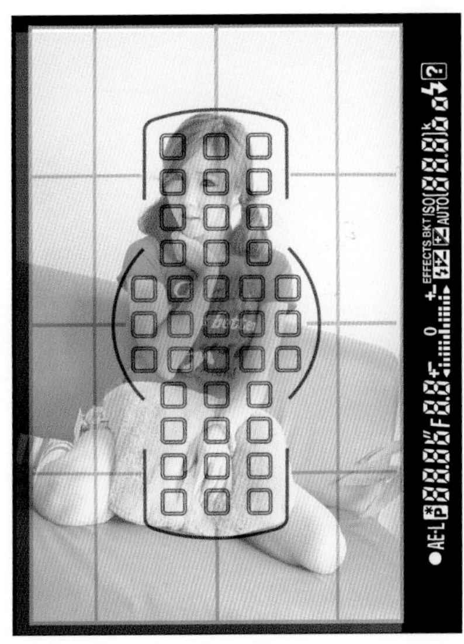

▲ 中央重点测光原理示意图

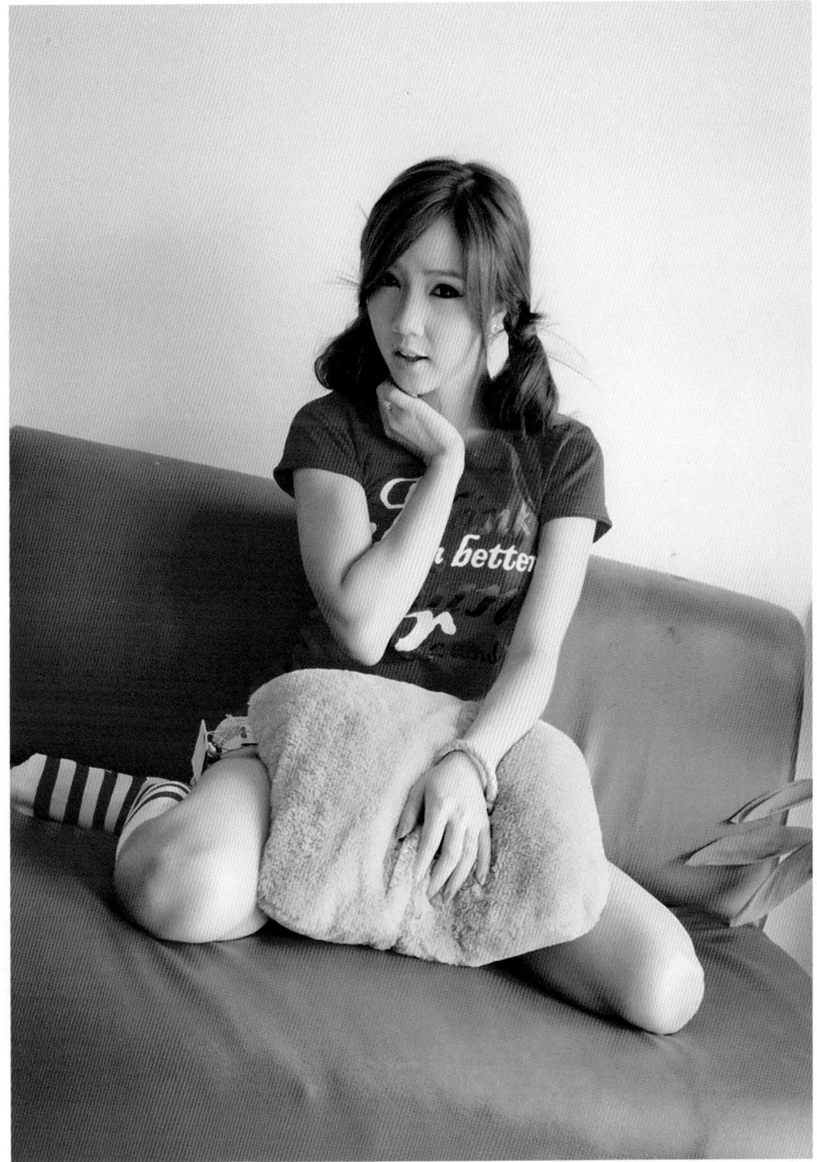

焦　　距 ▷ 50mm
光　　圈 ▷ F2.8
快门速度 ▷ 1/200s
感 光 度 ▷ ISO100

▶ 使用中央重点测光模式，可以依据画面中间的人物皮肤作为测光的重点，从而拍摄到曝光较正常的结果

点测光模式⊡

如果拍摄时希望通过画面中某一个较小的区域来确定曝光参数，则可以使用点测光模式。使用这种测光模式时，相机只对画面中央区域的很小部分（以对焦点为圆心、以3.5mm为直径的圆形区域，其面积约占整个画面的2.5%左右）进行测光，具有相当高的准确性。

通常点测光模式与自动曝光锁按钮一起使用，即先使用点测光模式测定曝光结果，然后按下自动曝光锁按钮将曝光锁定，再重新构图、对焦并拍摄。

▲点测光原理示意图

使用经验：如果希望得到光比较大的画面，或拍摄出剪影照片，或拍摄出人像面部明暗准确的照片，均可以优先考虑使用这种测光模式。在拍摄微距时，也可以采用点测光对昆虫或花蕊等较主体的部分进行测光，从而正确地曝光被拍摄对象的细微局部。

另外，由于点测光模式的测光区域极小，因此必须要谨慎确认哪一个区域是测光区域，如果选择的测光位置有误，拍摄出来的照片不是过曝就是欠曝。

需要特别强调的一点是，尼康相机与佳能相机在测光点与对焦点联动方面的区别。佳能相机（1D系列除外）的测光位置总是在中间，不能够随着对焦点移动。而使用尼康相机的点测光模式时，测光点可以随着对焦点移动，例如，当对焦点处于全部39个对焦点最上方时，则测光点也将会在此处。

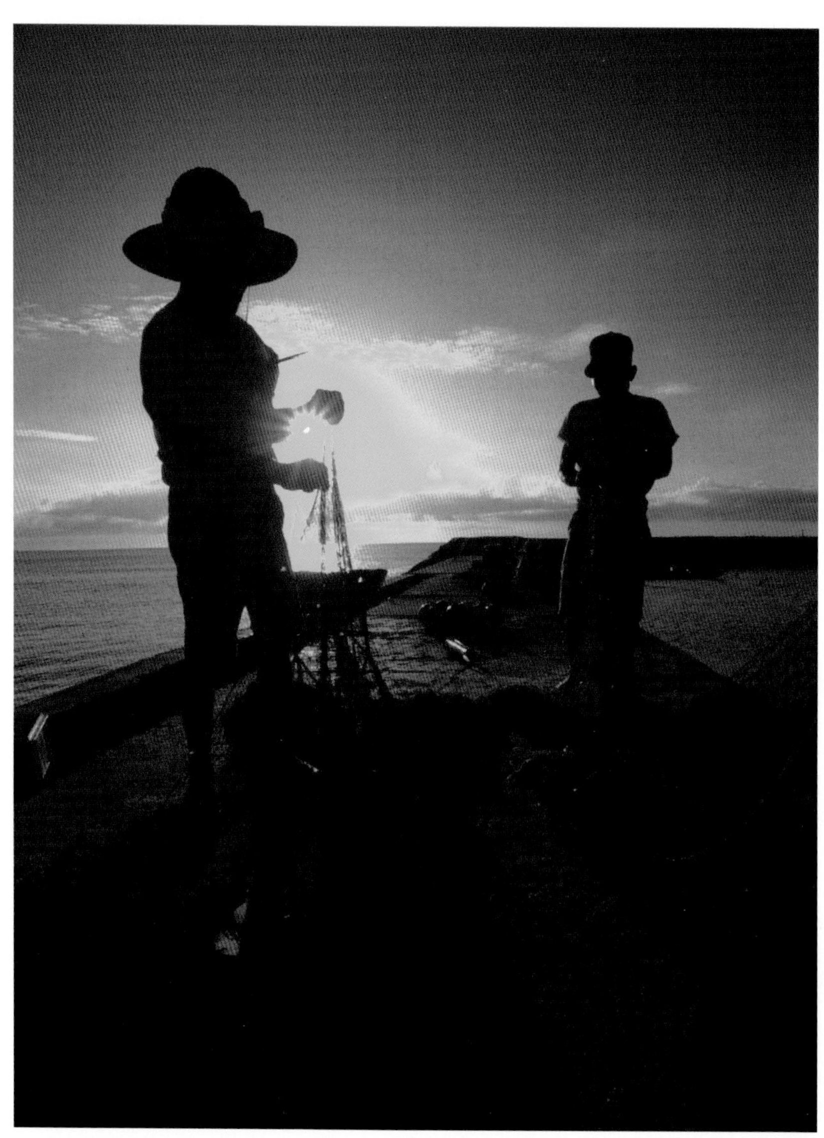

焦　距▷25mm
光　圈▷F8
快门速度▷1/320s
感光度▷ISO100

▶ 要拍摄到这种剪影效果的画面，就要使用点测光对太阳周围明亮区域进行测光，从而使天空曝光正常，人物呈现出剪影效果

利用直方图判断曝光是否正确

功能要点：通过“播放显示选项”菜单设置在回放照片时是否显示直方图，并以此来判断曝光是否正确。需要依靠直方图来判断曝光是否正确的原因在相机的显示屏并不能够准确地反映出照片的曝光情况，尤其当拍摄环境的光线较亮或较暗时。

使用经验：在强光下或弱光下拍摄时，如果曝光不准确，很容易曝光过度或曝光不足，这在显示屏中很难分辨出来，如果等到用计算机看，又会错失拍摄机会，此时使用直方图判断最合适了。

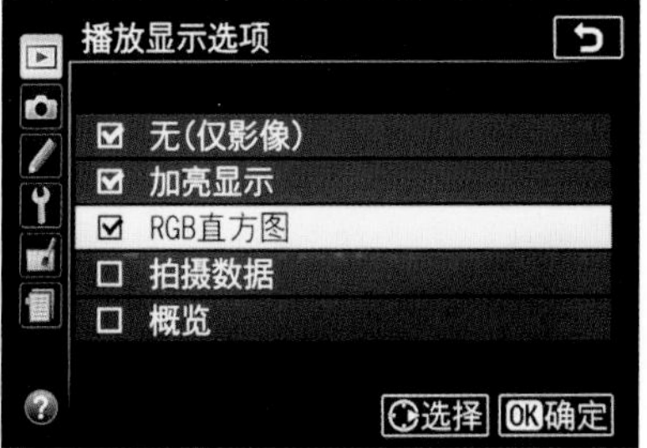

操作步骤：点击选择**播放**菜单中的**播放显示选项**，点击加亮显示一个选项，然后点击选择图标，✔将出现在所选项目旁，设置好要显示的项目后，点击右下角的OK图标确定

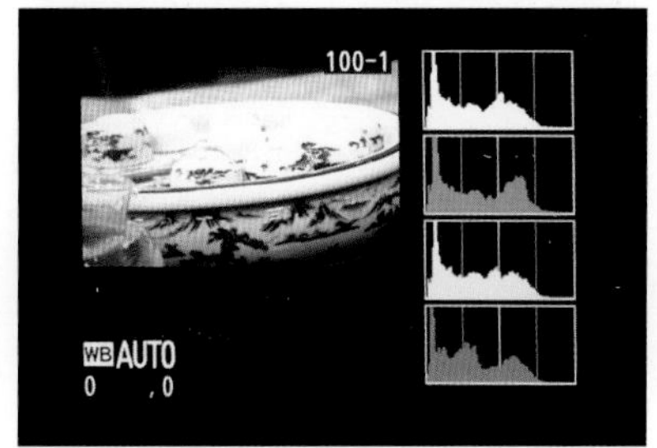

▲ RGB直方图

焦　距 ▷ 85mm
光　圈 ▷ F1.8
快门速度 ▷ 1/320s
感 光 度 ▷ ISO125

◀ 养成观察直方图的习惯有利于及时了解照片的曝光是否合适，直方图不会因为屏幕亮度的变化而影响照片的亮度信息，从而使照片的曝光控制更准确

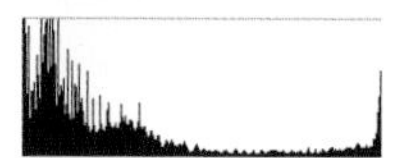

▲ 曝光不足时直方图左侧溢出，代表暗部细节缺失

▲ 曝光正常时直方图中间呈高低不平的山峰状，代表细节非常丰富

▲ 曝光过度时直方图右侧溢出，代表亮部细节缺失

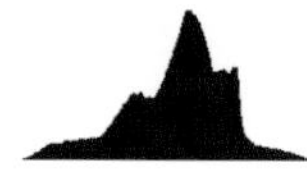

▲ 高调照片在画面中呈现大面积的亮调，但在直方图中查看时，右侧却没有溢出，只是直方图重心偏右并隆起，说明画面曝光没有过度，亮部仍有较多细节

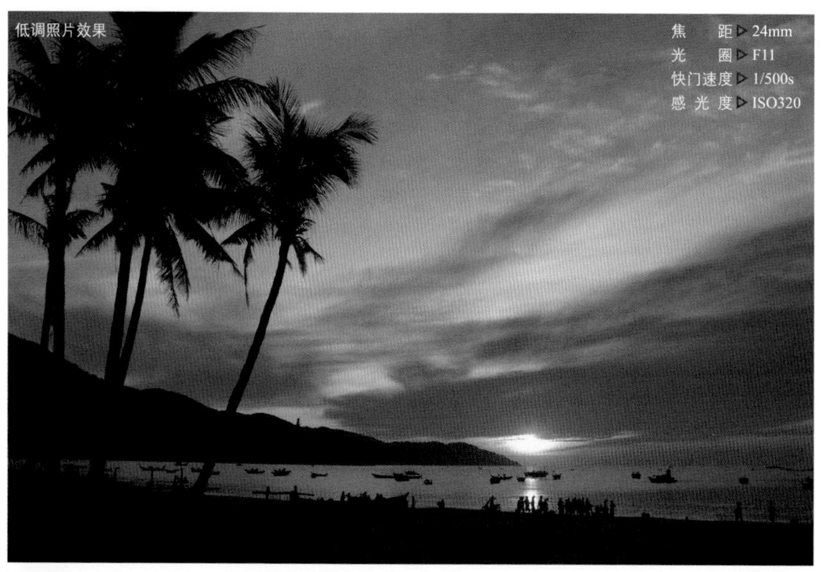

▲ 低调照片在画面中呈现大面积的暗调，但在直方图中查看时，左侧并没有溢出，只是直方图重心偏左并隆起，说明画面曝光没有不足，暗部仍有较多细节

第6章

对焦与释放模式

拍摄静止对象应该选择的对焦模式

单次伺服自动对焦模式（AF-S）

单次伺服自动对焦在合焦（半按快门时对焦成功）之后即停止自动对焦，此时可以保持半按快门的状态重新调整构图。此自动对焦模式常用于拍摄静止的对象。

这种对焦模式是风光摄影中最常用的对焦模式之一，特别适合于拍摄静止的对象，例如山峦、树木、湖泊、建筑等。在拍摄人像、动物时，如果被摄对象处于静止状态，也可以使用这种对焦模式。

操作步骤：按下i按钮开启显示屏，点击右下角的i图标进入显示屏设置状态，加亮显示对焦模式图标，显示AF-A、AF-S、AF-C等选项，点击选择其中一个选项。

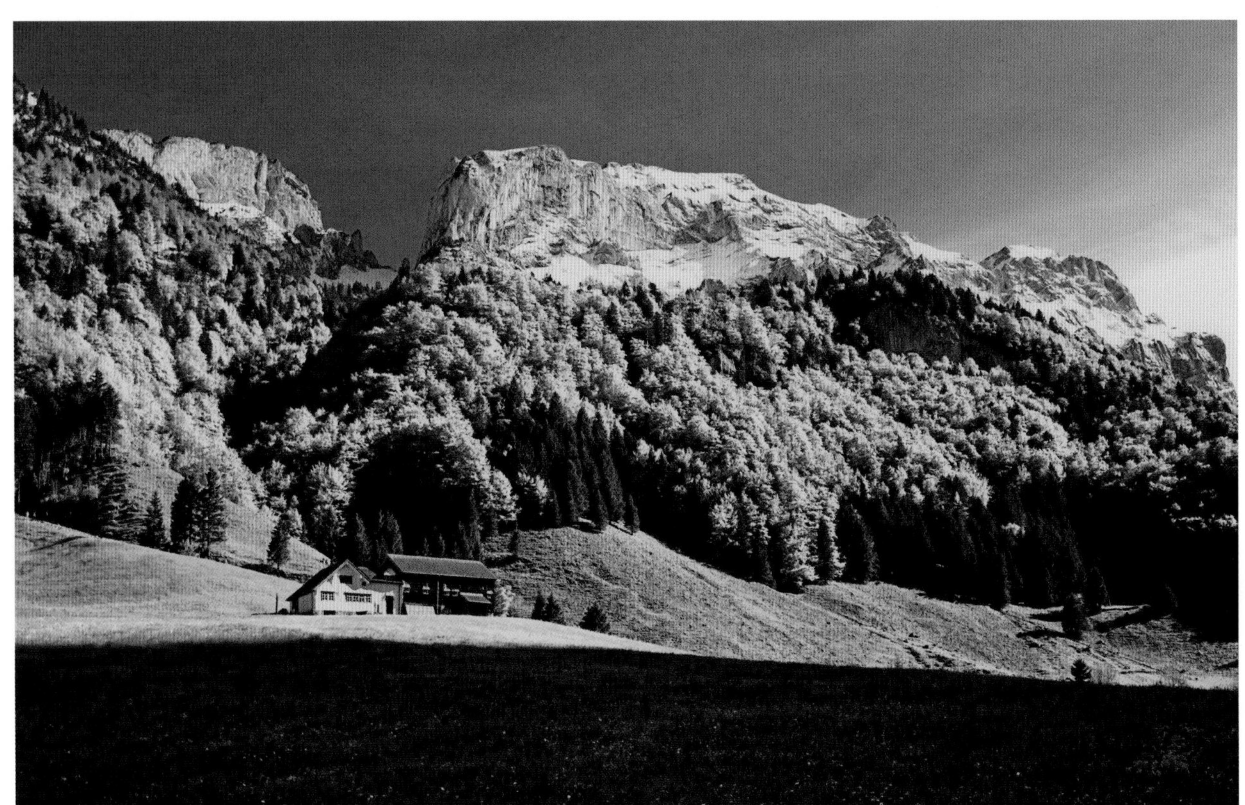

▲ 单次伺服自动对焦模式适合拍摄风光这种几乎完全静止的题材

焦　　距 ▷ 25mm
光　　圈 ▷ F8
快门速度 ▷ 1/640s
感 光 度 ▷ ISO400

连续伺服自动对焦模式（AF-C）

选择此对焦模式后，当摄影师半按快门合焦后，保持快门的半按状态，相机会在对焦点中自动切换以保持对运动对象的准确对焦状态，如果在这个过程中主体位置或状态发生了较大的变化，相机会自动进行调整。

这是因为在此对焦模式下，如果摄影师半按快门释放按钮时，被摄对象靠近或离开了相机，相机将自动启用预测对焦跟踪系统。这种对焦模式较适合拍摄运动中的鸟、昆虫、人等对象。

▲ 使用连续伺服自动对焦模式准确地捕捉到鸟儿觅食的瞬间

自动伺服自动对焦模式（AF-A）

自动伺服自动对焦模式适用于无法确定被摄对象是静止还是运动状态的情况，此时相机会自动根据被摄对象是否运动来选择单次伺服自动对焦还是连续伺服自动对焦。

例如，在动物摄影中，如果所拍摄的动物暂时处于静止状态，但有突然运动的可能性，此时应该使用该对焦模式，以保证能够将拍摄对象清晰地捕捉下来。在人像摄影中，如果模特不是处于摆拍的状态，随时有可能从静止变为运动状态，也可以使用这种对焦模式。

又如，在拍摄活泼好动的孩子时，也要使用这种自动对焦模式，在拍摄时先将焦点对准在孩子的脸上，之后只需要半按快门按钮，就可以进行连续对焦，保持焦点始终处于清晰的状态。

拍摄时最好将自动对焦区域模式设置为3D跟踪，这样就算孩子左右移动，相机也能够较好地进行连续对焦。

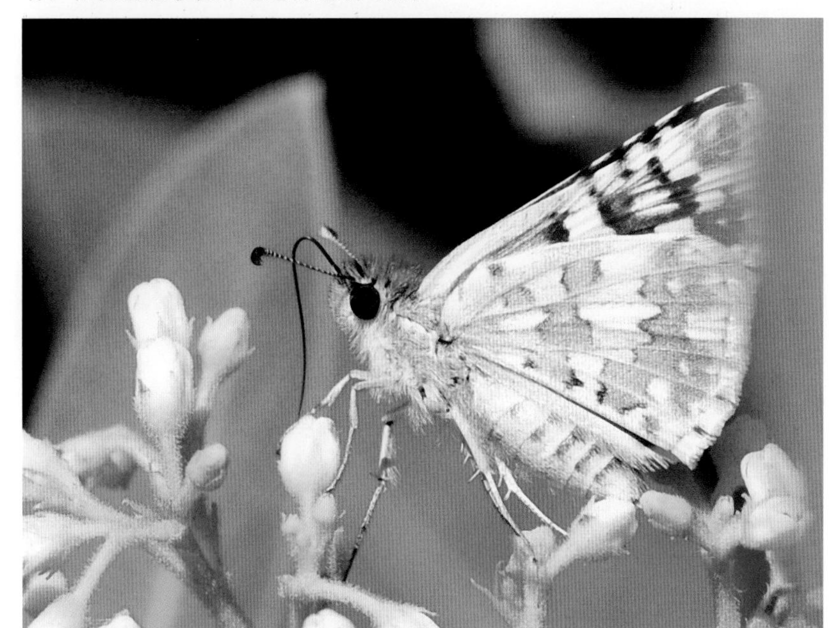

▲ 由于蝴蝶的运动状态不稳定，所以应选择自动伺服自动对焦模式进行拍摄

焦　　距 ▶ 105mm
光　　圈 ▶ F6.3
快门速度 ▶ 1/500s
感 光 度 ▶ ISO100

选择自动对焦区域模式

自动对焦区域模式

Nikon D5500提供了39个对焦点，为精确对焦提供了极大的便利。在自动对焦模式下，这些对焦点将如何工作，或者说工作模式是怎样的，取决于摄影师定义的自动对焦区域模式，通过选择不同的自动对焦区域模式，可以改变对焦点的数量及对焦方式，以满足不同拍摄题材的需求。

选项释义

■ 单点AF：选择此选项，摄影师可以使用多重选择器选择对焦点，拍摄时相机仅对焦于所选对焦点上的被摄对象，此自动对焦区域模式适合拍摄静止的对象。

■ 动态区域AF：在AF-A自动伺服自动对焦模式和AF-C连续伺服自动对焦模式下选择此区域模式时，若被摄对象暂时偏离所选对焦点，则相机会自动使用周围的对焦点进行对焦。可以分别选择9、21和39个对焦点，用于拍摄不同的场景。简单来说，对焦点越多，越适合拍摄运动剧烈的对象。

■ 3D跟踪：在AF-A自动伺服自动对焦模式和AF-C连续伺服自动对焦模式下选择此区域模式时，当被摄对象在取景器中快速移动时，对焦点可以跟踪被摄对象。可以简单地将此对焦区域模式理解为动态区域AF模式的升级版本，后者仅能够甄别被摄对象在平面上的变化，而前者则能够甄别其在三维空间上的变化，因此更适合拍摄运动幅度较大或运动不规律的对象，如体育赛事中的运动员。

■ 自动区域AF：选择此区域模式时，将自动选择对焦点。当使用D型或G型镜头时，还可以自动分辨场景中的人物主体，从而提高对焦的精度。

操作步骤：按下i按钮开启显示屏，点击右下角的i图标进入显示屏设置状态，加亮显示AF区域模式图标，显示单点区域[▫]、动态区域[▫]9（9个对焦点）、动态区域[▫]21（21个对焦点）、动态区域[▫]39（39个对焦点）、3D跟踪[3D]、自动区域[▬]选项，点击选择其中一个选项即可。

▲ 使用85mm F1.8镜头全开光圈拍摄这样的浅景深画面，对对焦精度提出了很高的要求。选择单点AF模式并将焦点定位于模特眼睛部位，可以保证精确合焦

焦　　距 ▷ 85mm
光　　圈 ▷ F1.8
快门速度 ▷ 1/80s
感 光 度 ▷ ISO500

深入理解动态区域AF

当摄影师在AF-C连续伺服自动对焦模式下选择了动态区域AF时，若被摄对象偏离所选对焦点，相机将根据来自周围对焦点的信息进行对焦。根据被摄对象的移动情况，可从9、21和39中选择对焦点的数量。

选项释义

■9 个对焦点：若被摄对象偏离所选对焦点，相机将根据来自周围 8 个对焦点的信息进行对焦。当有时间进行构图或拍摄正在进行可预测运动趋势的对象（如跑道上赛跑的运动员或赛车）时，可以选择该选项。

■21 个对焦点：若被摄对象偏离所选对焦点，相机将根据来自周围 20 个对焦点的信息进行对焦。当拍摄正在进行不可预测运动趋势的对象（如足球场上的运动员）时，可以选择该选项。

■39 个对焦点：若被摄对象偏离所选对焦点，相机将根据来自周围 38 个对焦点的信息进行对焦。当被摄对象运动迅速，不易在取景器中构图时（如小鸟），可以选择该选项。

使用动态区域AF模式对焦时，虽然在取景器中看到的对焦点状态与单点自动对焦模式下的状态相同，但实际上根据选择选项的不同，在当前对焦点的周围会隐藏着用于辅助对焦的多个对焦点。

例如在选择9个对焦点的情况下，在当前对焦点的周围会有8个用于辅助对焦的对焦点，在显示屏中可以看到这些辅助对焦点。

自动对焦区域模式		显示屏显示
单点区域自动对焦		
动态区域自动对焦	9个对焦点	
	21个对焦点	
	39个对焦点	
3D跟踪		3D
自动区域AF		AUTO

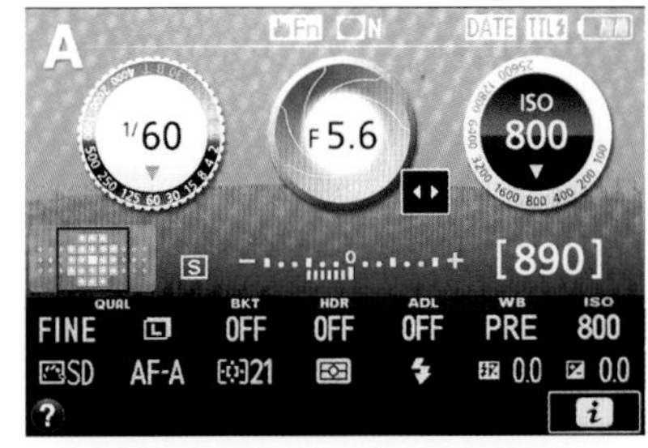

▲ 设置自动对焦区域模式为动态区域AF，并选择21个对焦点时的显示状态（红框内）

使用经验：有些摄影爱好者对Nikon D5500在动态区域AF模式下提供三种不同数量对焦点选项感到迷惑，认为只需要提供对焦点数量最多的一个选项即可，实际上这是个错误的认识。

不同数量的对焦点，将影响相机的对焦时间与精度。因为在此模式下，使用的对焦点越多，相机就越需要花费时间利用对焦点对被摄对象进行跟踪，因此对焦效率就越低。同时，由于对焦点数量增加，其覆盖的被摄区域就变大，则对焦时就有可能受到其他障碍对象的影响，导致对焦精度下降。

控制对焦点工作状态

手选对焦点

在某些情况下会出现自动对焦无法准确对焦的现象，这时可使用手动对焦功能对焦。在单点自动对焦、动态区域自动对焦以及3D 跟踪区域模式下，都可以按下机身上的多重选择器，以调整对焦点。

操作步骤：在选择单点、动态区域（9、21或39 个对焦点）、3D 跟踪这3种自动对焦区域模式下，在待机定时器处于开启状态时，使用多重选择器即可调整图中红框所示的对焦点位置。

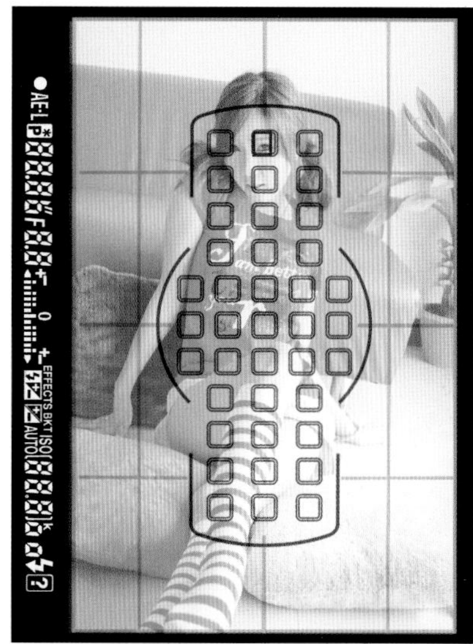

▲ 选择对焦点中的一个对人物的眼睛进行对焦，从而在不需要改变构图的情况下，就可以直接进行对焦、拍摄，尽可能避免了重新构图时出现的失焦问题

焦　　距 ▷ 35mm
光　　圈 ▷ F4
快门速度 ▷ 1/125s
感 光 度 ▷ ISO100

◀ 对人物的眼睛进行对焦，拍摄得清晰的画面效果

拍摄难于自动对焦的对象

在实际拍摄过程中，相机的自动对焦系统并不会100%成功，例如，拍摄时遇到以下情况，自动对焦系统往往无法正确完成对焦操作，有时甚至无法对焦。

- ■画面主体处于杂乱的环境中，例如杂草后面的花朵。
- ■画面属于高对比、低反差的画面，例如日出、日落。
- ■弱光环境，例如野外夜晚。
- ■距离太近的题材，例如昆虫、花卉等。
- ■主体被覆盖，例如动物园笼子中的动物、鸟笼中的鸟等。
- ■对比度很低的景物，例如纯的蓝天、墙壁。
- ■距离较近且相似程度又很高的题材，如细密的格子纸。

当遇到相机的自动对焦系统失效时，应该转而使用相机的手动对焦系统进行对焦。

▲ 拨动镜头上的对焦模式切换器，使其上的白点与M位置对齐，即可切换至手动对焦模式

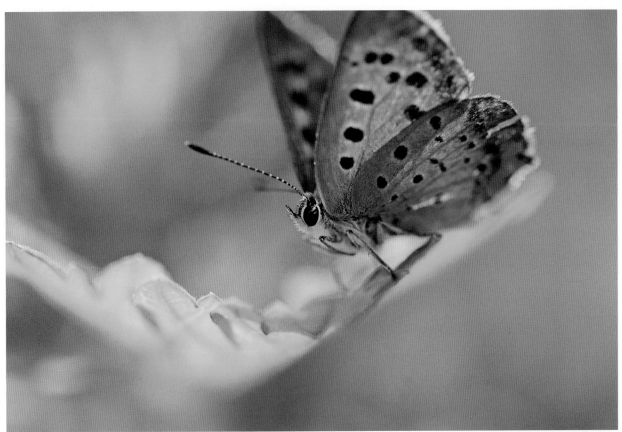

▲ 在微距摄影中，由于需要很高的对焦精度，手动对焦才是更好的选择

焦　　距 ▷ 100mm
光　　圈 ▷ F2.8
快门速度 ▷ 1/250s
感 光 度 ▷ ISO400

针对不同题材选择不同快门释放模式

针对不同的拍摄任务，需要将快门设置为不同的释放模式。例如，要抓拍高速运动的物体，为了保证成功率，通过设置可以在持续按下快门按钮后，连续拍摄多张照片。

Nikon D5500提供了7种快门释放模式，分别是单张拍摄S、低速连拍L、高速连拍H、安静快门释放Q、自拍、遥控延迟2s、快速响应遥控，下面分别讲解它们的使用方法。

操作步骤：按住（/）按钮并同时转动指令拨盘选择所需要的释放模式选项

单张拍摄模式（S）

在此模式下，每次按下快门时，都只拍摄一张照片。单拍模式适用于拍摄静态对象，如风光、建筑、静物等。

▲使用单拍模式可拍摄各种静止的题材

连拍模式（□L、□H）

在连拍模式下，持续按下快门时相机将连续拍摄多张照片。Nikon D5500有两种连拍模式，高速连拍模式（□H）最高连拍速度能够达到约5张/秒；低速连拍模式（□L）的最高连拍速度能达到约3张/秒。

连拍模式适用于拍摄运动的对象，当将被摄对象的连续动作全部抓拍下来以后，再从中挑选满意的画面。

▲ 拍摄正在吮吸花蜜的蜂鸟。由于蜂鸟的飞行速度很快，且警觉性很高，所以使用高速连拍功能进行抓拍，大大提高了拍摄的成功率

安静快门释放模式（Q）

选择此模式，相机将关闭蜂鸣音并最小化反光板降回原位时发出的声音，以使相机在拍摄时发出最小的声音。

使用经验：在拍摄舞台剧、戏剧等需要安静、严肃的场合时，建议关闭此功能，以免打扰观众或演员；而在拍摄微距摄影或弱光环境等不容易对焦的题材时，开启提示音可以辅助确认相机是否成功对焦；在拍摄合影、自拍时，开启提示音可以使被摄者预知相机在何时按下快门，以做好充分准备。

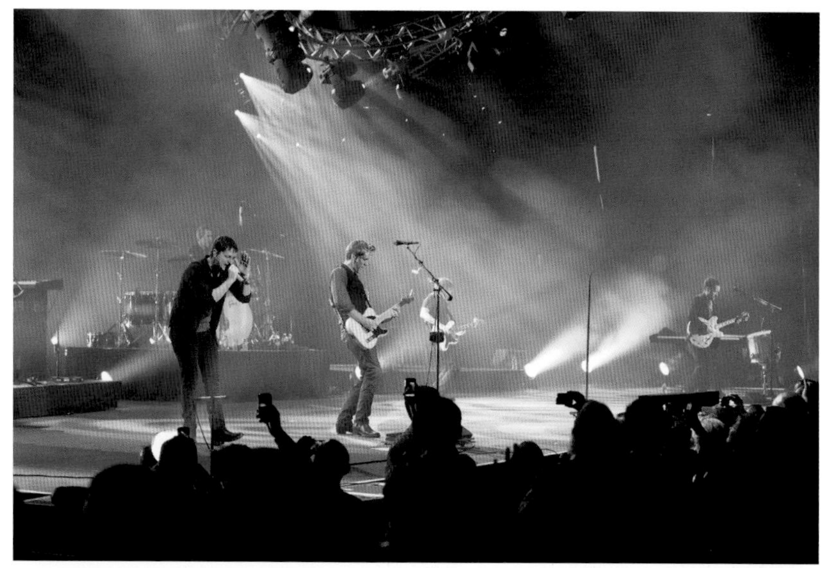

▲ 在剧场内拍摄时一定要使用安静快门释放模式，以降低拍摄所发出的声音，避免干扰演员和破坏演出气氛

焦　距▷50mm
光　圈▷F4
快门速度▷1/320s
感 光 度▷ISO1600

自拍模式（⏱）

所谓的“自拍”快门释放模式并非只能用于给自己拍照。例如，在需要使用较低的快门速度拍摄时，我们可以将相机置于一个稳定的位置，并进行构图、对焦等操作，然后通过设置自拍快门释放模式的方式，避免手按快门使相机产生震动，进而拍出满意的照片。

▲ 利用自拍模式拍摄城市夜景照片，可以有效避免手按快门产生的相机震动，使画面更清晰

焦　距▷24mm
光　圈▷F16
快门速度▷10s
感 光 度▷ISO640

第7章

即时取景与视频拍摄

即时取景显示拍摄的特点

利用即时取景功能进行拍摄，有以下四大优点：

（1）能够使用更大的屏幕进行观察。即时取景显示拍摄能够直接将显示屏作为取景器使用，由于显示屏的尺寸比光学取景器要大很多，所以能够显示100%视野率的清晰图像，从而更加方便观察被摄景物的细节。在拍摄时摄影师也不用再将眼睛紧贴着相机，构图将变得更加方便。

（2）易于精确合焦以保证照片更清晰。由于即时取景显示拍摄可以将对焦点位置的图像放大，所以拍摄者在拍摄前就可以确定照片的对焦点是否准确，从而保证拍摄后的照片更加清晰。

（3）具有实时面部优先拍摄的功能。即时取景显示拍摄具有实时面部优先模式的功能，当使用此模式拍摄时，相机能够自动检测画面中人物的面部，并且对人物的面部进行对焦，对焦时会显示对焦框。如果画面中的人物不止一个，就会出现多个对焦框，可以在这些对焦框中任意选择希望合焦的面部。

（4）能够对拍摄的图像进行曝光模拟。使用即时取景显示模式拍摄时，不但可以通过显示屏查看被摄景物，而且还能够在显示屏上反映出不同参数设置带来的明暗和色彩变化。例如，可以通过设置不同的白平衡模式并观察画面色彩的变化，从中选择出最合适的白平衡模式选项。

即时取景显示拍摄相关参数查看与设置

如前所述，使用即时取景显示模式拍摄有诸多优点，下面详细讲解即时取景状态下相关参数的查看与设置方法。

▲ 在确认打开相机的情况下，向下拨动即时取景开关，即可进入即时取景状态

即时取景显示拍摄相关信息

在即时取景状态下，显示屏中会显示拍摄参数信息，下图标注了各图标或数字代表的拍摄参数名称。

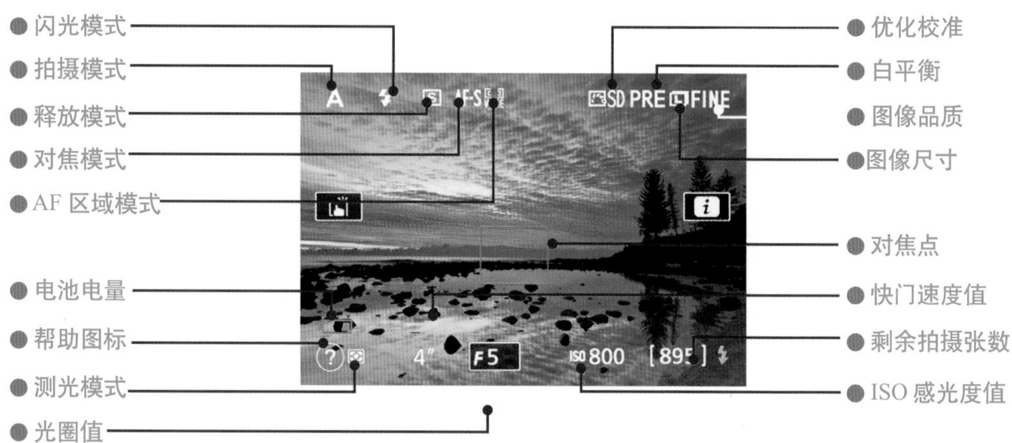

设置即时取景状态下的自动对焦模式

Nikon D5500在即时取景状态下提供了两种自动对焦模式，即AF-S单次伺服自动对焦模式和AF-F全时伺服自动对焦模式，分别用于拍摄静态或动态对象。

对焦模式	功 能
AF-S 单次伺服自动对焦	此模式适合拍摄静态对象，半按快门按钮时可以锁定对焦
AF-F 全时伺服自动对焦	此模式适合拍摄动态对象，或相机在不断地移动、变换取景位置等情况下使用，此时相机将连续进行自动对焦。半按快门按钮时可以锁定当前的对焦

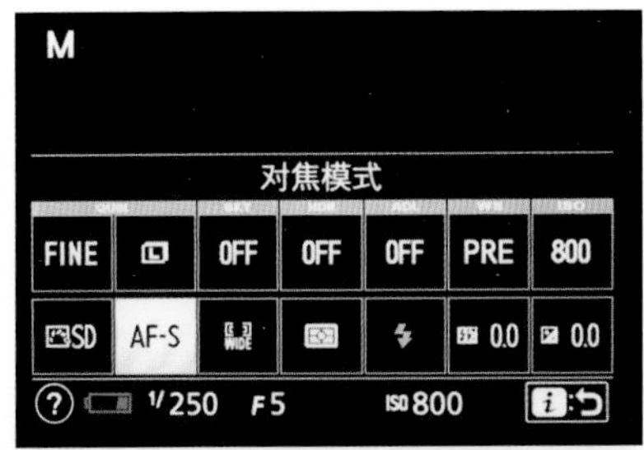

操作步骤：在即时取景状态下，点击屏幕右中间的𝒊图标，点击选择对焦模式图标，显示AF-S、AF-F或MF选项，选择其中一个选项即可。

选择即时取景状态下的AF区域模式

在即时取景状态下，可选择脸部优先、宽区域、标准区域、对象跟踪4种AF 区域模式，无论选择哪种区域模式，都可以使用多重选择器移动对焦点的位置。

对焦区域模式	功 能
脸部优先	相机自动侦测并对焦于面向相机的人物脸部，适用于人像摄影。当相机检查到面部时，将会在面部显示一个黄色双边框，如果半按快门按钮，则对焦成功的面部将显示绿色小方框；如果相机无法对焦，则显示红色小方框
宽区域	适用于以手持方式拍摄风景或其他非人物对象
标准区域	由于对焦点较小，所以可精确对焦于画面中的所选点。使用该区域模式时推荐使用三脚架
对象跟踪	可跟踪画面中移动的被摄对象，将对焦点置于被摄对象上并按下OK按钮，对焦点将跟踪画面中所要拍摄的移动对象。要结束跟踪，再次按下OK按钮即可

操作步骤：在即时取景状态下，点击屏幕右中间的𝒊图标，点击选择AF区域模式图标，显示脸部优先AF、宽区域AF、标准区域AF、对象跟踪AF选项，选择其中一个选项即可。

视频短片的拍摄流程与注意事项

使用数码单反相机拍摄短片的操作比较简单，下面列出一个短片拍摄的基本流程。

❶ 在相机开启状态下，向下拨动即时取景开关，反光板将弹起且镜头视野将出现在相机显示屏中。

❷ 在拍摄短片前，可通过自动或手动的方式对主体进行对焦。

❸ 按下动画录制按钮，即可开始录制短片。

❹ 录制完成后，再次按下动画录制按钮即可。

▲ 在拍摄前，可以先进行对焦

▲ 录制短片时，会在左上角显示一个黄色的圆

拍摄短片的注意事项列举如下表。

项　目	说　明
最长短片拍摄时间	29分59秒。一旦录制时间超过此限制时，拍摄将自动停止
单个文件大小	最大不能超过4G。如果单个文件大小超过了4G，相机会自动创建新的短片文件并继续进行拍摄
选择拍摄模式	如在短片拍摄过程中切换拍摄模式，录制将被中断
变焦	不推荐在短片拍摄期间进行镜头变焦。不管镜头的最大光圈是否发生变化，变焦操作都可能导致曝光的变化并被记录下来
优化校准	相机将根据不同的优化校准设置拍出不同风格的照片
不要对着太阳拍摄	可能会导致感光元件的损坏
闪光灯	在拍摄短片时，无法使用外置闪光灯进行补光
录制短片时拍摄照片	在录制短片的同时，可以完全按下快门进行照片拍摄。但在按下快门的同时，会退出短片拍摄模式，而进入即时取景的静态照片拍摄模式
噪点	在低光照时可能会产生噪点
长时间拍摄	机内温度会显著升高，图像质量也会有所下降
灯光	如果在荧光灯或LED照明下拍摄短片，画面可能会闪烁
画质	如果安装的镜头具有防抖功能，即使不半按快门按钮，防抖功能也将始终工作，因此也会消耗电池电量并可能缩短短片拍摄时间。如果使用三脚架或没必要使用镜头的防抖功能，应将VR开关转到OFF位置

视频短片菜单重要功能详解

画面尺寸/ 帧频

功能要点：在“画面尺寸/帧频”菜单中可以选择短片的图像尺寸、帧频，选择不同的图像尺寸拍摄时，所获得的视频清晰度不同，占用的空间也不同。Nikon D5500支持的短片记录尺寸见下表。

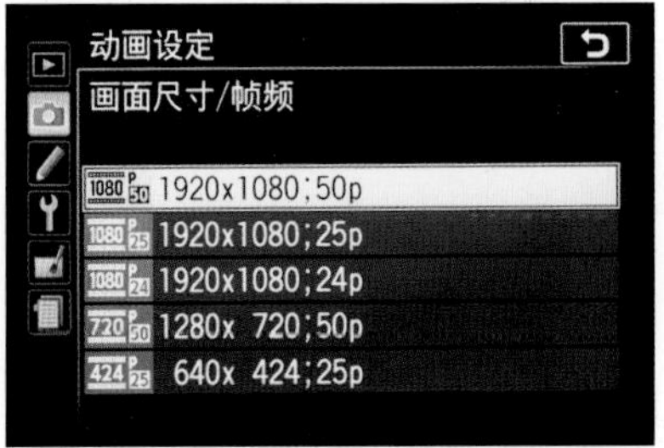

操作步骤：在**拍摄**菜单中点击选择**动画设定**选项，点击选择**画面尺寸/帧频**选项，在其下级菜单中点击可选择不同的画面尺寸与帧频选项

画面尺寸/帧频		最长拍摄时间（高品质/标准）
画面尺寸（像素）	帧频	
1920×1080	60P	10分/20分
	50P	
	30P	20分/29分59秒
	25p	
	24p	
1280×720	60p	
	50p	
640×424	30p	29分59秒/29分59秒
	25p	

动画品质

功能简介：Nikon D5500提供了“高品质”和“标准”两种动画品质，使用“高品质”和“标准”品质拍摄时，单个视频动画的最长录制时间分别为20min和29min59s。

使用经验：当录制时间达到最长录制时间后，相机会自动停止摄像，这时最好让相机休息一会再开始下一次录像，以免相机过热而损坏相机。

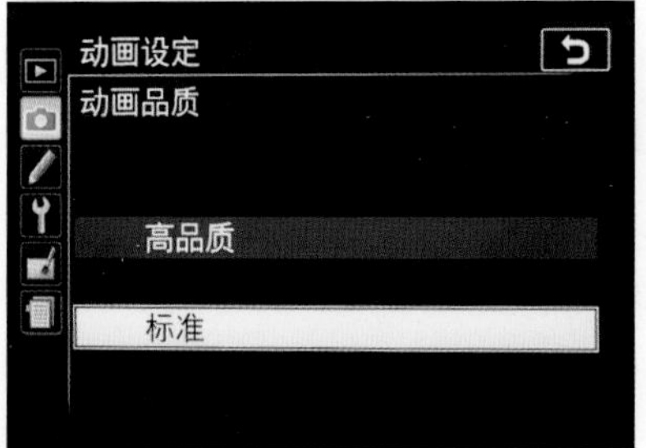

操作步骤：在**拍摄**菜单中点击选择**动画设定**选项，点击选择**动画品质**选项，在其下级菜单中点击可选择**高品质**或**标准**选项

麦克风

功能要点：使用相机内置麦克风可录制单声道声音，通过将带有立体声微型插头（ME-1）的外接麦克风连接至相机，则可以录制立体声，配合“麦克风”菜单中的参数设置，可以实现多样化的录音控制。

选项释义：

■自动灵敏度：选择此选项，则相机会自动调整灵敏度。

■手动灵敏度：选择此选项，可以手动调节麦克风的灵敏度。

■麦克风关闭：选择此选项，则关闭麦克风。

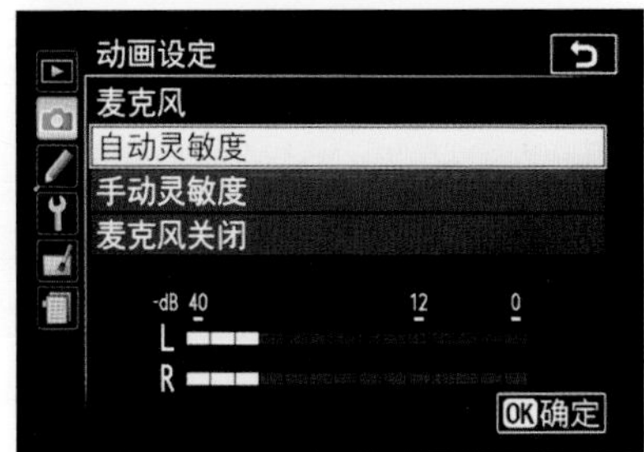

操作步骤：在**拍摄**菜单中点击选择**动画设定**选项，点击选择**麦克风**选项，在其下级菜单中点击选择所需选项

第8章

「构图的运用」

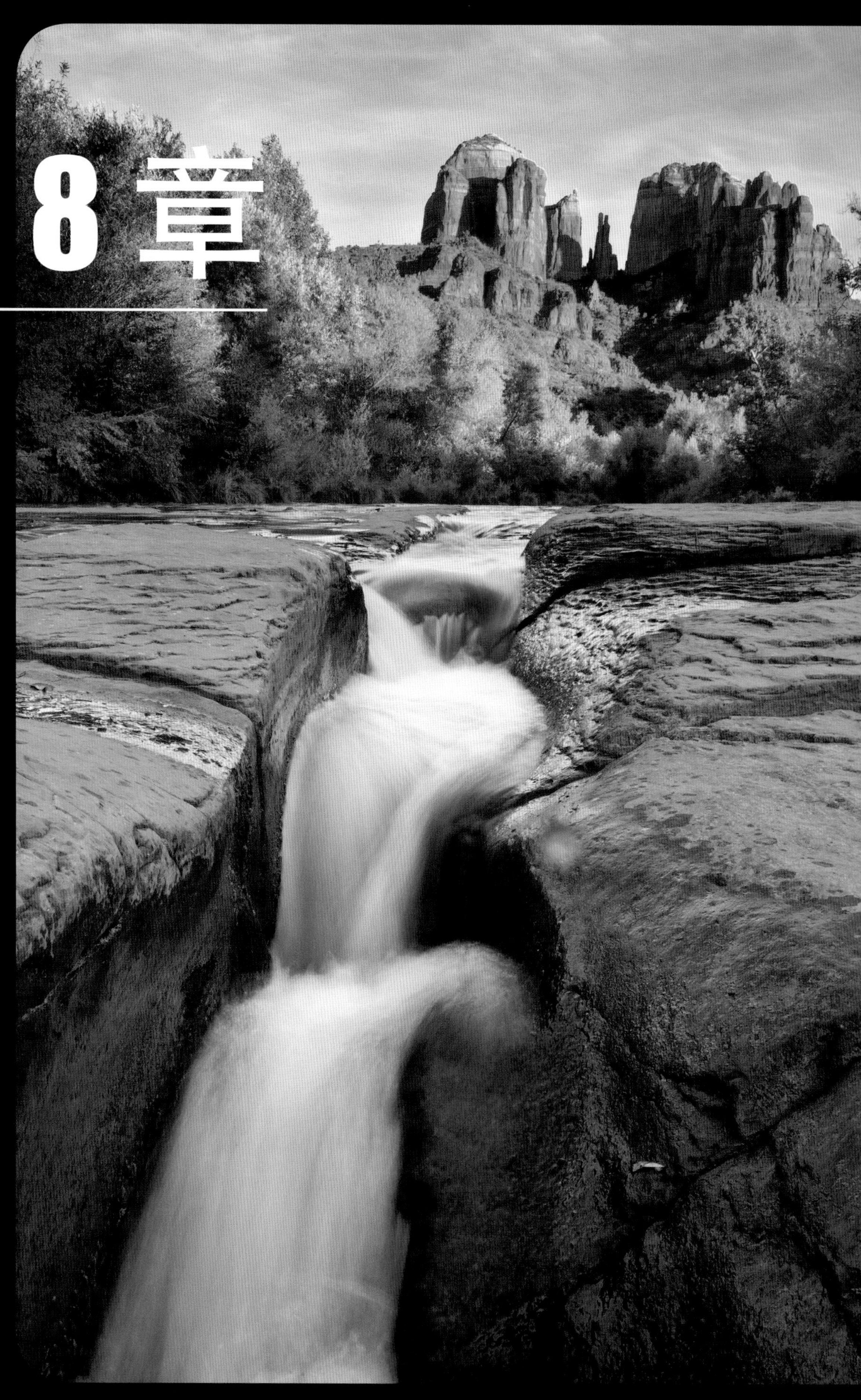

明确构图的两大目的

构图目的之一 ——赋予画面形式美感

有些摄影作品无论是远观还是近赏都无法获得别人的赞许，有些摄影作品则恰恰相反。这两种摄影作品之间区别就是后者更具有形式美感。

构图的目的之一就是赋予画面形式美感，因为无论照片的主体多么重要，如果整个画面缺乏最基本的形式美感，这样的照片就无法长时间吸引观赏者的注意。

利用构图手法赋予画面形式美感，最简单的一个方法就是让画面保持简洁，这也是为什么许多摄影师认为“摄影是减法艺术”的原因，此外，就是灵活运用最基本的构图法则，这些构图法则在摄影艺术多年发展历程中，已经被证明是切实有效的。

焦　　距▷18mm
光　　圈▷F9
快门速度▷1/200s
感 光 度▷ISO100

▶ 使用广角镜头以垂直仰视的角度进行拍摄，产生树木向天空汇聚的效果，视觉冲击力极强

构图目的之二——营造画面的兴趣中心

一幅成功的摄影作品必然有一个鲜明的兴趣中心点，其在点明画面主题的同时，也是吸引观者注意力的关键所在。

这个兴趣中心点可能是整个物体或者物体的一个组成部分，也可能是一个抽象的构图元素，或者是几个元素的组合等，在拍摄时摄影师必须通过一定的构图技巧来强化画面的兴趣中心，使之在画面中具有最高的关注度。

拍摄要点：

采用略为仰视的角度，让画面构图看起来更为特别。

采用长焦或微距镜头进行拍摄，使得冰块能够充满画面。在使用长焦镜头拍摄时要特别注意，由于是正对着阳光拍摄，因此时间不宜太长，除了容易刺伤眼睛外，也可能会造成相机CMOS等部件的损坏。

使用矩阵测光模式，并手动选择单个对焦点对冰块进行对焦，从而同时以对焦点的位置为准进行测光，这样可以最大限度地避免阳光直射对测光结果的影响，适当降低1挡左右的曝光补偿，可以更好地呈现出冰块的质感

▲ 巧妙地将冰块的造型与夕阳时分的落日结合起来，好像怪兽要吃掉太阳一样，画面趣味十足

焦　　距▷115mm
光　　圈▷F7.1
快门速度▷1/640s
感 光 度▷ISO400

认识各个构图要素

主 体

主体指拍摄中所关注的主要对象，是画面构图的主要组成部分，是集中观者视线的视觉中心，也是画面内容的主要体现者，可以是人也可以是物，可以是任何能够承载表现内容的事物。

一幅漂亮的照片会有主体、陪体、前景、背景等各种元素，但主体的地位是不能改变的，其他元素的完美搭配都是为了突出主体，并以此为目的安排主体的位置、比例。

在摄影中要突出主体可以采用多种手段，最常用的方法是对比，例如虚实对比、大小对比、明暗对比、动静对比等。

▲ 在具有韵律的波纹的衬托下，画面中的鸟儿更为突出

焦　　距 ▷ 200mm
光　　圈 ▷ F3.2
快门速度 ▷ 1/400s
感 光 度 ▷ ISO100

陪 体

陪体在画面中起衬托的作用，正所谓“红花还需绿叶扶”，如果没有绿叶的存在，再美丽的红花也难免会失去活力。“绿叶”作为陪体时，它是服务于“红花”的，要主次分明，切忌喧宾夺主。

一般情况下，可以利用直接法和间接法处理画面中的陪体。直接法就是把陪体放在画面中，但要注意陪体不能压过主体，往往安排在前景或是背景的边角位置。间接法，顾名思义，就是将陪体安排在画面外。这种方法比较含蓄，也更具有韵味，形成无形的画外音，做到画中有“话”，画外亦有“话”。

▲ 这是一幅在孩子生日时拍摄的照片，画面中的小旗子、生日蛋糕、玩偶以及礼物等元素足以说明这一点。另外，这些陪体元素也与儿童的笑容相得益彰

焦　　距 ▷ 65mm
光　　圈 ▷ F4.5
快门速度 ▷ 1/250s
感 光 度 ▷ ISO100

环 境

环境是指靠近主体周围的景物，它既不属前景，也不属背景。环境可以是景、是物，也可以是鸟或其他动物，主要起到衬托、说明主体的作用。

一幅摄影作品中，我们除了可以看到主体和陪体以外，还可以看到作为环境的一些元素。这些元素烘托了主题、情节，进一步强化了主题思想的表现力，并丰富了画面的层次感。

▲ 以画面中的礁石作为前景，衬托出了大海的辽阔，增强了画面的空间感

焦　　距 ▷ 20mm
光　　圈 ▷ F16
快门速度 ▷ 1/200s
感 光 度 ▷ ISO100

掌握构图元素

用点营造画面的视觉中心

点在几何学中的概念是没有体积，只有位置的图形，直线的相交处和线段的两端都是点。在摄影中，点强调的是位置。

从摄影的角度来看，如果拍摄的距离足够远，任何事物都可以成为摄影画面中的点，大到一个人、房屋、船等，只要距离够远，在画面中都可以以点的形式出现；同样道理，如果拍摄的距离足够近，小的对象（如一颗石子、一个田螺、一朵小花）也是可以作为点在画面中存在的。

从构图的意义方面来说，点通常是画面的视觉中心，而其他元素则以陪体的形式出现，用于衬托、强调充当视觉中心的点。

▲ 在这幅照片中，太阳与人物均可理解成为一个“点”，左上与右下的位置使它们相互平衡。由于人物的剪影化处理，在色彩上与其他形成鲜明对比，而成为画面的视觉中心点

焦　　距 ▷ 50mm
光　　圈 ▷ F9
快门速度 ▷ 1/800s
感 光 度 ▷ ISO200

利用线赋予画面形式美感

线条无处不在，每一种物体都具有自身鲜明的线条特征。

在摄影中，线条既是表现物体的基本手段，也是传递画面形象美的主要方法。

拍摄经验：在实际拍摄时，要通过各种方法来寻找线条，如仔细观察建筑物、植物、山脉、道路、自然地貌、光线，都能够找到漂亮的线条，并在拍摄时通过合适的构图方法将其在画面中强调出来，使画面充满美感。

▲ 放射线状的太阳光线，为画面增加了自然、梦幻、唯美的视觉感受

焦　距 ▷16mm
光　圈 ▷F3.2
快门速度 ▷1/80s
感 光 度 ▷ISO100

找到景物最美的一面

在几何学中，面的定义是线的移动轨迹。因为肉眼能看到的物体大都是以面的形式存在的，所以面是摄影构图中最直观、最基本的元素。

在不同角度拍摄同一物体时，可以拍摄到不同的面。这些面中有的可能很美，也有的可能很平凡，这时候就需要我们去寻找、发现物体最美的一面。

拍摄要点：

使用矩阵测光模式对整体进行测光。由于环境整体比较暗，要获得充分的曝光，应适当提高一些ISO感光度的数值，以保证手持拍摄时不会拍虚。

使用偏振镜过滤画面中的杂光，同时使色彩更纯净。由于偏振镜会在一定程度上降低进光量，因此需要进一步提高ISO感光度，以保证整体的曝光。

▲ 夕阳时分是拍摄风景的最佳时间段，无论是光线、色彩还是云彩、天空等元素，都可以以近乎完美的状态展现出来

焦　距 ▷18mm
光　圈 ▷F16
快门速度 ▷1/50s
感 光 度 ▷ISO400

利用高低视角的变化进行构图

平视拍摄

平视拍摄即相机镜头与被摄对象处在同一水平线上。平视拍摄所得画面的透视关系、结构形式和人眼看到的大致相同，给人以心理上的亲切感。

平视角度是最不容易出特殊画面效果的角度，平视角度拍摄需要注意以下问题：

首先是选择、简化背景。平视拍摄容易造成主体与背景景物的重叠，要想办法避免杂乱的背景或用一些可行的技术与艺术手法简化背景。

其次，要注意避免地平线分割画面。

可利用前景人为地加强画面透视，打破地平线无限制的横穿画面，或者利用高低不平的物体如山峦、岩石、树木、倒影等来分散观众的注意力，减弱地平线横穿画面的力量。

还可以利用纵深线条，即利用画面中从前景至远方所形成的线条变化，引导观众视线向画面纵深运动，加强画面深度感，减弱横向地平线的分割力量。

利用空气介质、天气条件的变化，如雨、雪、雾、烟等增强空间透视感，也是不错的方法。

▲ 平视拍摄很好地表现了建筑的全貌，并通过近乎完美的水面倒影，使画面具有强烈的对称构图之美

拍摄要点：

使用三脚架稳定相机。

使用中等光圈进行拍摄，以保证画面的景深。

使用偏振镜过滤水面的杂光，以更清晰地呈现水面倒影。

适当降低0.7挡左右的曝光补偿，以增强建筑及水面的质感。

俯视拍摄

俯视拍摄即相机镜头处在正常视平线之上，由高处向下拍摄被摄体。

所谓“高瞻远瞩”，俯视拍摄有利于展现空间、规模、层次，可以将远近景物在平面上充分展开，而且层次分明，有利于展现空间透视及自然之美，有利于表现某种气势、地势，如山峦、丘陵、河流、原野等，介绍环境、地点、规模、数量，如群众集会、阅兵式等，展示画面中物体间的方位关系。

俯视拍摄会改变被摄事物的透视状况，形成一定的上大下小的变形，这种变形在使用广角镜头拍摄时更加明显，例如，在人像摄影中这种角度能够使眼睛看上去更大，而脸更瘦一些。

运用这种角度拍摄要注意的是，俯视拍摄有时表示了一种威压、蔑视的感情色彩，因为当我们去俯视一个事物时，自身往往处在一个较高的位置，心理上处于一种较优越的状态。因此，在拍摄人像时要慎重使用。

拍摄要点：

俯视角度拍摄有简化背景的作用，可以利用干净的地面、水面、草地等作为背景，避开地平线以及地平线上众多的景物。

俯视角度拍摄时往往使地平线位于画面的上方，以增加画面的纵深感，使画面显得深远、透视感强。

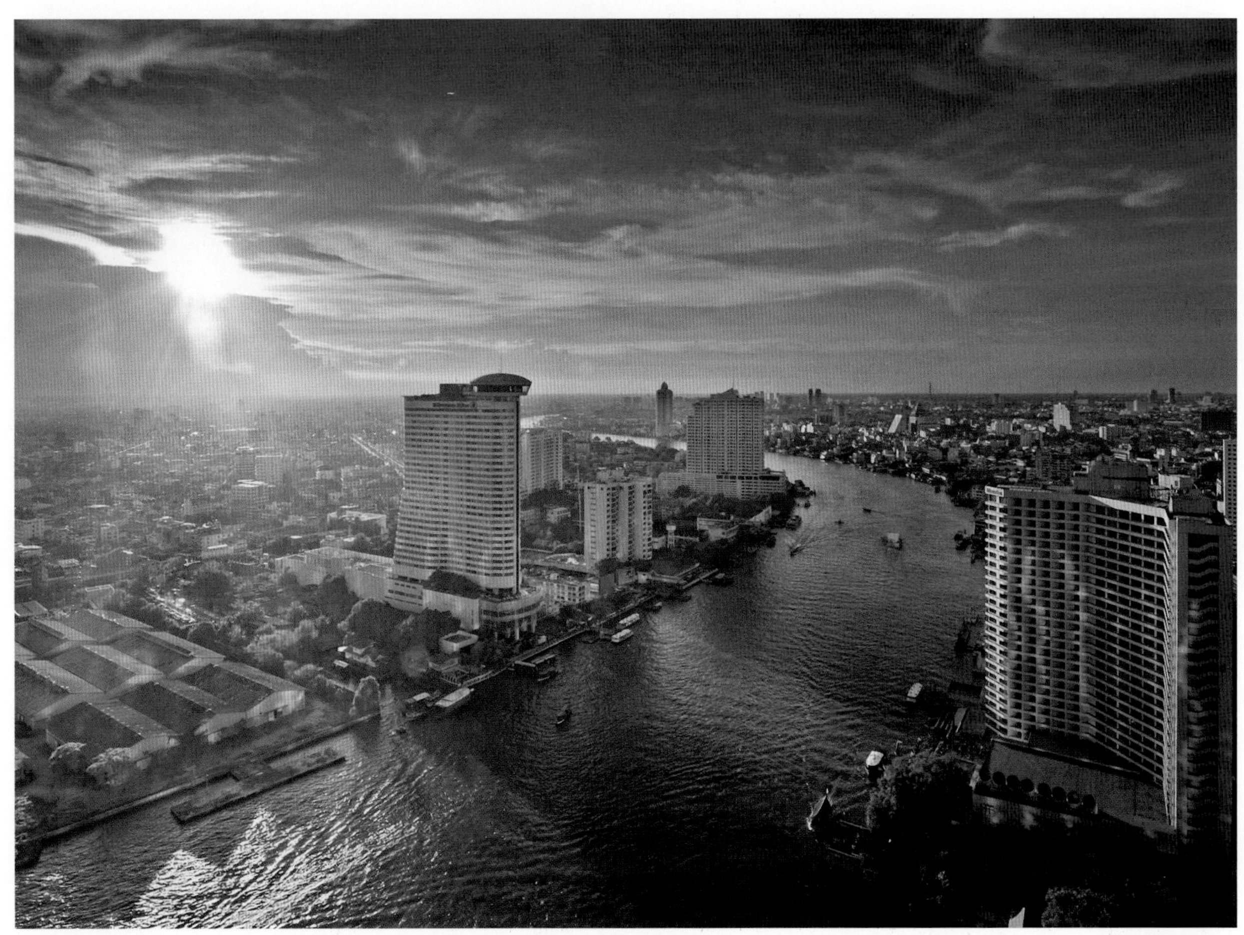

▲ 通过俯视拍摄城市，配合破空而出的阳光，给人开阔、壮观的视觉感受

焦　　距 ▶ 16mm
光　　圈 ▶ F10
快门速度 ▶ 1/400s
感 光 度 ▶ ISO200

仰视拍摄

仰视拍摄即相机镜头处于视平线以下，由下向上拍摄被摄体。仰视拍摄有利于表现处在较高位置的对象，利于表现高大垂直的景物。当景物周围拍摄空间比较狭小时，利用仰视拍摄可以充分利用画面的深度来包容景物的体积。

由于仰视拍摄改变了人们通常观察事物的视觉透视效果，所以其有利于表达作者的独特的感受，使画面中的物体造成某种优越感，表示某种赞颂、胜利、高大、敬仰、庄重、威严等，以给人们象征性的联想、暗喻和潜在意义，具有强烈的主观感情色彩。

使用仰视拍摄时要注意的是，如果在拍摄时使用中焦或长焦镜头，则由于仰视角度产生的景物向上汇聚的趋势就会变得比较弱。为了使景物本身的线条产生明显的向上汇聚效应，拍摄时需要使用广角镜头。

▲ 通过仰视拍摄，加上广角镜头特有的透视变形，使建筑仿佛直插入云霄一般，更好地呈现了建筑高大、壮观的气势

焦　距 ▷ 16mm
光　圈 ▷ F9
快门速度 ▷ 1/500s
感 光 度 ▷ ISO100

拍摄经验：仰视拍摄有利于简化背景，比如以干净的天空、墙壁、树木等作背景，将主体背后处于同一高度的景物避开。在简化背景的同时，还可以加强画面中动作的力度。另外，仰视拍摄时往往使地平线处于画面的下方，可以增加画面的横向空间展现，使画面显得宽广、高远。

5种常见景别

远景

远景是从远距离拍摄所得到的画面景别，通常包括广阔的空间和较多的景物，易于表现环境和气势，但不利于交代具体的细节。

远景画面的特点是空间大、景物层次多、主体形象矮小、陪衬景物多，能够在很大范围内全面地表现环境。

在构图时要关注画面中的线条和图案，如江河、山峦形成的线条，以及田野、特殊地形、云层彩霞等形成的图案。通过在画面中合理布置这些线条、图案来为画面增加形式感。

拍摄经验：拍摄远景在很大程度上是要表现画面的整体气势，正如绘画理论中提到的“远取其势”，所以摄影师要从大处着眼，以气势取胜。

▲ 以远景景别进行拍摄，画面纳入了更多的环境，配合父子俩协调的动作，凸显出在大自然中的温馨亲情

焦　距 ▷ 55mm
光　圈 ▷ F4.5
快门速度 ▷ 1/400s
感 光 度 ▷ ISO100

全景

凡是能够说明被抓捕对象全貌的画面统称为全景，如人像照片的全貌是全身照片，建筑物的全貌是表明其整体结构的照片。

小到表现一只完整的鸟、瓢虫的照片，大到可供上千辆汽车驰行的桥梁类的照片都可称为全景照。全景的范围大小取决于拍摄对象的体积、面积。

拍摄经验：处理全景画面需要注意确保主体形象的完整性。拍摄时既要避免“缺边少沿”，破坏了事物外部轮廓线的完整；也不能“顶天立地”，要在主体周围保留适当的空间。

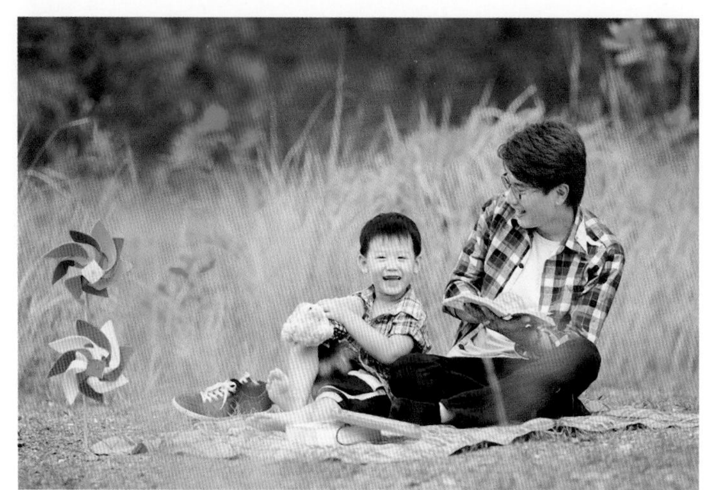

▲ 使用全景景别进行拍摄，更真实、清晰地记录下人物的动作、表情，有利于表现父子之间开心一刻

焦　距 ▷ 90mm
光　圈 ▷ F4.5
快门速度 ▷ 1/500s
感 光 度 ▷ ISO100

中景

中景是指在有限的环境中表现某一对象的主要部分，能够表现对象的细节，既可以表现主体，又可以交代环境，同时也有利于表现故事情节及对象之间的联系等。就人像摄影而言，中景是指人的腰腹以上（坐姿）或膝部以上（站姿）的景别，用于表现出人物的动作或姿态，以及人与人、人与物之间的相互关系。

中景画面的主体比全景高大、突出，但由于画面容纳景物的量少，所以在交代环境方面明显不足，气势方面相对弱了许多。例如，报纸杂志用的新闻图片多数是中景，因为中景构图突出了主体，对环境要素也可以做适当交代。

焦　　距 ▷ 135mm
光　　圈 ▷ F2.8
快门速度 ▷ 1/200s
感 光 度 ▷ ISO100

▶ 以中景方式拍摄人像，除了能表现人物上半身的形态，还能交代出与周边的环境关系

近景

在距离主体比中景更近位置的摄影画面，统称为近景。近景画面中只包括被摄体的主要部分，针对性较强，拍摄时可以对不必要的内容进行省略。

就人像摄影而言，近景是指包括人的胸部以上部分的景别。采用这种景别来拍摄人像时，画面要注重表现人物的神态、情绪和细节，拍摄时要注意“近取其神”，处理好人物的头部姿态和面部表情。另外，如果画面摄入了人物的手，还要特别注意其手部动作。

采用这种景别拍摄其他景物时，要注重表现物体的局部特征，注意以“近取其质”的原则来拍摄，运用光线表现物体的质地、纹理。

▲ 近景拍摄人像时，背景中的元素容易扰乱主体，因此可以使用长焦镜头搭配大光圈，将人像以外的画面虚化掉，以更好地突出人物的皮肤、眼神以及表情等细节

焦　　距 ▷ 200mm
光　　圈 ▷ F2.8
快门速度 ▷ 1/400s
感 光 度 ▷ ISO100

特写

对于人像摄影而言，特写通常指包括人的肩部以上部分的景别；对于其他被拍摄对象而言，则是指表现事物细部的景别。在拍摄时，运用长焦镜头或微距镜头近距离拍摄，都可获得特写景别画面。

在特写画面中，被摄物体的细部被强行“放大”，观者的注意力被“强制”集中到事物的局部上，从而形成了凝视、审视的视觉效果。这种景别的画面能够调动观众从局部联想全貌的想象力，使画面有一定的联想性。

由于特写只能表现人体的某一部位，一件物品、一个建筑或一朵花的局部，无法表现环境，因此拍摄特写应在“特”字上下工夫，应该要表现出被拍摄对象特殊的造型、纹理、结构，使画面清晰逼真、细节鲜明突出，给观众带来强烈的视觉印象，例如蜻蜓的翅膀、蜜蜂的眼睛、美女的睫毛、老人沧桑的手部、纸币上细腻的花纹等。

拍摄经验：用特写景别拍摄景物时，如果使用的不是长焦镜头，通常需要走近被拍摄对象以获得局部特写效果，此时要注意每一个镜头都有最近对焦距离的限制，以AF-S 尼克尔 24-70mm F2.8 G ED为例，其最近对焦距离为38cm，即当相机与被拍摄对象合焦部位之间的距离小于38cm时，相机就无法合焦拍摄了。

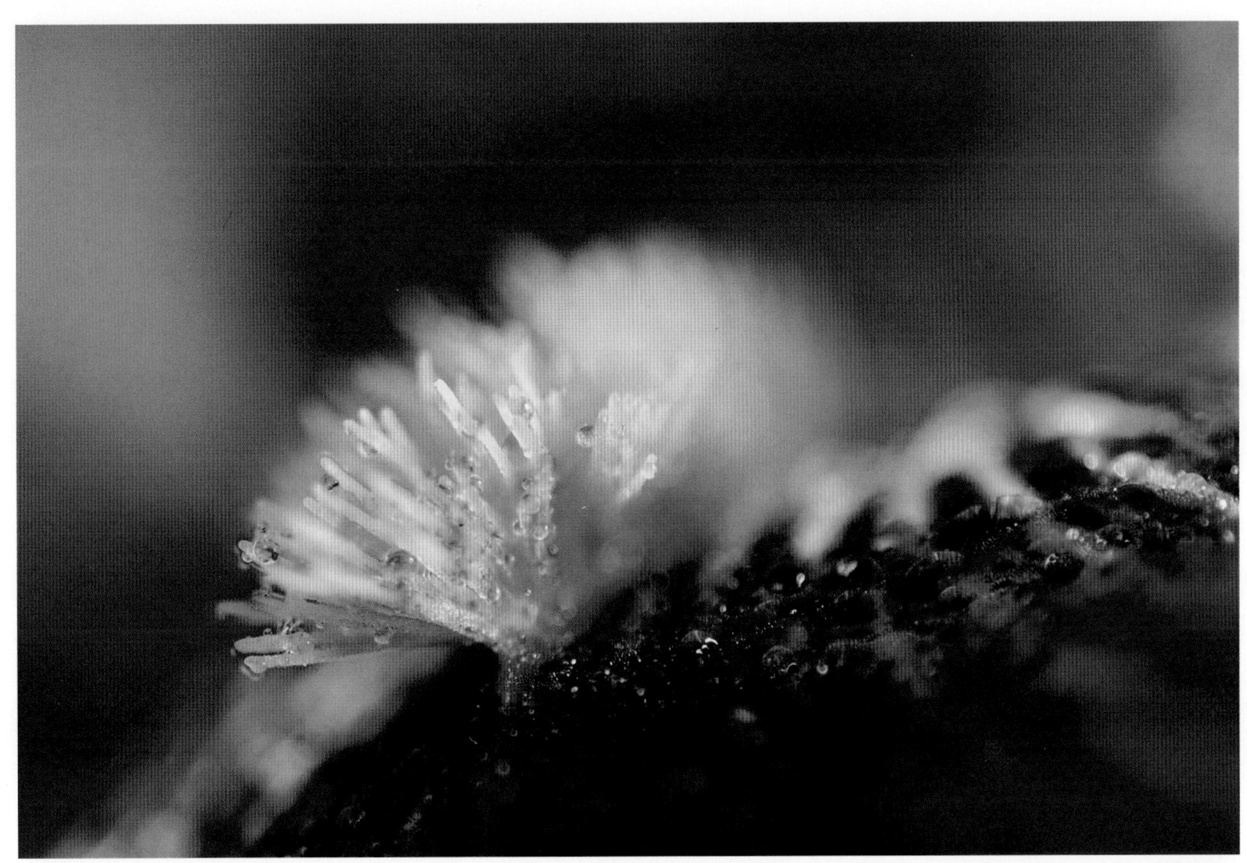

▲ 微距摄影是最典型的特写景别运用，在这幅照片中，利用微距镜头拍摄花蕊的特写，将其精致的细节表现得淋漓尽致

焦　　距 ▶ 105mm
光　　圈 ▶ F5.6
快门速度 ▶ 1/125s
感 光 度 ▶ ISO100

开放式及封闭式构图

封闭式构图要求作品本身的完整，通过构图把被摄对象限定在取景框内，不让它与外界发生关系。封闭式构图追求画面内部的统一、完整、和谐与均衡，适用于表现完美、通俗和严谨的拍摄题材。

开放式构图不讲究画面的严谨和均衡，而是引导观众突破画框的限制对画面外部的空间产生联想，以达到增加画面内部容量与内涵的目的。

在构图时，可以有意在画面的周围留下被切割得不完整形象，同时不必追求画面的均衡感，利用画面外部的元素与画面内部的元素形成一种相像中的平衡、和谐感。如果利用这种构图形式来拍摄人像，画面中人像的视线与行为落点通常在画面外部，以暗示其与画面外部的事物有呼应与联系。

拍摄要点：

使用中央重点测光模式进行测光，并适当降低0.7挡左右的曝光补偿，以更好地表现猫咪身上的毛发。

设置快门释放模式为连拍，一次性拍摄多张，以保证拍摄的成功率。

焦　　距 ▷ 105mm
光　　圈 ▷ F7.1
快门速度 ▷ 1/320s
感 光 度 ▷ ISO500

◀ 虽然猫咪整体都在画面以内，但看向画面外的眼神，让人对照片以外的内容产生联想，这也是开放式构图的一种典型应用

拍摄要点：

使用镜头的长焦端对猫咪的头部进行取景，以尽量不打扰猫咪为宜。

蹲下或坐下，保持与猫咪之间的平视角度。

适当降低0.3~0.7挡的曝光补偿，以更好地表现猫咪的毛发。

焦　　距 ▷ 300mm
光　　圈 ▷ F8
快门速度 ▷ 1/200s
感 光 度 ▷ ISO400

◀ 重点拍摄猫咪向画面外看去的眼睛，使猫咪的形态在画面中得以强化的同时，更好地突出其好奇的神情

常见常用构图法则

黄金分割法构图

许多艺术家在创作过程中都会遵循一定的原则，而在构图方面，艺术家们最推崇并遵循的原则就是“黄金分割”，即画面中主体两侧的长度对比为1:0.618，这样的画面看起来是最完美的。

具体来说，黄金分割法的比例为5:8，它可以在一个正方形的基础上推导出来。

首先，取正方形底边的中心点为x，并以x为圆心，以线段xy为半径作圆，其与底边直线的交点为z点，这样将正方形延伸为一个比例为5:8的矩形，即a:c=b:a=5:8，而y点则被称为“黄金分割点”。

对摄影而言，真正用到黄金分割法的情况相对较少，因为在实际拍摄时很多画面元素并非摄影师可以控制的，再加上视角、景别等多种变数，因此很难实现完美的黄金分割构图。

但值得庆幸的是，经过不断的实践运用，人们总结出黄金分割法的一些特点，进而演变出了一些相近的构图方法，如九宫格法。在具体使用这种构图方法时，通常先将整个画面用三条形进行等分，而线条形成4个交点即称为黄金分割点，我们可以直接将主体置于黄金分割点上，以引起观者的注意，同时避免长时间观看而产生的视觉疲劳。

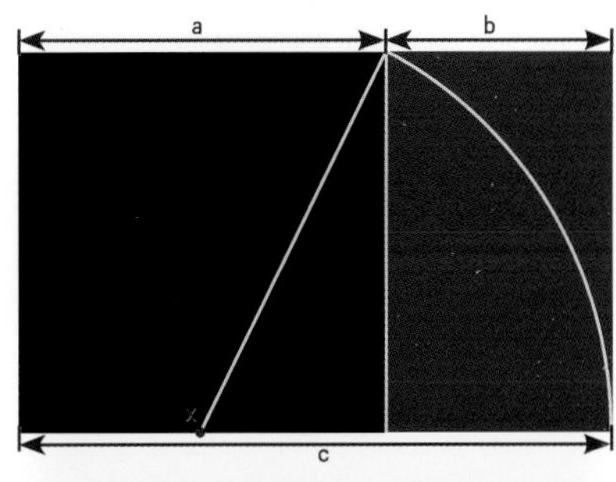

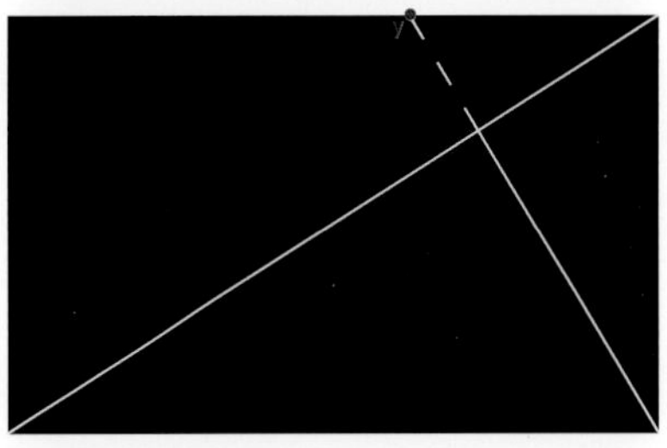

▲ 黄金分割法构图示意图

▲ 人物略微倾斜的坐姿，完美地诠释了黄金分割构图法的魅力，配合人物陶醉的表情、漂亮的轮廓光，给人以唯美的视觉感受

焦　　距▷150mm
光　　圈▷F3.2
快门速度▷1/500s
感 光 度▷ISO100

拍摄经验：在实际拍摄中，往往无法精确地将景物安排为黄金构图比例，只能依据目测和摄影者当时的感觉来取景，所拍得的画面大约符合构图标准，能反映出创作意图即可。

当被摄对象以线条的形式出现时，可将其置于画面三等分的任意一条分割线位置上。这种构图方法本质上利用的仍然是黄金分割的原则，但也有许多摄影师将其称为三分线构图法。

▲ 将地平线置于上方的三分线上，形成非常协调的画面比例，大面积的前景给人以强烈的纵深感

焦　　距 ▷ 20mm
光　　圈 ▷ F10
快门速度 ▷ 1/10s
感 光 度 ▷ ISO100

知识链接：用网格线显示功能拍摄三分线构图

Nikon D5500有“取景器网格显示”功能，开启取景器网格，可以在拍摄时快速地进行三分线构图。

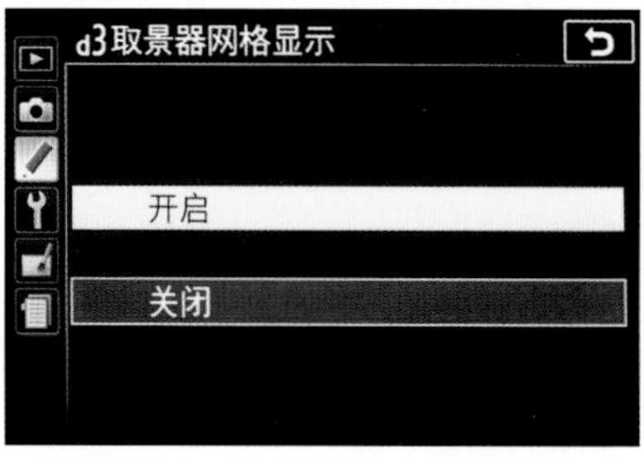

操作步骤：点击选择**自定义设定**中的**d拍摄/显示**选项，点击选择d3 **取景器网格显示**选项

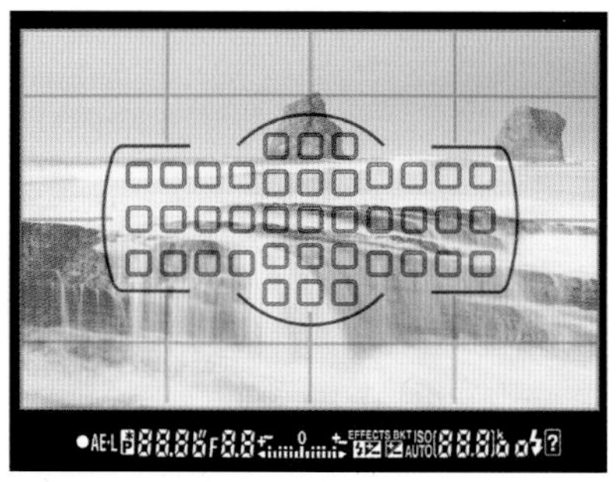

▲ 利用“取景器网格线显示”功能拍摄风光时的示意图

水平线构图

水平线构图也称为横向式构图，即通过构图手法使画面中的主体景物在照片中呈现为一条或多条水平线的构图手法。是使用最多的构图方法之一。

水平线构图可以营造出一种安宁、平静的画面意境，同时画面中的水平线可以为画面增添一种横向延伸的形式感。水平线构图根据水平线位置的不同，可分为低水平线构图、中水平线构图和高水平线构图。

中水平线构图是指画面中的水平线居中，以上下对等的形式平分画面。采用这种构图形式的原因，通常是为了拍摄到上下对称的画面，有可能是被拍摄对象自身具有上下对称的结构，但更多的情况是由于画面的下方水面能够完全倒影水面上方的景物，从而使画面具有平衡、对等的感觉。值得注意的是中水平线构图不是对称构图，不需要上下的景物一致。

▲ 以地平线作为画面的分割线，天上的云与地上的海，色彩相互交融在一起，画面唯美、壮观、大气

焦　　距 ▷ 20mm
光　　圈 ▷ F13
快门速度 ▷ 1/20s
感 光 度 ▷ ISO100

低水平构图是指画面中主要水平线的位置在画面靠下1/4 或1/5 的位置。采用这种水平线构图的原因是为了重点表现水平面以上部分的主体，当然在画面中安排出这样的面积，水平线以上的部分也必须具有值得重点表现的景象，例如天空中大面积的漂亮云层、冉冉升起的太阳等。

高水平构图是指画面中主要水平线的位置在画面靠上1/4 或1/5 的位置。高水平线构图与低水平线构图正好相反，主要表现的重点是水平线以下部分，例如大面积的水面、地面，采用这种构图形式的原因通常是由于画面中的水面、地面有精彩的倒影或丰富的纹理、图案等。

拍摄要点：

使用镜头的广角端进行拍摄，并适当压低视角，以强化天空中云彩的压迫感。

使用点测光模式对太阳旁边稍远的距离处进行测光，然后按下AE-L/AF-L按钮以锁定曝光，再进行构图、对焦、拍摄。

▲ 较低的地平线，让天空占据了大部分的画面空间，使黑压压的云彩能够给人以强烈的压迫感

焦　距 ▷ 24mm
光　圈 ▷ F16
快门速度 ▷ 1/4s
感 光 度 ▷ ISO100

垂直构图

垂直构图即通过构图手法，使画面中的主体景物在照片中呈现为一条或多条垂直线。

垂直构图通常给人一种高耸、向上、坚定、挺拔的感觉。所以常用来表现向上生长的树木及其他竖向式的景物。

拍摄经验：如果拍摄时景物在画面中上下穿插直通到底，则可以形成开放式构图，让观赏者想象出画面中的主体有无限延伸的感觉，因此拍摄时照片顶上不应留有白边，否则观赏者在视觉上就会产生“到此为止”的感觉。

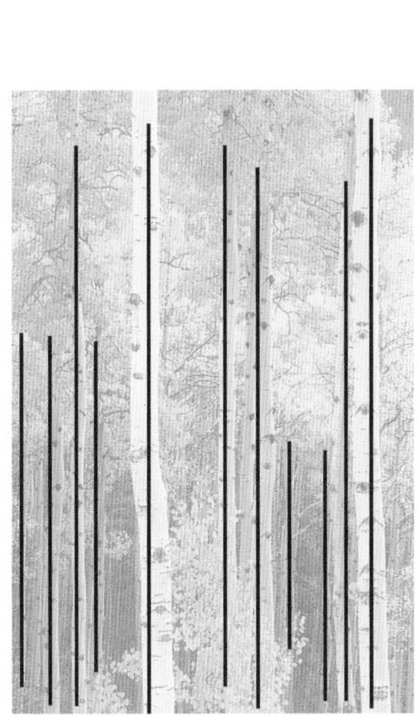

▲ 一棵棵笔直的桦树，在黄、绿色叶子的衬托下，更凸显其强烈的线条美感

焦　　距 ▷ 60mm
光　　圈 ▷ F7.1
快门速度 ▷ 1/320s
感 光 度 ▷ ISO100

斜线及对角线构图

斜线构图是利用建筑的形态，以及空间透视关系，将图像表现为跨越画面对角线方向的线条。

它可以给人一种不安定的感觉，但却动感十足，使画面整体充满活力，且具有延伸感。

对角线构图属于斜线构图的一种极端形式，即画面中的线条等同于其对角线，可以说是将斜线构图的功能发挥到了一个极致。

▲利用鸟儿展开的翅膀在画面中形成对角线，画面动感十足

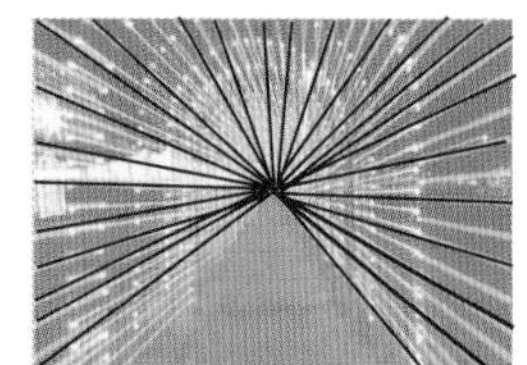

辐射式构图

辐射式构图即通过构图使画面具有类似于自行车车轮轴条的辐射效果的构图手法。辐射式构图具有两种类型，一是向心式构图，即主体在中心位置，四周的景物或元素向中心汇聚，给人一种向中心挤压的感觉；二是离心式构图，即四周的景物或元素背离中心扩散开来，会使画面呈现舒展、分裂、扩散的效果。

早晨穿过树林的“耶稣光”，多瓣的花朵等，这些都属于自然形成的辐射式。

拍摄经验：要通过构图来形成辐射画面，应该在拍摄时寻找那些富有线条感的对象，如耕地、田园、纺织机、整齐的桌椅等。

▲这幅照片充分利用了灯光隧道的放射状构成，给人以强烈的画面纵深感

焦　　距▷19mm
光　　圈▷F9
快门速度▷2.5s
感 光 度▷ISO200

L形构图

L 形构图即通过摄影手法，使画面中主体景物的轮廓线条、影调明暗变化形成有形或无形的L 形的构图手法。

L 形构图属于边框式构图，使原有的画面空间凝缩在摄影师安排的L 形状构成的空白处，即照片的趣味中心，这也使得观者在观看画面时，目光最容易注意这些地方。

但值得注意的是，如果缺少了这个趣味中心，整个照片就会显得呆板、枯燥。

拍摄经验：拍摄风光时运用这种L 形构图，建议前景处安排影调较重的树木、建筑物等景物，然后在L 形划分后的空白空间中，安排固有的景物（如太阳）或等待运动物体（如移动的云朵、飞鸟等）成为趣味中心。

▲ 利用人物的坐姿构成画面中的L形线条，配合周围的环境表现，在突出画面稳定性的同时，也给人清新、美好的感觉

焦　　距▶ 30mm
光　　圈▶ F4
快门速度▶ 1/500s
感 光 度▶ ISO100

对称式构图

对称式构图是指画面中两部分景物以某一根线为轴，在大小、形状、距离和排列等方面相互平衡、对等的一种构图形式。

采用这种构图形式通常是表现拍摄对象上下（左右）对称的画面。这种对象可能自身就有上下（左右）对称的结构；还有一种是主体与水面或反光物体形成的对称，这样的照片给人一种平静和秩序感。

▲ 巧妙地利用建筑在水面上的倒影，再加上建筑本身棱角分明的外形，给人以强烈的几何图形美感

焦　　距▶ 18mm
光　　圈▶ F16
快门速度▶ 2s
感 光 度▶ ISO200

S形构图

S形线构图能够利用画面结构的纵深关系形成S 形，诱使观众按S 形顺序深入到画面里，给画面增添圆润与柔滑的感觉，使画面充满动感和趣味性。

这种构图不仅常用于拍摄河流、蜿蜒的路径等题材，在拍摄女性人像时也经常使用，以表现女性婀娜的身姿。

焦　　距▷65mm
光　　圈▷F8
快门速度▷1/250s
感 光 度▷ISO100

▲ S形的身体造型，配合腿部及手部的姿势，表现出了女性成熟、性感的特质

焦　　距▷24mm
光　　圈▷F16
快门速度▷1/200s
感 光 度▷ISO100

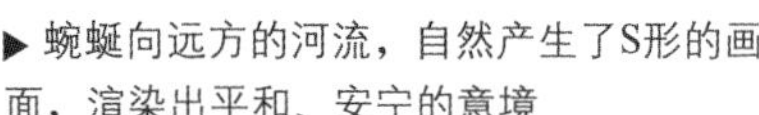

▶ 蜿蜒向远方的河流，自然产生了S形的画面，渲染出平和、安宁的意境

三角形构图

三角形构图即通过构图使画面呈现一个或多个正立、倾斜或颠倒的三角形的构图手法。

从几何学中我们知道，三角形是最稳定的结构，运用到摄影的构图中同样如此。三角形通常给人一种稳定、雄伟、持久的感觉，同时由于人们通常认为山的抽象图形概括便是三角形，所以在风光摄影中经常用三角形构图来表现大山。

根据画面中出现的三角形数量可以将三角形构图分为单三角形构图、组合三角形构图及三角形与其他形组合构图等；根据三角形的方向，可以将三角形构图分为正三角形构图和倒三角形构图。正三角形不会产生倾倒之感，所以经常用于表现人物的稳定感及自然界的雄伟。

如果三角形在画面中呈现倾斜与颠倒的状态，也就是倒三角或斜三角，则会给人一种不稳定的感觉。组合三角形构图的画面更加丰富多变，一个套一个的不同规格三角形组合在一起，稳重又相呼应，能够使画面的空间更有趣味性，也不容易感觉到单调和重复。

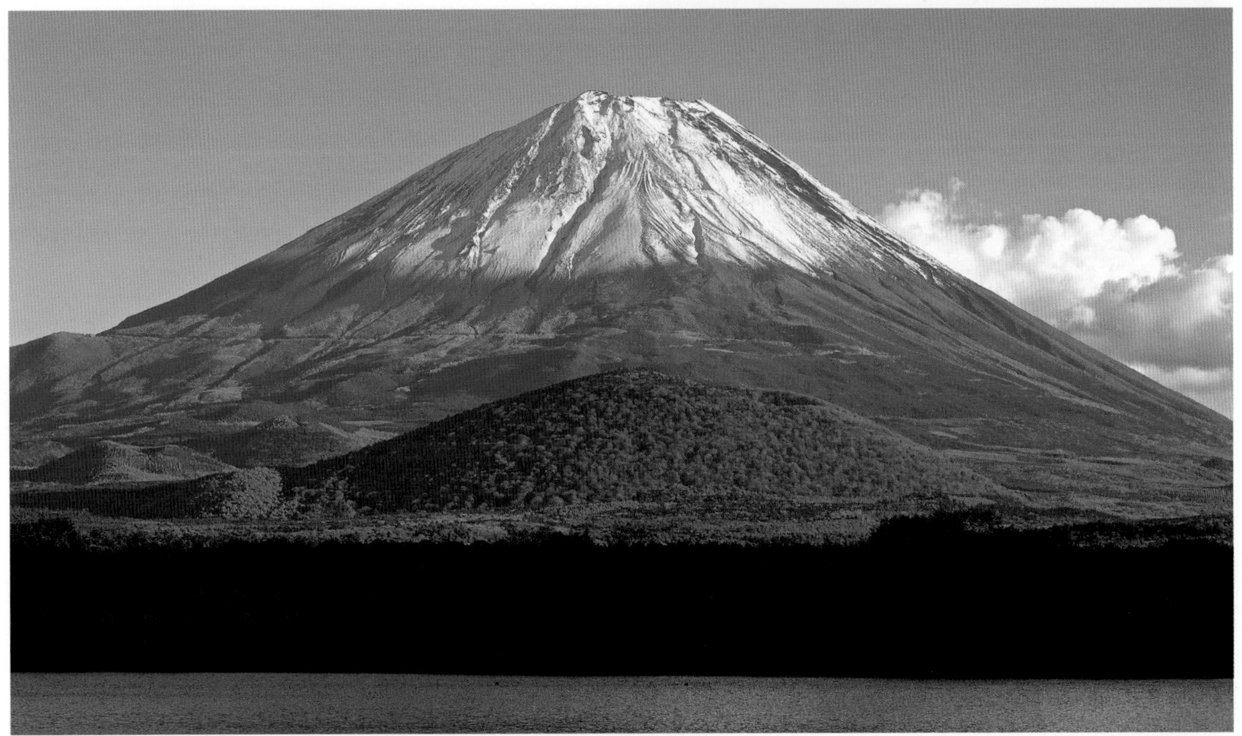

▲ 以大山为主体，自然形成三角形构图，很好地表现出其稳重、大气的特点

焦　　距▶ 200mm
光　　圈▶ F8
快门速度▶ 1/500s
感 光 度▶ ISO100

散点式构图

散点式（又称棋盘式）构图就是以分散的点状形象构成画面。

整个画面上景物很多，但是以疏密相间、杂而不乱的状态排列着，即存在不同的形态，又统一在照片中的背景中。

散点式构图是拍摄群体性动植物时常用的构图手法，通常以仰视和俯视两种拍摄视角表现，俯视拍摄一般表现花丛中的花朵，仰视拍摄一般是表现鸟群。拍摄时建议缩小光圈，这样所有的景物都能得到表现，不会出现半实半虚的情况。

拍摄经验：这种分散的构图方式极有可能因主体不明确，造成视觉分散而使画面表现力下降，因此在拍摄时要注意经营画面中“点”的各种组合关系，画面中的景物一定要多而不乱，才能寻找到景物的秩序感并如实记录。

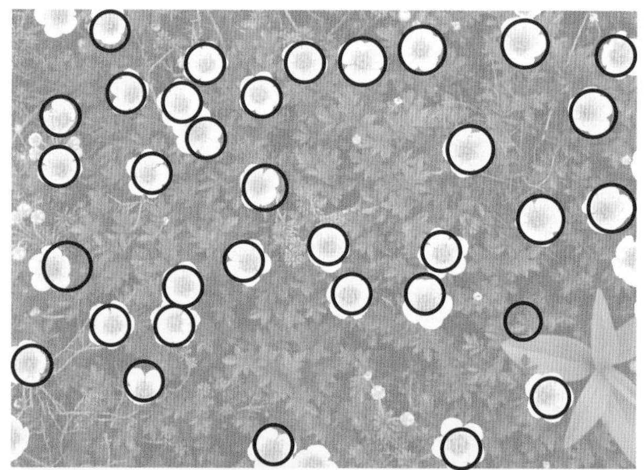

▲ 在绿叶之中的点点小花，看似以无序但却自然、均衡，给人以美的感受

焦　　距 ▷ 35mm
光　　圈 ▷ F9
快门速度 ▷ 1/125s
感 光 度 ▷ ISO100

框架式构图

框架式构图是指通过安排画面中的元素，在画面内建立一个画框，从而使视觉中心点更加突出的一种构图手法。框架通常位于前景，它可以是任何形状，例如窗、门、树枝、阴影和手等。

框架式构图又可以分为封闭式与开放式两种形式。

封闭式框式构图一般多应用在前景构图中，如利用门、窗等作为前景，来表达主体，阐明环境。

开放式构图是利用现场的周边环境临时搭建成的框架，如树木、手臂、栅栏，这样的框式构图多数不规则及不完整，且被虚化或以剪影形式出现。这种构图形式具有很强的现场感，画面更生动，可以使主体更自然地被突出表现，同时还可以交代主体周边的环境

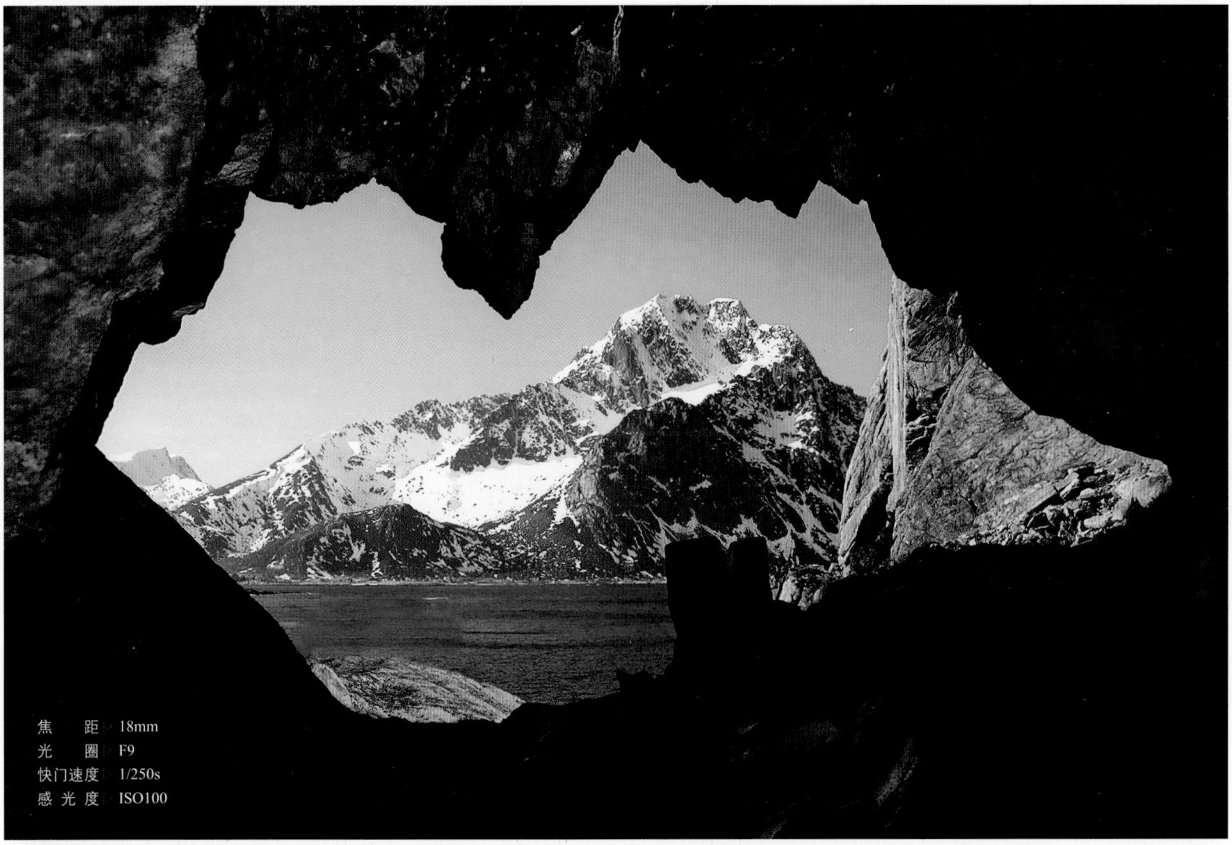

焦　　距 18mm
光　　圈 F9
快门速度 1/250s
感 光 度 ISO100

▲ 巧妙地以岩洞洞口作为框架，不但突出了雪山的圣洁，同时也给人以别样的空间感

拍摄要点：

使用点测光模式对远处山峰的中间调部分进行测光和对焦。

开启闪光灯，从而为近处的岩石补光。此时要特别注意可能出现的岩石曝光过度问题，以及由于闪光灯同步速度低，导致整体曝光过度的问题。此时可以适当降低闪光灯的输出光量，为闪光灯增加柔光罩或其他遮挡物以降低输出光量。还可以尽量向后移动，并改用中长焦距进行拍摄，也可以在一定程度上避免曝光过度的问题。

使用光圈优先模式并设置尽可能小的光圈，从而保证前景与背景中的图像同样清晰。

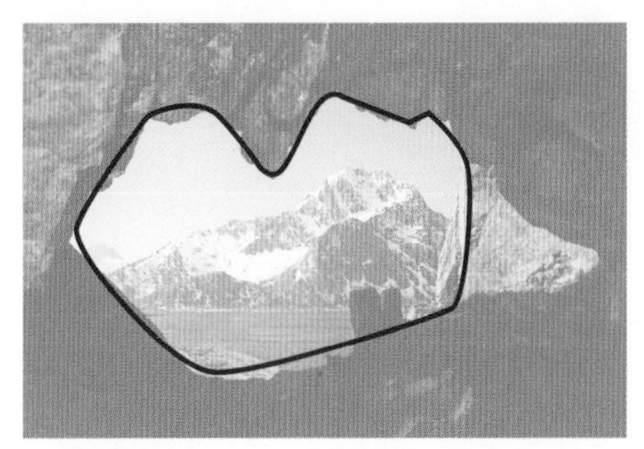

第9章

「成为摄影高手必修美学之光影」

光线与色温

色温是一种温度衡量方法，通常用在物理和天文学领域，这个概念基于一个虚构黑色物体在被加热到不同的温度时会发出不同颜色的光，物体就呈现为不同颜色。就像加热铁块时，铁块先变成红色，然后是黄色，最后会变成白色。

使用这种方法标定的色温与普通大众所认为的“暖”和“冷”正好相反，例如，通常人们会感觉红色、橙色和黄色较暖，白色和蓝色较冷，而实际上红色的色温最低，然后逐步增加的是橙色、黄色、白色和蓝色，蓝色是最高的色温。

利用自然光进行拍摄时，由于不同时间段光线的色温并不相同，因此拍摄出来的照片色彩也不相同。例如，在晴朗的蓝天下拍摄时，由于光线的色温较高，因此照片偏冷色调；而在黄昏时拍摄，由于光线的色温较低，因此照片偏暖色调。利用人工光线进行拍摄时，也会出现光源类型不同，拍摄出来的照片色调不同的情况。

了解光线与色温之间的关系有助于摄影师在不同的光线下进行拍摄，可以预先估计出将会拍摄出什么色调的照片，并进一步考虑是要强化这种色调还是减弱这种色调，在实际拍摄时应该利用相机的哪一种功能来强化或弱化这种色调。

焦　距 ▷ 24mm
光　圈 ▷ F20
快门速度 ▷ 10s
感 光 度 ▷ ISO100

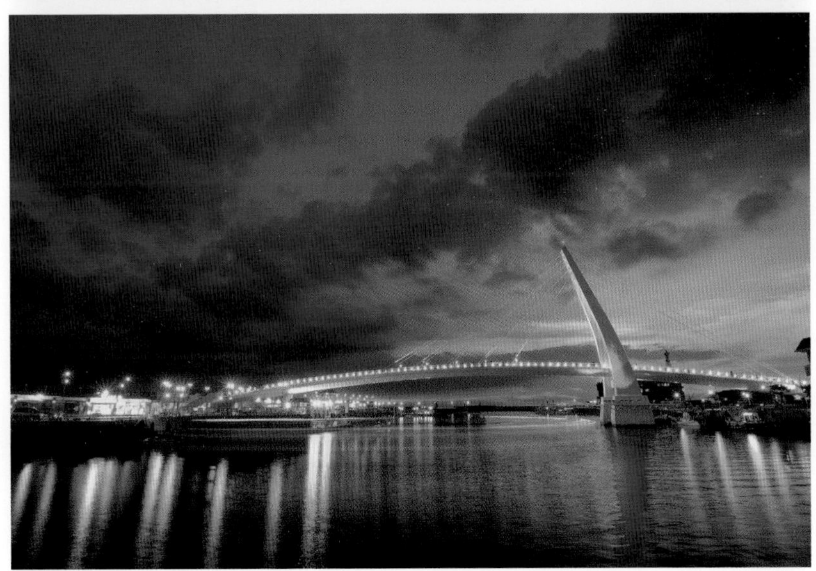

▲ 同一地点，不同时间拍摄的两张照片，由于色温不同，拍出的画面一个呈暖调效果，一个呈冷调效果。在太阳还没降落之前光线较充足，画面明显呈暖调；当太阳完全降落之后，光线没有那么充足了，画面也呈现出明显的冷调

焦　距 ▷ 19mm
光　圈 ▷ F22
快门速度 ▷ 30s
感 光 度 ▷ ISO100

直射光与散射光

直射光

直射光是指太阳或其他人造光源直接照射出来的光线，没有经过云层或其他物体（如反光板、柔光箱）的反射，光线直接照射到被摄体上，这种光线就是直射光。

直射光又称为硬光，直射光照射下的对象会产生明显的亮面、暗面与投影，所以会表现出强烈的明暗对比，其特点是明暗过渡区域较小，给人以明快的感觉，常用于表现层次分明的风景、棱角分明的建筑等拍摄题材。

拍摄经验：直射光的光比很大，因此容易出现高光区域曝光正常时，暗调区域显得曝光不足；反之，暗调曝光正常时，高光区域则出现曝光过度的情况。因此在拍摄人像、微距等题材时，应注意为暗部补光，以避免这种问题。当然，如果是刻意想要这种效果，就另当别论了。

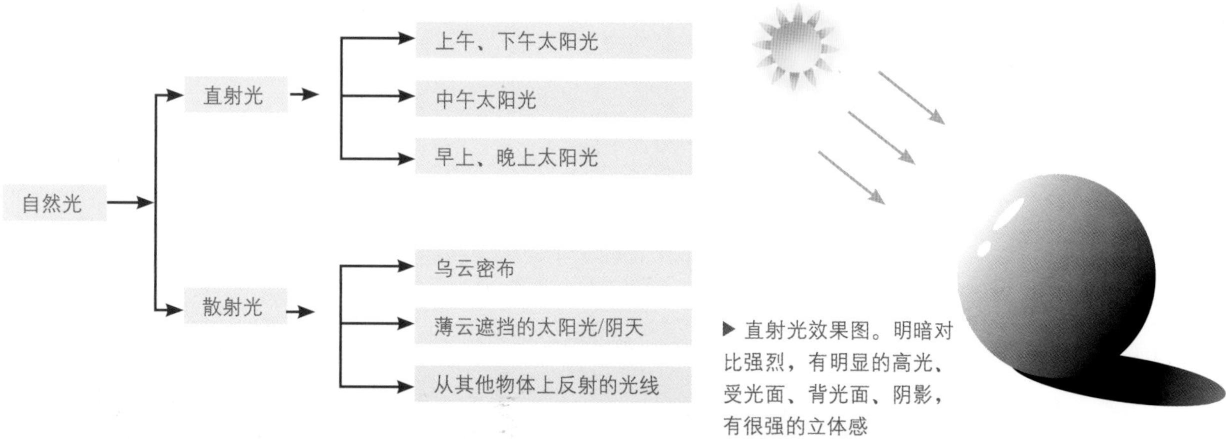

▶ 直射光效果图。明暗对比强烈，有明显的高光、受光面、背光面、阴影，有很强的立体感

焦　　距 ▷ 100mm
光　　圈 ▷ F13
快门速度 ▷ 1/800s
感 光 度 ▷ ISO100

◀ 直接照射在树叶上的光线，在黑色投影的衬托下有种半透明的效果，非常漂亮

散射光

散射光是指没有明确照射方向的光，例如阴天、雾天时的天空光或者添加柔光罩的灯光，水面、墙面、地面反射的光线也是典型的散射光。

散射光的特点是照射均匀，被摄体明暗反差小，影调平淡柔和。利用这种光线拍摄时，能较为理想地将被拍摄对象细腻且丰富的质感和层次表现出来，例如，在人像拍摄中常用散射光表现女性柔和、温婉的气质和娇嫩的皮肤质感。其不足之处是被摄对象的体积感不足、画面色彩比较灰暗。

在散射光条件下拍摄时，要充分利用被摄景物本身的明度及由空气透视所造成的虚实变化，如果天气阴沉就必须要严格控制好曝光时间，这样拍出的照片层次才丰富。

拍摄经验：实际拍摄时，建议在画面中制造一点亮调或颜色鲜艳的视觉兴趣点，以使画面更生动。例如，在拍摄人像时，可以要求被摄对象身着亮色的服装。

▲ 散射光效果图。没有明显的明暗对比，阴影较浅甚至没有，立体感较弱

▼ 柔和的光线下，画面仍带有一定的明暗对比，通过恰当的曝光设置，既可以突出人物细腻的皮肤，同时又不失立体感，整体的明暗过渡较为平缓，视觉上看起来很舒服

焦　距 200mm
光　圈 F3.5
快门速度 1/100s
感 光 度 ISO100

不同时间段自然光的特点

晨光与夕阳光线

早晨太阳从东方地平线升起和傍晚太阳即将沉于地平线下时，这段时间的光线被称为晨光与夕阳光线，由于阳光和地面呈15° 左右的角度，因此照射角度低，景物的垂直面被大面积照亮，并留下长长的投影。太阳光在透过厚厚的大气层之后，光线柔和，还常常伴有晨雾或暮霭，空气透视效果强烈，暖意效果比较明显。

在日出之前和日落之后的这一小时左右的时间内，在色温较高的光线影响下，多数景物会透出蓝紫色，此时无论拍摄朝霞还是晚霞，都能够得到相当不错的照片。由于此时的太阳低垂，大多数景物都可以用逆光拍摄出漂亮的剪影效果，具体拍摄时应以天空为背景，以天空的亮度为测光曝光依据，在此基础上减少一级曝光量，使剪景效果更加突出。

拍摄经验：在日出时，光线变化非常快，尤其在日出之后，环境中的光比马上变得非常强烈，导致天空与地面的光照非常不均匀，此时可以使用中灰渐变镜降低天空的进光量，以降低整体的光比。

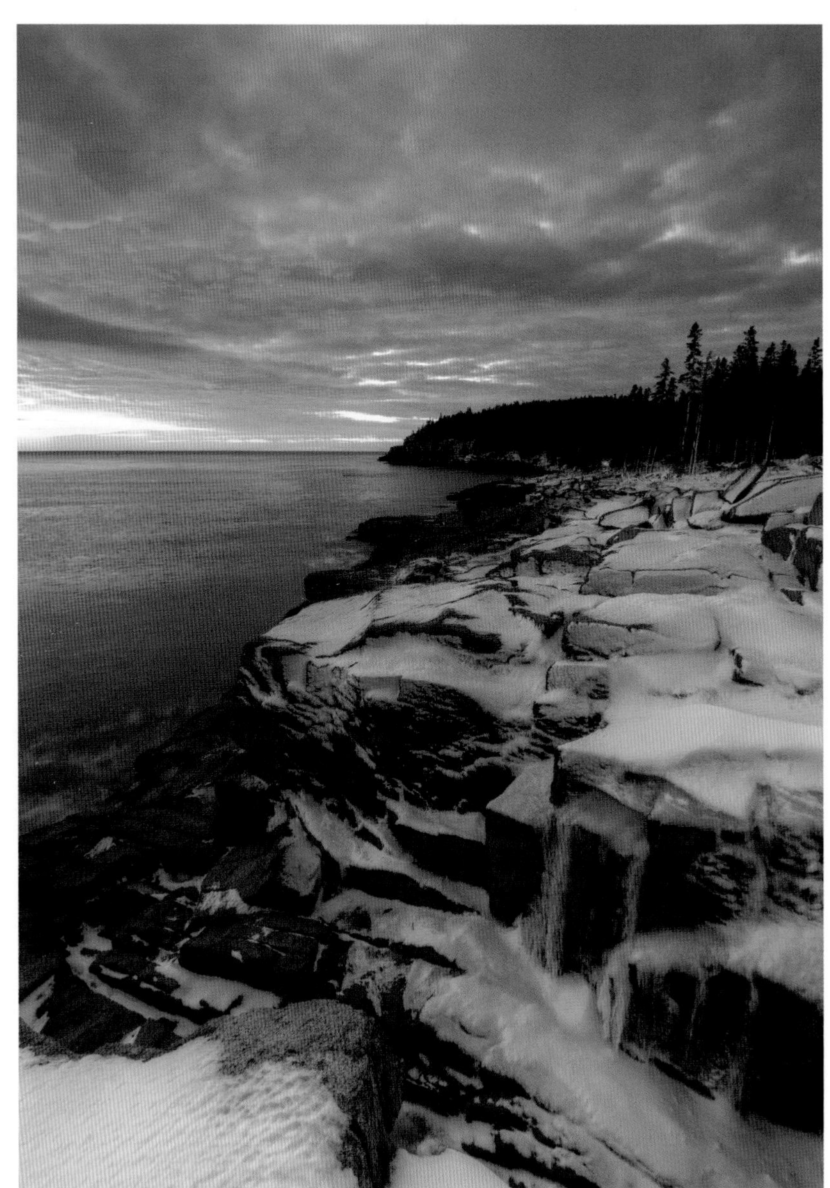

▲ 在日落时分，环境中的光线非常柔和，适合表现景物的细节，同时，环境中自然呈现的冷、暖色对比更增加画面的美感

焦　　距 ▷ 17mm
光　　圈 ▷ F18
快门速度 ▷ 2s
感 光 度 ▷ ISO100

上午与下午的光线

从日出后一段时间到正午前，以及正午后到日落前一段时间，即可称为上午和下午，此时太阳光与地面的角度呈15°～80°，光照非常充足，光质相对柔和，在拍摄人像、花卉、微距等题材中都有广泛应用。

这个时间段的太阳光不但对垂直景物照明，也对立体周围的水平景物照明，产生大量的反射光，从而缩小了被摄体的明暗光比，拍摄场景照片时，画面的明暗反差表现极好。

▲ 上午拍摄的人像画面很通透，很适合表现女孩青春、靓丽的气质

焦　距 ▷ 85mm
光　圈 ▷ F3.2
快门速度 ▷ 1/4000s
感 光 度 ▷ ISO200

中午的光线

中午时分，太阳光与地面的角度大致为90°左右，太阳光从上向下以垂直角度照射地面景物，景物的水平面被普遍照明，而垂直面的照明却很少，甚至完全处于阴影中。

拍摄照片时，要注意过强的阳光会导致过强的对比度，而过强的对比度会使影像显得生硬，无论是阴影部分还是高光部分，都可能会使细节丧失表现力。在这种情况下，最好的办法是寻找另外的视点，相应地改变光照角度，进而达到改善对比效果的目的。

拍摄经验：在中午拍摄时，由于光线太强会导致摄影师看不清液晶显示屏中显示的照片，因此，建议养成备一件薄外套的习惯。需要浏览照片时，用其盖住头部和相机即可看清照片了。

▲ 中午时的顶部光线，由于受到少量云彩的遮挡，使光线略为柔和了一些，此时摄影师通过恰当的取景与曝光，很好地表现出树木的整体形态及立体感，树下休息的人们，为画面更增添了几分生动感

焦　距 ▷ 200mm
光　圈 ▷ F8
快门速度 ▷ 1/50s
感 光 度 ▷ ISO200

夜晚的光线

当天空全黑下来以后，环境中的自然光线仅能依靠月亮及星星产生，而在实际拍摄时，多数摄影题材以城市夜景为背景或以此为主题，因此照明主要依靠城市中的建筑灯光、车灯、闪光灯补充等。

如果拍摄的是城市夜景的建筑照明灯光、车流等题材，拍摄时要进行长时间曝光，因此要特别注意降低ISO控制噪点，并利用三脚架保证拍摄时的稳定性。

如果拍摄的是城市中的人像，应该注意为人像补光并利用慢速闪光同步功能使背景与主体人像都比较明亮。

拍摄经验：在夜晚利用微弱的光线进行拍摄时，所使用的构图原则与白天并没有什么不同，但需要格外注意的，不要让明亮的光线或曝光过分的区域出现在照片的边缘处，这样的区域分散观赏者的注意力。

▲ 摄影师通过恰当的取景，使建筑线条大大地增强了画面的张力，很好地展现了建筑在夜晚时的魅力，并通过长时间曝光，拍摄到地面上的车流灯光，使画面更具动感

拍摄要点：

使用三脚架保持相机的稳定，以便进行较长时间的曝光，从而使画面获得充足的曝光。

由于画面的前景与背景的跨度非常大，因此应使用光圈优先快门模式并设置较小的光圈，以保证画面的前景与背景均能获得足够的景深。

使用点测光模式，对建筑的发光进行测光，并适当降低一些曝光补偿，以更好的表现建筑的细节。

找到最完美的光线方向

光和影凝聚了摄影的魅力，随着光线投射方向、强度的改变，在物体上产生的光影效果也会产生巨大的变化。要捕捉最精妙的光影效果，必须要认识光线的方向对于画面效果的影响。

根据光与被摄体之间的位置，光的方向可以划分为：顺光、前侧光、侧光、侧逆光、逆光、顶光。这6种光线有着不同的作用，只有在理解和熟悉这些光线的基础之上，才能巧妙精确地运用这些光线。

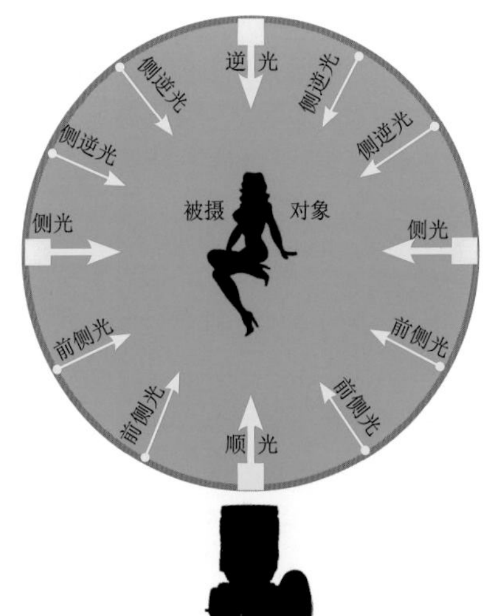

相机拍摄位置

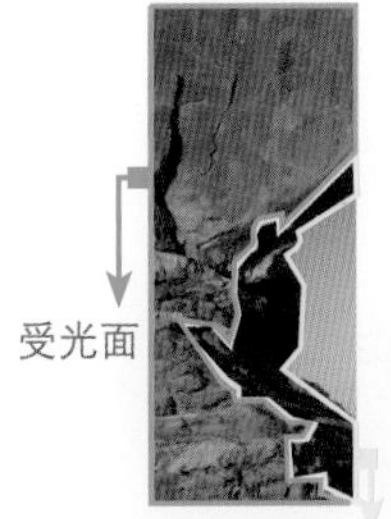

受光面

背光面

投影

▲ 为了使读者更好地理解光线的方向，我们可以把太阳的光位看作是一个表盘，将表放在视线的水平正前方，将人眼作为“相机拍摄位置”，表盘中心的点作为被摄对象，按着示意图中箭头及文字注解，就不难理解太阳的光位了

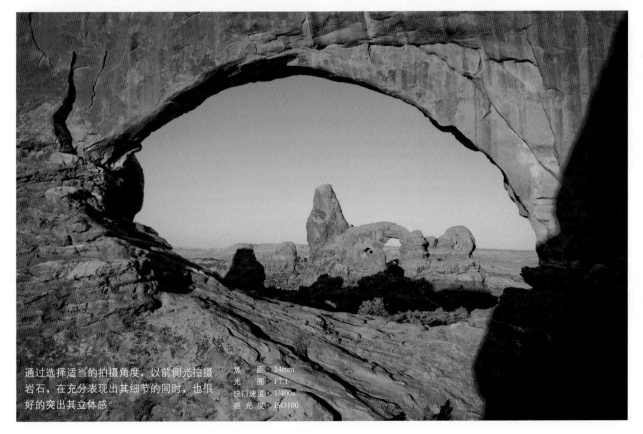

通过选择适当的拍摄角度，以前侧光拍摄岩石，在充分表现出其细节的同时，也很好的突出其立体感

焦　距 ▷ 34mm
光　圈 ▷ F7.1
快门速度 ▷ 1/400s
感 光 度 ▷ ISO100

顺光的特点及拍摄时的注意事项

当光线投射方向与拍摄方向一致时，这时的光即为顺光。

在顺光照射下，景物的色彩饱和度很好，画面通透、颜色亮丽。很多摄影初学者就很喜欢在顺光下拍摄，除了可以很好地拍出颜色亮丽的画面外，因其没有明显的阴影或投影，掌握起来也较容易，使用相机的自动挡就能够拍摄出不错的照片。

但顺光也有不足之处，即在顺光照射下的景物受光均匀，没有明显的阴影或者投影，不利于表现景物的立体感与空间感，画面较平板乏味。因此无论是拍摄风光还是人像，通常不会采用顺光进行拍摄。

在实际拍摄时，为了弥补顺光立体感、空间感不足的缺点，需要尽可能的运用不同景深对画面进行虚实处理，使主体景物在画面中表现突出，或通过构图使画面中的明暗配合起来，例如以深暗的主体景物配明亮的背景、前景，或反之。

拍摄要点：

针对人物面部测光，确保人物面部曝光充分。

使用三分法构图，更容易吸引观者的视线。

大光圈将背景虚化，防止过多景物干扰主体的表现。

▲ 顺光下人物的正面，尤其是面部没有阴影，虽然缺乏一定的立体感，但对白皙皮肤的表现比较有利

焦　　距 ▷ 135mm
光　　圈 ▷ F7.1
快门速度 ▷ 1/200s
感 光 度 ▷ ISO100

侧光的特点及拍摄时的注意事项

当光线投射方向与相机拍摄方向呈 90° 角时，这种光线即为“侧光”。

侧光是风光摄影中运用较多的一种光线，这种光线非常适合表现物体的层次感和立体感，原因是侧光照射下景物受光的一面在画面上构成明亮部分，不受光的一面形成阴影。

景物处在这种照射条件下，轮廓比较鲜明，且纹理也很清晰，明暗对比明显，立体感强，前后景物的空间感也比较强，因此用这种光源进行拍摄最易出效果。所以很多摄影爱好者都用侧光来表现建筑物、大山的立体感。

拍摄要点：

可借助于三维水平仪来进行水平构图。

在镜头前安装偏振镜来消除水面和雪山上的偏振光，得到颜色纯净的画面。

▲ 侧光照射下，光影结构鲜明强烈，被摄体上的起伏都被凸显出来，很适合表现层次感

焦　　距▶70mm
光　　圈▶F10
快门速度▶ 1/400s
感 光 度▶ ISO400

前侧光的特点及拍摄时的注意事项

前侧光就是从被摄景物的前侧方照射过来的光，被摄体的亮光部分约占三分之二的面积，阴影暗部约为三分之一。

用前侧光拍摄的照片，可使景物大部分处在明亮的光线下、少部分形成阴影，既丰富了画面层次，突出了景物的主体形象，又显得协调，给人以明快的感觉。这样拍摄出来的画面反差适中、不呆板、层次丰富。

需要注意的是，在户外拍摄时，临近中午的太阳照射角度高，会形成高角度前侧光，这种光线反差大，层次不丰富，使用时要慎重。

▲ 利用从窗户照射进来的前侧光，照亮了大部分的人物主体，以表现其表情、肢体语言及细腻的肤质，同时又不失立体感

焦　　距▶ 85mm
光　　圈▶ F2.8
快门速度▶ 1/100s
感 光 度▶ ISO200

逆光的特点及拍摄时的注意事项

逆光就是从被摄景物背面照射过来的光，被摄体的正面处于阴影部分，而背面处于受光面。

在逆光下拍摄的景物，被摄主体会因为曝光不足而失去细节，但轮廓线条却十分清晰地表现出来，从而产生漂亮的“剪影”效果。

拍摄时要注意以下3点：

第一，如果希望被拍摄的对象仍然能够表现出一定的细节，应该进行补光，使被拍摄对象与背景的反差不那么强烈，形成半剪影的效果，这样画面层次更丰富，形式美感更强。

第二，在逆光拍摄的时候，需要特别注意在某些情况下强烈的光线进入镜头，在画面上会产生光斑。因此，拍摄时应该通过调整拍摄角度，或使用遮光罩来避免光斑。

第三，在逆光条件下拍摄时，通常测光位置选择在背景相对明亮的位置上。拍摄时，先切换为点测光模式，用中央对焦点对准要测光的位置，取得曝光参数组合；然后按下曝光锁定按钮AE-L/AF-L锁定曝光参数；最后再重新构图、对焦、拍摄。

▲ 在明亮的夕阳逆光下，温暖的色调、纯粹的剪影，很好地表现出人物的身体造型

焦　距 ▷ 50mm
光　圈 ▷ F6.3
快门速度 ▷ 1/60s
感 光 度 ▷ ISO400

侧逆光的特点及拍摄时的注意事项

侧逆光是从被摄体的后侧面射来的光线，既有侧光效果又有逆光效果的光线，就是侧逆光。

不同于逆光在被摄体四周都有轮廓光，侧逆光只在其四周的大部分有轮廓光，被摄体的受光面要比逆光照明下的受光面多。侧逆光的角度对被拍摄物体的影响力比较大，拍摄时应该让被拍摄物体轮廓特征比较明显的一面尽可能多的朝向光源，使景物出现受光面、阴影面和投影，以更好地表现被拍摄对象的轮廓美感与立体形态。

使用这种光线拍摄人像时，一定要注意补光，使模特的身体既有侧逆光形成的明亮轮廓，正面形象又能够正常的表现出来。

拍摄要点：

利用长焦镜头在远处进行拍摄。

选择光线很弱的侧逆光进行拍摄，会在暗背景的衬托下形成好看的轮廓光。

▲ 在侧逆光的照射下，表现了奔跑中的牛的轮廓，同时也照亮了一部分身体细节，配合飞散起来的灰尘，突出了整体的气势感

焦　距 ▷ 200mm
光　圈 ▷ F4
快门速度 ▷ 1/500s
感 光 度 ▷ ISO200

利用光线塑造不同的画面影调

高调画面的特点及拍摄时的注意事项

高调是指画面的80%以上为白色或浅灰色，以大面积亮调为主的画面。

高调给人的感觉就是以明朗、纯净、清秀、淡雅、愉悦、轻盈、优美、纯洁之感。

在风光摄影中高调常适合表现秀丽、宁静的自然风光，如雪地、沙漠、湖水中秀丽的山景侧影、云海、烟雾、雨后的山川风光等。在人像摄影中常用于表现女性及儿童等题材。

在拍摄高调画面时，构图方面应该保证包括主体和背景在内的区域都应该是浅色调；用光方面则应该选择正面光或散射光，比如多云或阴天的自然光，由于能够造成小光比，减少物体的阴影，形成以大面积白色和浅灰为主的基调，因此常用于拍摄高调画面。

需要注意的是，画面中除了大面积的白色和浅灰外，还必须保留少量黑色或其他鲜艳的颜色，例如红色，这些颜色恰恰是高调照片的重点，起到画龙点睛的作用。这些面积很小的深色调，在大面积淡色调的衬托与对比下，才使整个画面有了视觉重点，引起观者的注意，同时避免了因为缺少深色后产生苍白无力感的问题。

▲ 以窗户照射进来的光线为主，配合反光板对暗部进行补光，使画画在整体上获得高调效果，给人以纯洁、唯美的视觉感受

焦　距▷31mm
光　圈▷F4
快门速度▷1/40s
感 光 度▷ISO100

低调画面的特点及拍摄时的注意事项

低调画面的80%以上为黑色和深灰色，常用于表现严肃、淳朴、厚重、神秘的摄影题材，给人神秘、深沉、倔强、稳重、粗放的感觉。

拍摄低调画面时，构图方面要注意保证深暗色的拍摄对象占画面的大部分面积；用光方面则应该使用大光比的光线，因此逆光和侧逆光是比较理想的光源角度。在这些光线下不仅可以将被摄物体隐没在黑暗中，同时可以勾勒出被摄体的轮廓。

另外，还要注意通过构图让画面出现少量的亮色，使画面沉而不闷，在总体的深暗色氛围下呈现生机，同时避免低调画面由于没有亮色而显得灰暗无神的问题。

▲ 在日出时分，环境中的光线较暗，岩石、云彩等元素，使画面形成自然的低调效果，表现出稳重、大气的视觉效果

焦　　距 ▷ 20mm
光　　圈 ▷ F22
快门速度 ▷ 2.5s
感 光 度 ▷ ISO100

中间调画面的特点及拍摄时的注意事项

中间调是指没有大面积黑、白色调，而以中间灰色调为主的画面。

中间调照片的画面色彩丰富，色调转变缓慢，反差较小，影调柔和，非常适合表现风光摄影。

在拍摄时需要特别注意，在取景构图时不要使黑、白色占画面的大面积区域，但这也不代表要使用大面积灰色。中间调的画面中需要少量的黑和白进行对比、陪衬，否则画面就会显得单调，缺乏生气。

▲ 山川、天空、白云，构成中间调的画面，充分表现出各部分的细节

焦　　距 ▷ 20mm
光　　圈 ▷ F13
快门速度 ▷ 1/320s
感 光 度 ▷ ISO100

第10章

光影运用技巧

用光线表现细腻、柔软、温婉的感觉

通常，在表现女性、儿童、布艺、纱艺等类型的题材时，要求整个画面的影调、层次与主题配合起来，这样的画面的影调较柔和，因此也称为柔调画面。

要使画面展现细腻、柔软、温婉的感觉，要求整体画面的明暗反差和对比较弱，光比较小，中间影调层次较多，因此应该使用散射光来进行拍摄。

如前所述，散射光一般可以分为两种类型：

一种是在自然光照的条件下自身形成的散射光，它是一种不由拍摄者的主观愿望所决定，但是可以进行充分利用的光线。比如在阴天或是云层很厚的天气下，或是在有雾的时刻及在日出以前、日落以后的自然光线。因此，在户外拍摄时，要选择正确的拍摄时间与天气，以获得柔和的散射光。

另外一种是由人工所控制、生成的散射光，如经大型的柔光箱过滤后的光线，通过反光伞或是其他柔光材料柔化后的光线。由于人造光的光效是可控的，因此，拍摄时只需要善于利用照明设备即可。

拍摄要点：

使用点测光模式对人物的面部皮肤进行测光，然后按下AE-L/AF-L按钮以锁定曝光，再进行构图、对焦、拍摄。

适当增加0.3~1挡的曝光补偿，使人物皮肤看起来更为白皙。

开启“动态D-Lighting”功能，以尽量恢复衣服的亮部细节。

使用反光板为人物的暗部进行补光，以降低人物的光比。

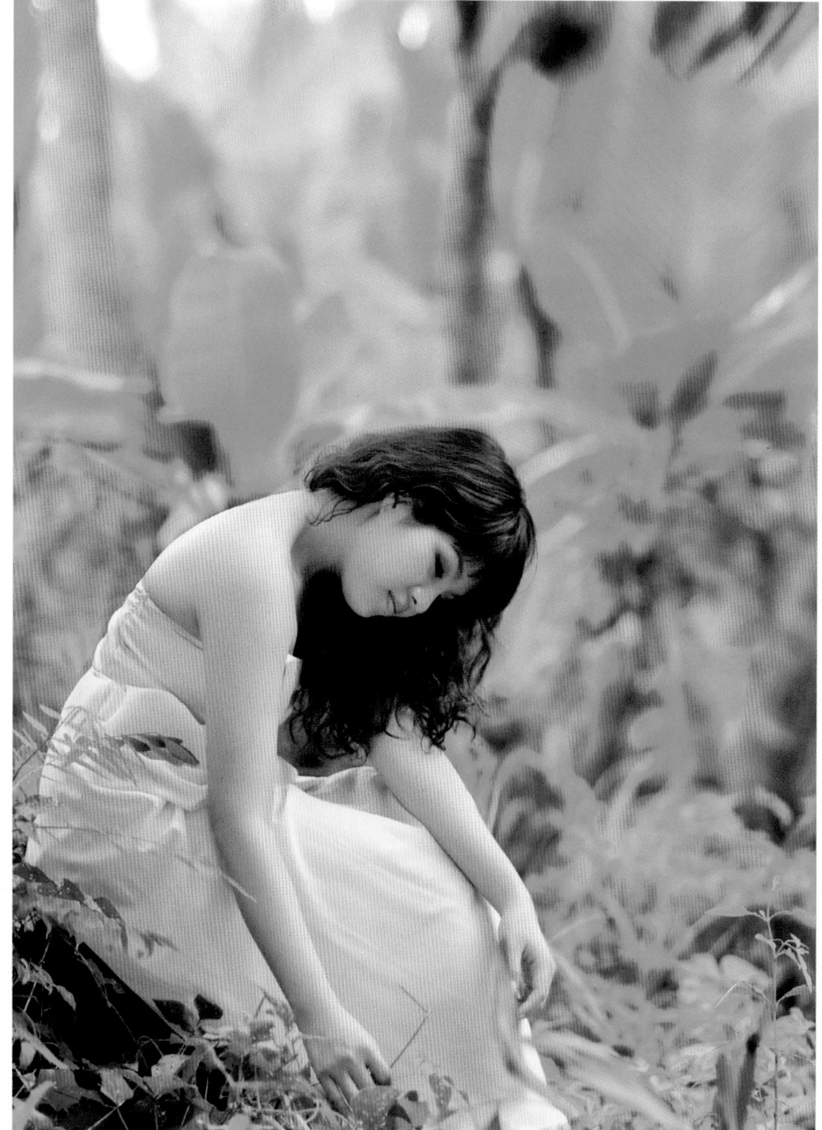

焦　距 ▷ 85mm
光　圈 ▷ F2
快门速度 ▷ 1/200s
感 光 度 ▷ ISO200

▶ 采用散射光拍摄的这幅人像作品，其人物主体展现出委婉、轻盈、含蓄的感觉

用光线表现出坚硬、明快、光洁的感觉

在常见的拍摄题材中，有不少题材要表现坚硬、明快、光洁的感觉，例如金属水龙头、手表、瓷器、汽车等。

由于最终拍摄出来的画面通常明暗反差大、对比强烈、影调层次不够丰富，主要保留两极影调而舍去中间影调，画面具有硬朗、豪放、粗犷等戏剧化的感情色彩，因此也称为硬调画面。

在拍摄时通常要使用强烈的直射光，可以是户外晴朗天气条件下的太阳光线，也可以是影棚内由聚射效果的照明灯所发出的光线，或是在一般的照明灯光前放上集光镜、束光筒之类形成的光线。

拍摄经验：在拍摄水面时，可使用偏振镜来过滤掉环境中的反光，使水面更为清澈见底。但要注意的是，使用偏振镜在过滤水面反光的同时，也会过滤掉一定的景物倒影，因此若要保留倒影，使用时应注意在过滤杂光与保留倒影之间进行一定的平衡。

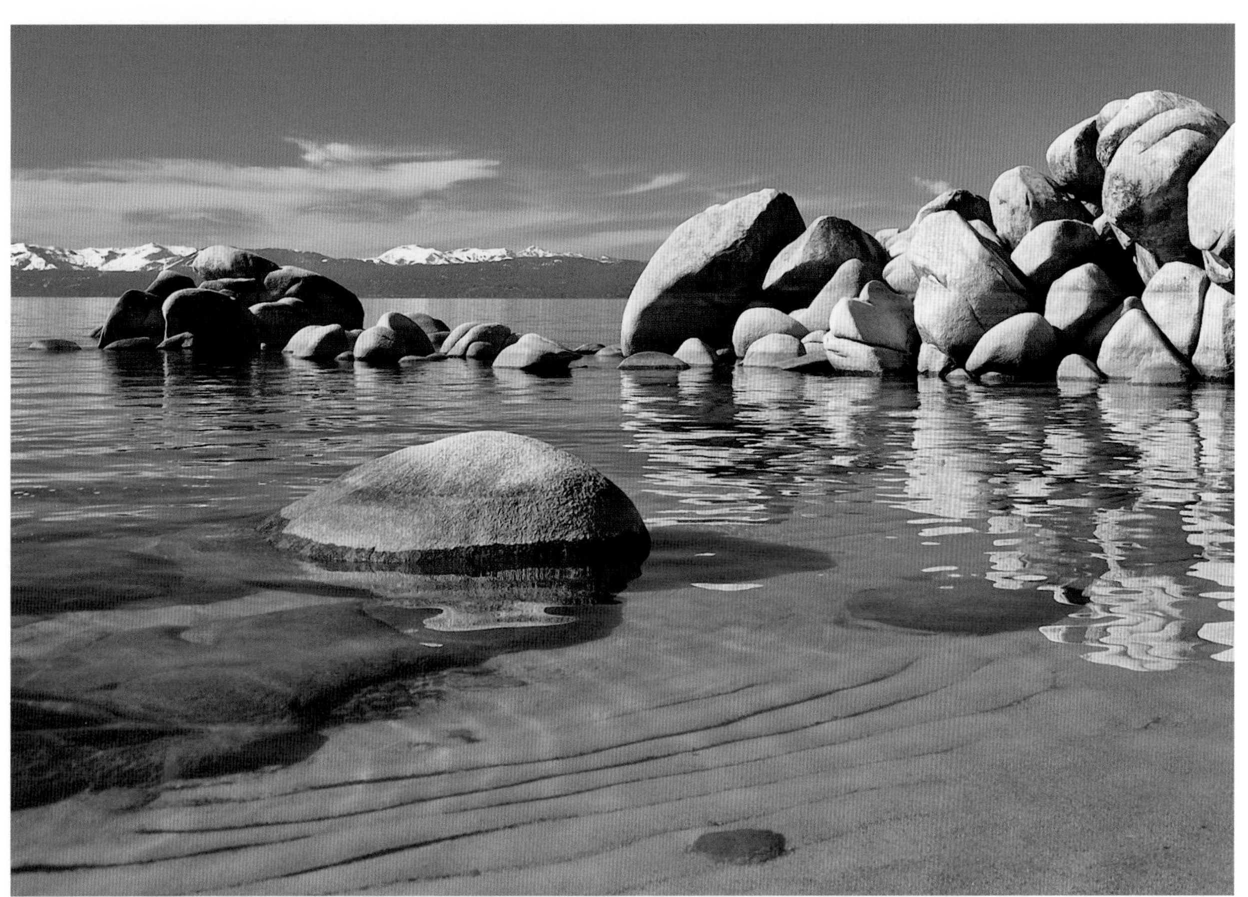

▲ 利用偏振镜消除了水面的反光，使水面看起来很清澈、透明，碧水蓝天的画面给人一种心旷神怡的感觉

焦　　距 ▷ 28mm
光　　圈 ▷ F8
快门速度 ▷ 1/200s
感 光 度 ▷ ISO200

用光线表现出气氛

在摄影时，可以利用光线的变化来制造特定的气氛，给人以亲临其境的感受。

无论是人造光还是自然光，都是营造画面气氛的第一选择。尤其是自然界的光线，有时晴空万里，拍摄出来的画面给人神清气爽的感觉；有时乌云密布，给人压抑、沉闷的感觉。这样的光线往往需要长时间的等待与快速抓拍的技巧，否则可能会一闪而逝。

与自然界的光线相比，人造光的可控性强了许多，少了许多可遇而不可求的无奈，只要能够灵活运用各类灯具，就可根据需要营造出如神秘、明朗、灯红酒绿或热烈的画面气氛。

拍摄要点：

使用矩阵测光模式进行测光，由于环境中的光照较强，因此可以适当增加0.7~1.3挡的曝光补偿，使画面更为明亮。

使用单个对焦点，对人物身体边缘的明暗交接处进行对焦，以保证对焦的成功率。

由于人物是在不断地向前走动，因此在对焦后，可使用连续伺服自动对焦模式，以保证能够随着人物位置的改变，对焦也随之进行变化。

▲ 画面以牵手漫步的情侣为主体，配合夕阳光线，薄薄的雾气与温暖的阳光渲染出甜蜜温馨的气氛

焦　　距▷165mm
光　　圈▷F11
快门速度▷1/500s
感 光 度▷ISO400

用光线表现出物体的立体感

光线也影响着物体立体感的表现。光线能够在物体表面产生受光面、阴影面，如果一个物体在画面上具备了这几个面，它就具备了“多面性”，我们方能直接感受到它的形体结构。

光线的种种照射形式中，侧光、斜侧光更适用于这种立体表现。因为它能使被摄物体有受光面、阴影面、投影，影调层次丰富且具有明确的立体感。

另外，被摄体的背景状况也影响着物体立体感的表现。如果被摄体同背景的影调、色彩一致，缺乏明显的对比，则不利于表现立体感。只有被摄体与背景形成对比，才能突出立体感。

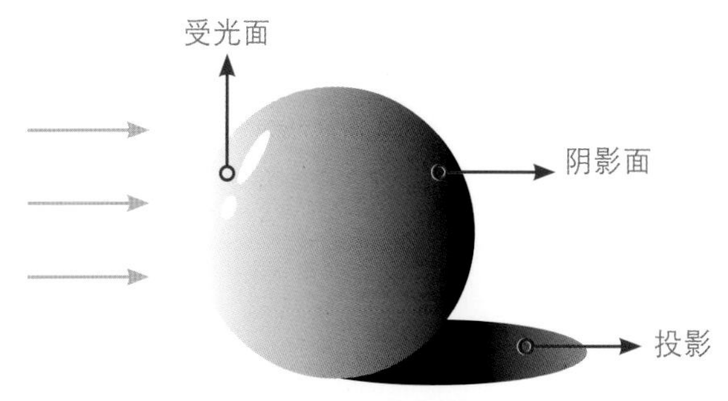

▲ 侧光最能凸显景物的立体感

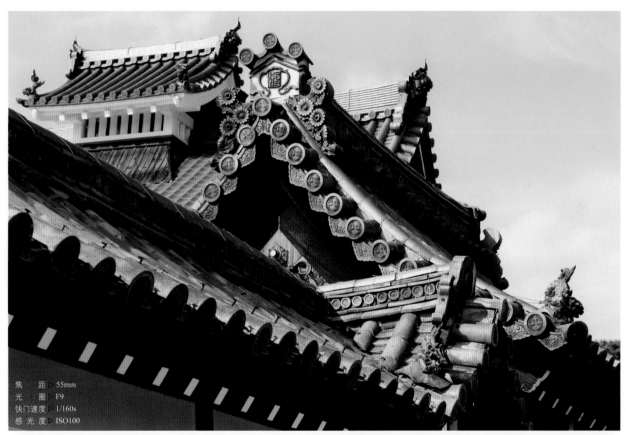

焦　　距 ▷ 55mm
光　　圈 ▷ F9
快门速度 ▷ 1/160s
感 光 度 ▷ ISO100

▲ 采用侧光拍摄建筑，建筑物影调丰富，立体感突出

拍摄经验：在强烈的日光下，尽量采用侧光或前侧光进行拍摄，这样可以很好地表现出景物的立体感。同时由于太阳所在的位置往往不会出现在画面中，因此远离太阳的天空，能够得到更好地呈现。另外，若能够使用偏振镜过滤画面中的杂光，可以更好地呈现环境中的色彩。

用光线表现出物体的质感

光线的照射方向不仅影响了画面的立体感，还对物体的质感有根本性的影响。被拍摄对象质感的强弱，很大程度上取决于光线对被摄体表面的照明质量和方向。

首选光线——前侧光

前侧光属于侧光的一种，它又分为左前侧光和右前侧光，其照射方向位于照相机的左侧或者右侧，与照相机的光轴成45°左右的角。采用前侧光拍摄，能够对被摄体形成明显的主体感，且影调丰富，色调明快。因此，前侧光是一种比较富于表现力，也比较常用的光位。

次选光线——侧光

侧光能很好地表现被摄体的质感。这是因为在侧光照明下，物体的光影鲜明、强烈，表面细小的起伏都会得到准确体现，这对表现物体的表面结构非常有利。

▲ 以较高的侧光光线进行拍摄，很好地表现出岩石的纹理及其整体的立体感。因为以仰视角度拍摄，使岩石显得更加高大、壮观

焦　距▷18mm
光　圈▷F8
快门速度▷1/40s
感 光 度▷ISO100

用局域光表现出光影斑驳的效果

所谓局域光，是指画面景物未受到均匀光照，一部分对象直接受到较强的光线照射，一部分对象则处于阴影之中，依靠漫射光照明。这种光线能够让景物产生明与暗的变化，形成强烈的光比反差，使主体更加突出，视觉效果更加强烈。

局域光的几种类型

（1）多云天气条件下，云彩遮挡了部分光线，使得地面景物出现斑驳投影，构成局域光，拍摄时最好选择合适的制高点，从高处往低处俯拍。

（2）光线从茂密丛林的枝叶缝隙透射而入，投下一块块不规则的光照区域。

（3）当早晚太阳位置较低时，光线斜照在高山下或深谷中也能形成局域光场景。

（4）在村巷、胡同中，当高大的墙体遮挡阳光时，会形成明显的局域光照效果。

（5）窗户透过来的光线会在室内形成小区域照亮效果。此时要注意的是，如果被摄主体在门窗前面，应该将镜头对准门窗方向，以室外的亮度为准进行曝光。

（6）在室内进行的各种比赛或表演中，如果场景的整体亮度较低，当射灯随着主角移动时，也会形成局域光照射效果。

▲ 受云彩遮挡而形成的局部光照射在山野中，配合小光圈捕捉到的光线，给人以神圣、唯美的感受

焦　距 ▷ 80mm
光　圈 ▷ F13
快门速度 ▷ 1/20s
感 光 度 ▷ ISO100

局域光拍摄手法

在室外摄影时，局域光的出现与太阳、云雾等天气变化因素密切相关，并随着天气的变化而变化，因此拍摄时要提前观察，等到区域光照射到合适的位置时迅速按下快门。

拍摄时还要注意以下几个拍摄技法：

（1）使用点测光的测光方式，并以受光区域的主体高光部分作为曝光依据，而不以阴影部位的光亮作为参照标准，以避免高光亮度区域曝光过度。

（2）适当进行曝光补偿。由于相机的自动测光系统只能满足基本拍摄，而局域光照射的场景光线较大，明暗对比突出，因此通常需要进行曝光补偿以弥补相机自动曝光的不足。

（3）关注色彩变化。利用局域光拍摄时，阴暗部分或者单色区域的色彩往往会出现戏剧化的视觉变化，如利用中午的顶光拍摄山谷时，山体会变成灰蓝色。因此，拍摄时要对实际情况和自己的需要，灵活地选择白平衡模式，而不宜简单选择“自动白平衡”。

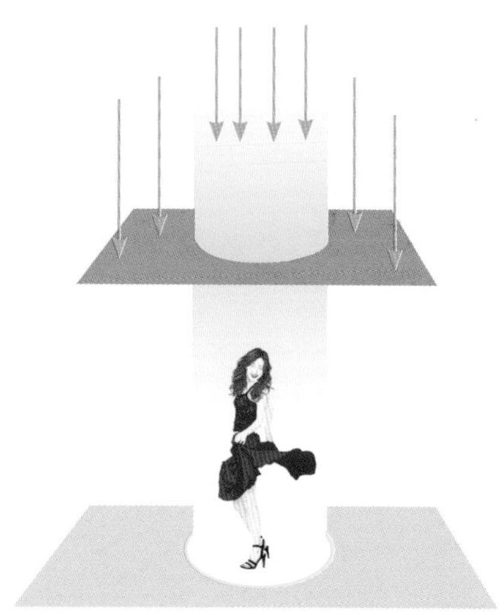

▲局域光示意图

▲在乌云密布的天气中，摄影师抓住了透过云层照射在山脉上的一缕光线，画面影调丰富、夺人眼球

焦　　距▷135mm
光　　圈▷F10
快门速度▷1/30s
感 光 度▷ISO100

第11章

「成为摄影高手必修美学之色彩」

光线与色彩

光线与色彩的关系密不可分，仅从光线自身的颜色来看，人造光的颜色就可以很丰富，这一点从灯光绚丽多变的舞台灯光即可看出。

而自然光一天之中随着时间的推移，颜色也会发生变化。在日出与黄昏时刻，太阳的光线呈现红、橙的颜色效果，此时拍摄出来的画面有温暖的气氛；接近中午时分，太阳光线是无色的，此时拍摄能够较好地还原景物自身的颜色。

此外，光线的强弱也对景物的颜色有所影响。在强烈的直射光的照射下，景物反光较强，使其色彩看上去更淡；反之，如果光线较弱，则景物的色彩看上去更深沉。

▲ 黄昏时分靠近太阳的区域呈现橙色，给人一种温暖静谧的感觉，而远离太阳的近景区域则呈现冷色调，给人一种冷清的感觉

焦　　距 ▷ 18mm
光　　圈 ▷ F18
快门速度 ▷ 1/320s
感 光 度 ▷ ISO400

曝光量与色彩

除了光线本身会影响景物的色彩，曝光量也能影响照片中的色彩，即使在相同的光照情况下。

例如，如果拍摄现场的光照强烈，画面色彩缤纷复杂，可以尝试采用过度曝光和曝光不足的方式，使画面的色彩发生变化，比如通过过度曝光可以使得到的画面的色彩会变得相对淡雅一些；如果采用曝光不足的手法，则能够使画面的色彩变得相对凝重深沉。

这种拍摄手法就像绘画时在颜色中添加了白色和黑色，从而改变了原色彩的饱和度、亮度，可起到调和画面色彩的作用。

焦　　距 ▷ 100mm
光　　圈 ▷ F2.8
快门速度 ▷ 1/125s
感 光 度 ▷ ISO100

焦　　距 ▷ 100mm
光　　圈 ▷ F2.8
快门速度 ▷ 1/160s
感 光 度 ▷ ISO100

▲ 左图由于曝光较多亮部颜色明亮，右图属曝光减少，颜色饱和度较高

确立画面色彩的基调

画面的基调是指画面应该有一个统一的基本颜色，别的颜色占据的面积都应该小于这个基础颜色。例如，以海为背景的照片基调是蓝色，以沙漠主题的照片基调是金黄色，以森林为主题的照片基调是绿色，如果拍摄的是太阳则画面的基础是黄色或红色。

认识到基调存在的意义在于，摄影师应该根据需要采用构图、用光手段，为自己的照片塑造基调。例如，在拍摄冬日的白雪画面自然是银灰或白色，但如果采取仰视的手法拍摄树上的白雪，则可以形成蓝色的基调。

需要注意的是，有时照片基调的色彩虽然在画面中的面积较大，但只是背景和环境的色彩，而主体景物的色彩有可能在画面中面积较少，却是照片的视觉重心，是照片中的兴趣点。

▲ 利用蓝色基调不仅使霜花看起来更加洁白，也突出了冬季的寒冷。在拍摄时可利用荧光灯白平衡使蓝调效果更突出

焦　　距 ▷ 220mm
光　　圈 ▷ F9
快门速度 ▷ 1/80s
感 光 度 ▷ ISO200

运用对比色

色彩在明度、饱和度甚至是色相上都会引起人的视觉发生不同的变化，它们之间有着互相联系、互相衬托、互相对比的关系。例如，大面积颜色和小面积颜色的对比、色彩明度的对比等。

通常，通过色彩的亮度和饱和度来达到画面主题突出的效果，它们都是色彩的表现形式，因为画面的颜色之间会影响色彩的注目性。色彩的亮度对比越强，饱和度越强，则夺目性越强。

▲ 金黄色的夕阳与深蓝色的天空形成强烈的明暗对比，使画面的视觉冲击力更加强烈

焦　　距 ▷ 24mm
光　　圈 ▷ F5.6
快门速度 ▷ 1/500s
感 光 度 ▷ ISO100

运用相邻色使画面协调有序

在色环上临近的色彩相互配合，如红、橙、橙黄，蓝、青、蓝绿，红、品、红紫，绿、黄绿、黄等色彩的相互配合，由于它们反射的色光波长比较接近，不至于明显引起视觉上的跳动。所以，它们相互配置在一起时，不仅没有强烈的视觉对比效果，而且会显得和谐、协调，使人感到平缓与舒展。

可以看出，相邻色构成的画面较为协调、统一，而很难给观赏者带来较为强烈的视觉冲击力，这时可依靠景物独特的形态或精彩的光线为画面增添视觉冲击力。但是在大部分情况下，运用相邻色构成的画面进行拍摄，同样可以获得较为理想的画面效果。

焦　　距　65mm
光　　圈　F10
快门速度　1/125s
感 光 度　ISO320

▶ 以黄色树叶为背景拍摄红色的枫叶，相邻色的相互配合使得画面看起来舒适、和谐，色彩艳丽

画面色彩对画面感情性的影响

自然界中不同的色彩能给人们不同的感受与联想。例如，当看到早晨的太阳，有温暖、兴奋、希望与活跃的感觉，因此以红色为主色调的画面也就很容易使人们产生振奋的情感。但由于血液也是红色，因此红色又能够给人恐怖的感觉。同理绿色能使人产生一种清新、淡雅的情感，但由于苔藓等也是绿色，因此绿色有时也会给人不洁净的感觉。

人们把这种对色彩的感觉所引起的情感上的联想，称为“色彩的感情”。色彩的感情是从生活中的经验积累而来的，由于国家、民族、风俗习惯、文化程度和个人艺术修养的不同，对色彩的喜爱可能有所差异。

如中国皇家专用色彩为黄色；罗马天主教主教穿红衣，教皇用白色；伊斯兰教偏爱绿色；喇嘛教推崇正黄；白色在中国传统中为丧服，大红才是婚礼服色彩，而欧洲白色为主要婚礼服色；中国人不太喜欢黑色，而日耳曼民族却深爱黑色。

了解画面色彩是如何影响观众情感有助于摄影师根据画面的主题，通过使用一定的摄影技巧，使画面的色彩与主题更好地契合起来。例如，可以通过使用不同的白平衡使画面偏冷或偏暖；或者通过选择不同的环境，利用环境色来影响整体画面的色彩。如果拍摄的是人像题材，还可以利用带有颜色的反光板来改变画面的色彩。

▲ 远处的雪山衬托出近景处碧绿的树木和青青的草，使画面沉浸在一片生机盎然的绿色之中，给人一种清新自然之感

焦　　距 ▷ 28mm
光　　圈 ▷ F10
快门速度 ▷ 1/160s
感 光 度 ▷ ISO200

画面色彩对画面轻重进退的影响

生活经验告诉我们，重量轻的物体看起来多是浅色的，如白云、烟雾、大气；而沉重的物体多半是深色的，如钢铁、岩石等。因此我们很容易以这种生活经验来看待画面中色彩的轻重感，画面中颜色较淡、较浅的对象往往被认为更轻、更远，而画面中颜色较深或沉的对象则被认为更重、更近。

与此类似的是颜色的进退感，同等距离暖色看上去比冷色显得近，实际上这也是人类的生活经验得来的，因为室外远处的景物，看上去总是带有蓝青的调子，所以，当我们看到蓝色、青色等冷色时，会产生距我们较远的错觉。而红色、橙色、黄色则显得较近，因此也被称为“前进色”。

了解了色彩与画面的轻、重、进、退之间的关系后，在摄影时就能够更加有技巧地运用色彩来表现画面的主题。例如，可以在大面积的轻色中用小块重色求得视觉均衡，让小块重色所代表的形象有近在眼前的感觉。又如，可以将冷色调安排为画面的背景色，使画面更有空间感。

▲ 如果单是大面积云朵的浅色，画面就会显得飘飘然。阴影中的山峰使画面显得更沉稳，在视觉上更符合人的审美习惯

焦　　距 ▷ 18mm
光　　圈 ▷ F7.1
快门速度 ▷ 1/100s
感 光 度 ▷ ISO200

第12章

风光摄影

风光摄影的器材运用技巧

稳定为先

在进行风光摄影时，为了得到较大的景深范围和细腻的画质，通常使用低感光度和小光圈，这样一来，曝光的时间就要相应延长，在这种情况下，如果继续手持拍摄，势必会影响成像的质量。所以，准备一个合适的脚架是很有必要的。

但对于初上手学习摄影的摄友而言，不建议携带脚架，因为在这个阶段进行拍摄的最大任务是多找角度、多拍，从大量拍摄中找到感觉，拍摄的目的是用数量换质量，而使用脚架会降低移动的灵活性，从而降低拍摄数量。但对于摄影高手而言，由于对照片构图、用光、画质等方面要求更高，并不会追求拍摄的数量，因此通常要带脚架提高拍摄质量。

▲ 为了保证画面的质量，在拍摄大场面的风光作品时，三脚架是必不可少的

焦　　距 ▶ 20mm
光　　圈 ▶ F10
快门速度 ▶ 1/60s
感 光 度 ▶ ISO200

知识链接：脚架类型及构成

脚架是最常用的摄影配件之一，使用它可以让相机变得稳定，以保证长时间曝光也能够拍摄出清晰的照片。根据脚架的造型可将其分为独脚架与三脚架两种。

三脚架稳定性能极佳，在配合快门线、遥控器的情况下，可实现完全脱机拍摄。

独脚架的稳定性能要弱于三脚架，且需要摄影师来控制独脚架的稳定性，但由于其体积和重量都只有三脚架的1/3，因此携带方便、操作简便。

使用独脚架辅助拍摄时，一般可以在安全快门的基础上放慢三挡左右的快门速度。比如安全快门速度为1/150s时，使用独脚架可以在1/20s左右的快门速度下进行拍摄。

Velbon RUP-V40

▲ 只有一根脚管的独脚架没有三足鼎立的三脚架那么稳定。因此独脚架不适用长时间曝光，但适合于拍摄体育运动、音乐会、野生动物、山景等各种需要抓拍的题材

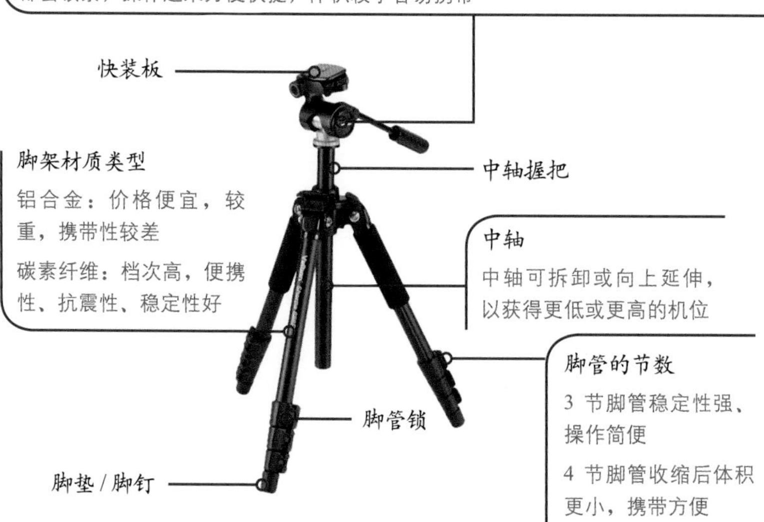
云台
三维云台：能够承受较大的重量，在水平、仰俯和竖拍时都非常稳定，每个拍摄定位都能牢固锁定
球形云台：松开云台的旋钮后，可以任意方向自由活动，而锁紧旋钮后，所有方向都会锁紧，操作起来方便快捷，体积较小容易携带
快装板
中轴握把
脚架材质类型
铝合金：价格便宜，较重，携带性较差
碳素纤维：档次高，便携性、抗震性、稳定性好
中轴
中轴可拆卸或向上延伸，以获得更低或更高的机位
脚管的节数
3 节脚管稳定性强、操作简便
4 节脚管收缩后体积更小，携带方便
脚管锁
脚垫 / 脚钉

偏振镜在风光摄影中的使用

偏振镜也叫偏光镜或PL镜，主要用于消除或减少物体表面的反光。在风景摄影中，如果希望减弱水面的反光，获得浓郁的色彩，或者希望拍摄出湛蓝的天空，都可以使用偏振镜。

另外，许多日常看到的景物表面都有反射光现象，如玻璃、树叶、水溪中的石头等，使用偏振镜拍摄这些景物，可以消除反射光中的偏振光，以降低其对景物色彩的影响，提高景物的色彩饱和度，使画面中的景物看上去更鲜艳。

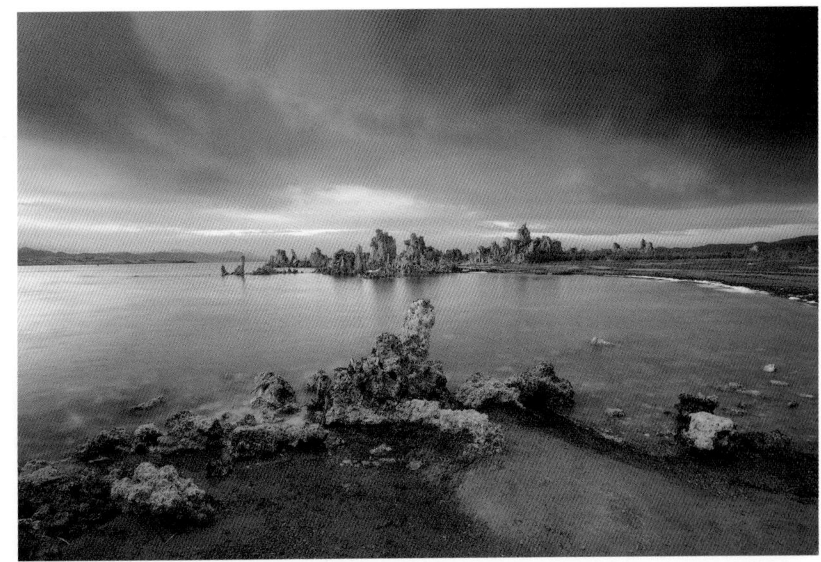

▲ 偏振镜的使用让天空和地面的颜色更加浓郁，画面的饱和度得到了很大的提高

焦　距 ▷ 18mm
光　圈 ▷ F16
快门速度 ▷ 1/8s
感 光 度 ▷ ISO100

知识链接：偏振镜及其使用方法

偏振镜分为线偏和圆偏两种，数码单反相机应选择有“CPL”标志的圆偏振镜，因为在数码单反相机上使用线偏振镜容易影响测光和对焦。

▲ 肯高 67mm C-PL（W）偏振镜

怎样使用偏振镜？

偏振镜效果最佳的角度是镜头光轴与太阳呈90° 时，在拍摄时可以如图中所示，将食指指向太阳，大拇指与食指呈90° ，而与大拇指呈180° 的方向则是偏光带，在这个方向拍摄可以使偏振镜效果发挥到极致。

如果相机与光线的夹角在0° 左右，偏振镜就基本没有效果。换言之，在侧光拍摄时使用偏振镜效果最佳，而顺光和逆光时则几乎没有效果。

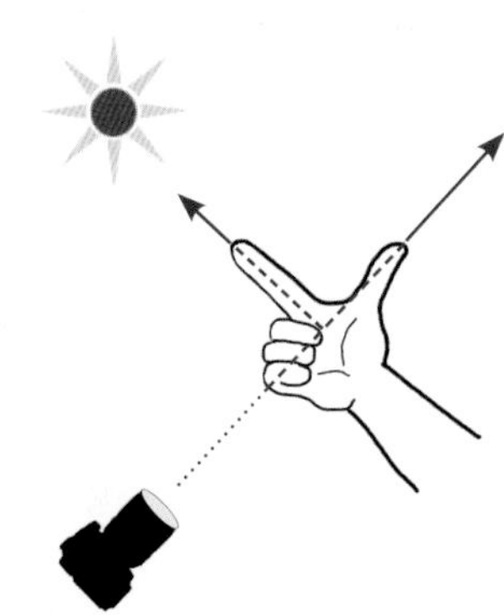

如何调整偏振镜的强度？

在使用偏振镜时，可以旋转其调节环以选择不同的强度，旋转时在取景器中可以看到照片色彩上的变化。同时需要注意的是，使用偏振镜后会阻碍光线的进入，大约相当于2挡光圈的进光量，因此偏振镜也能够在一定程度上，作为阻光镜使用，以降低快门速度。

用中灰渐变镜降低明暗反差

逆光拍摄天空时，地面与天空的亮度反差会很大，此时如果以地面的风景测光进行拍摄，天空会曝光过度甚至会变成白色，而如果针对天空进行测光，地面又会由于曝光不足，而表现为阴暗面。

为了避免这种情况，拍摄时应该使用中灰渐变滤镜，并将渐变镜上较暗的一侧安排在画面中天空的部分，以减少天空、地面的亮度差异，拍摄出天空与地面均曝光正确的风景摄影作品。

中灰渐变镜是风光摄影的必备器材之一，建议希望拍摄出漂亮风景摄影作品的读者购买。

知识链接：渐变镜及其类型

渐变镜在色彩上有很多选择，如蓝色、茶色、日落色等。而在所有的渐变镜中，最常用的应该是渐变灰镜了，它可以在深色端减少进入相机的光线。通过调整渐变镜的角度，将深色端覆盖天空，可以在保证浅色端图像曝光正常的情况下，使天空中的云彩具有很好的层次。

在形状方面，渐变镜分为圆形和方形两种。其中，圆形渐变镜是安装在镜头上的，使用起来比较方便，但由于渐变位置不便调节，因此使用起来并不方便。使用方形渐变镜时，需要买一个支架装在镜头前面才可以把滤镜装上，其优点是可以根据构图的需要调整渐变的位置。

▲ 方形渐变镜

▲ 圆形渐变镜

▲ 未使用中灰渐变镜拍摄，由于天空与地面反差较大，出现了天空曝光过度、地面曝光正常的情况

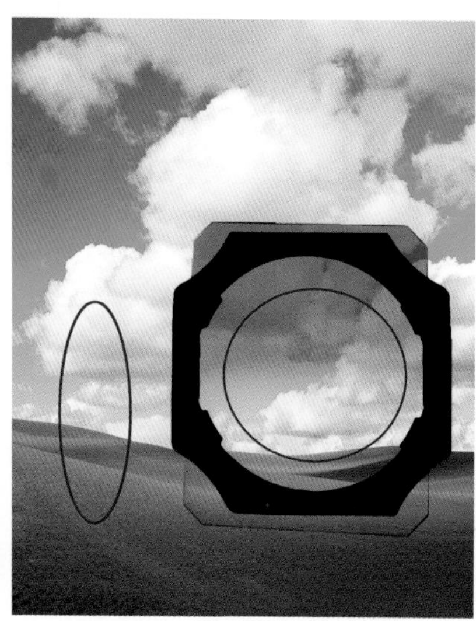

▲ 中灰渐变镜在场景中使用时的示意图

▲ 使用方形中灰渐变镜拍摄，可以灵活地倾斜或上下移动渐变镜，使画面的明暗过渡更加自然，天空与地面的曝光都较正常，也都有很多细节

用摇黑卡的技巧拍摄大光比场景

在拍摄风光题材时，经常会遇到光比较大的场景，如日出、日落，此时天空与地面的景物明暗反差很大，两者之间的亮度等级相差往往超过 4 级或 5 级。在这种大光比场景中拍摄时，如果针对较亮的区域如天空进行测光并曝光，则较暗的地面景物会由于曝光不足而成为黑色剪影；反之，如果根据较暗的地面景物进行测光并曝光，则较亮的天空会由于曝光过度成为无细节的白色。

要拍摄这样场景，除了可以使用中灰渐变镜平衡光比外，还可以采用摇黑卡的方法进行拍摄，具体方法如下所述。

❶ 使用三脚架固定相机，调整画面构图，确保画面中水平线水平。

❷ 将曝光模式设置为B门（以灵活控制曝光时间），为了获得更大的景深，建议光圈设置为F14~F22。

❸ 使用点测光模式针对天空进行测光，以得到使天空区域正确曝光所需的曝光时间（在此假设为2s）。再针对地面进行测光，以得到使较暗的地面景物正确曝光所需的曝光时间（在此假设为6s)。

❹ 使用自动对焦点将对焦点位置设置在画面中较远的景物上，然后切换为手动对焦，以确保对焦点不会再因其他因素而改变。

❺ 将黑卡紧贴镜头，遮挡住较亮的天空，并通过取景器查看黑卡是否正确遮挡住了天空区域。

❻ 使用快门线锁定快门开始拍摄。

❼ 上下小幅度轻微晃动黑卡，并在心中默数4s（地面正常曝光的时间6s减去天空正常曝光的时间2s），然后迅速拿开黑卡，让整个画面再继续曝光2s。

❽ 释放快门按钮结束曝光。

▲ 使用摇黑卡拍摄的画面，天空与地面曝光都比较合适，虽然天空较亮，但仍然能够从画面中看到细腻的层次，地面的礁石颜色虽然较暗，但也同样表现出了丰富的细节

焦　距 ▶ 24mm
光　圈 ▶ F18
快门速度 ▶ 6s
感 光 度 ▶ ISO100

知识链接：怎样制作并使用黑卡

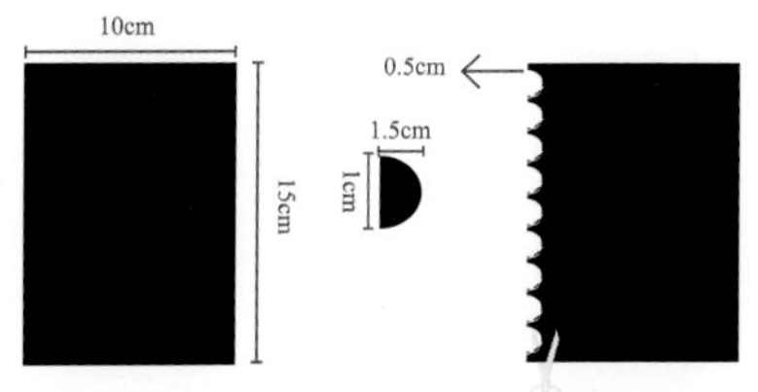

第 1 步：准备一张材质较硬且不反光的黑色长方形卡纸。大小可以遮挡住镜头即可。

第 2 步：测量出卡纸的长边尺寸，每隔 0.5cm 剪 1 个 1.5cm × 1cm 的半椭圆形，平均分成多个。

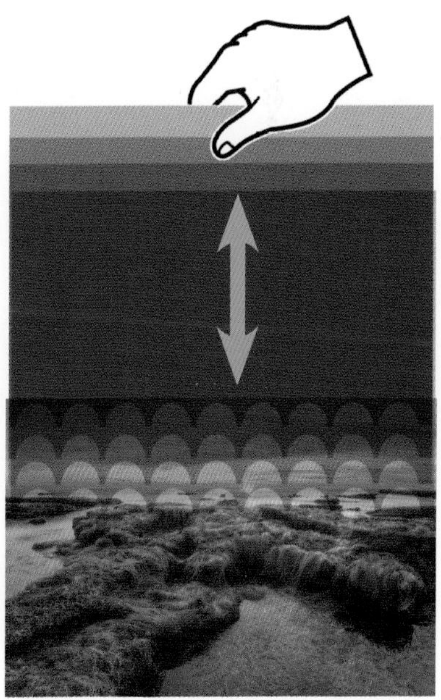

第 3 步：拍摄时将黑卡遮挡住较亮的天空，不断上下（小范围）轻微晃动黑卡

拍摄经验：在拍摄时不断上下晃动黑卡的原因是为了使被遮挡区域与未被遮挡的区域之间出现柔和的过渡。如果在拍摄时未持续晃动黑卡，则有可能导致天空与地面的景物之间出现一条明显的分界线，画面显得生硬、不自然。

不同焦距镜头在风光摄影中的空间感比较

不同焦距的镜头有不同的视角、拍摄范围、影像放大率和空间深度感，一个成熟的风光摄影师要熟知各种不同焦距镜头的成像特点，才能在面对不同的拍摄场景时也能驾轻就熟，拍摄出具有有艺术水准的作品。

广角镜头

广角镜头由于视角宽，可以容纳更多的环境，故而给人以强烈的透视感。拍摄风光片时，广角镜头是最佳选择之一。利用广角镜头强烈的透视感可以突出画面的纵深感，因此广角常用来表现花海、山脉、海面、湖面等需要宽广的视角展示整体气势的摄影主题。

在拍摄时，可在画面中引入线条、色块等元素，以充分发挥广角镜头的线条拉伸作用，增强画面的透视感，同时利用前景、远景的对比来突出画面的空间感。

AF-S DX 尼克尔 10-24mm F3.5-4.5 G ED

AF-S 尼克尔 14-24mm F2.8 G ED

AF 尼克尔 18-35mm F3.5-4.5D IF-ED

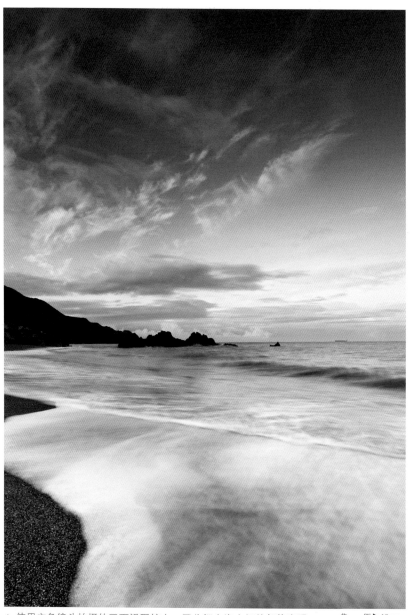

▲ 使用广角镜头拍摄的画面视野较大，因此把大海广阔的气势表现得很好

焦　距 ▷ 18mm
光　圈 ▷ F13
快门速度 ▷ 1.3s
感 光 度 ▷ ISO100

中焦镜头

一般来说，35~135mm焦段都可以称为中焦，其中50mm、85mm镜头都是常用的中焦镜头。中焦镜头的特点是镜头的畸变相对较小，能够较真实地还原拍摄对象。

中焦镜头又被称为“人像镜头”，多用于人像拍摄，但这并不代表中焦镜头不能拍摄风光。

使用中焦镜头拍摄风景最大的优点就是画面真实、自然，能够给观赏者最舒适的视觉感受。

拍摄要点：

用镜头的中焦端进行取景，并设置较大的光圈，以虚化背景、突出叶子主体。

使用点测光模式对叶子进行测光，并适当增加1挡左右的曝光补偿，使叶子的色彩看起来更加通透。

设置“阴天”或“背阴”白平衡，以强化照片中的红、绿色。

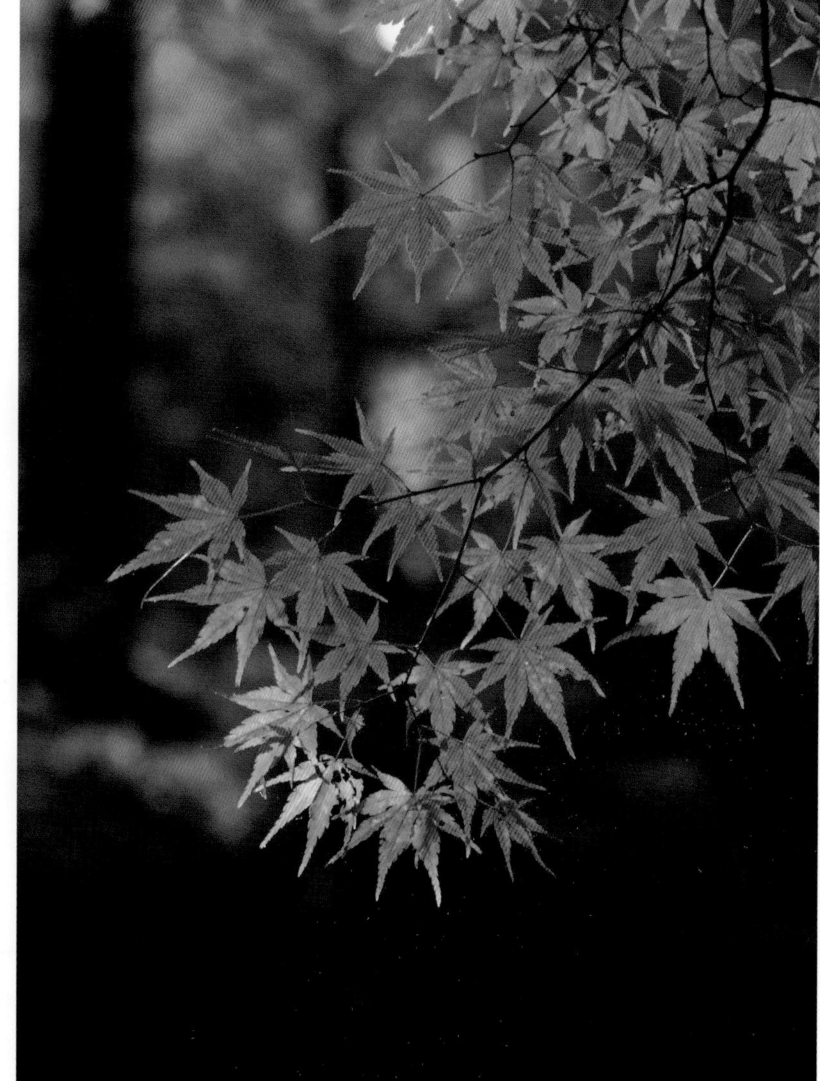

焦　距 ▷ 70mm
光　圈 ▷ F5.6
快门速度 ▷ 1/160s
感 光 度 ▷ ISO200

▶ 标准镜头的下的枫叶没有变形，因此看起来非常真实、自然

中焦镜头推荐		
AF-S 尼克尔 50mm F1.8 G	AF-S 尼克尔 24-70mm F2.8 G ED	AF-S 尼克尔 24-120mm F4 G ED VR

长焦镜头

长焦镜头也叫“远摄镜头”，具有“望远”的功能，能拍摄距离较远、体积较小的景物。在风景摄影中，经常使用长焦镜头将远距离的山脉、花朵拉近拍摄，或者利用长焦镜头压缩画面，突出某个主体，如山石、树木、花朵等。

长焦镜头的特点大致有以下几点。

（1）景物的空间范围小。由于镜头焦距长，视角小，拍摄的画面所反映的景物空间范围比较小，因此长焦镜头适合于拍摄近景及特写景别的画面。

（2）画面的景深浅。当光圈大小与拍摄距离不变时，景深与焦距成反比，因此使用长焦镜头拍摄时，画面的景深较浅。这就要求摄影师在对焦时要确保准确。

（3）由于远处景物的画面尺寸被放大，使前后景物的纵深比例变小，画面空间感明显变弱。这与广角镜头能加大空间距离，夸张表现近大远小的透视的效果完全不同。因此，长焦镜头更适合于表现紧凑或拥挤的画面效果。

拍摄要点：

利用高速快门拍摄，以避免镜头晃动时影像模糊（拍摄时可以利用高光度来提高快门速度）。

使用偏振镜进行拍摄。使用长焦镜头拍摄远处景物，以避免景物受到紫外线及杂光干扰，提高影像清晰度。

在可能的情况下使用三脚架，以确保相机的稳定性。

▲ 以长焦镜头拍摄远处的树木，虽然无法体现其空间纵深感，但胜在能够真实地表现景物本质，配合侧逆光与暖色调的表现，给人以温暖、恬静的视觉感受

长焦镜头推荐		
AF-S 尼克尔 200mm F2 G ED VR II	AF-S 尼克尔 VR 70-300mm F4.5-5.6 G IF-ED	AF-S 尼克尔 70-200mm F2.8 G ED VR II

风光摄影中逆光运用技巧

在风光摄影中，清晨和黄昏都是最佳摄影时间，但在这两个时间段进行拍摄时，一般以逆光为主，因此掌握好逆光运用技巧就变得很重要。

按逆光角度变化和拍摄角度的不同，一般可分为三种形式：

（1）正逆光：光源置于被摄体的正后方，有时光源、被摄体和镜头几乎在一条直线上。

（2）侧逆光：光源置于被摄体的侧后方，同拍摄轴线构成一定角度，拍摄时光源一般不出现在画面中。

（3）高逆光：有时也称“顶逆光”，光源在被摄体后上方或侧后上方，一般在被摄体边缘成比较宽的轮廓光条。

逆光摄影具有极强的艺术表现力，深受摄影者喜爱。在风光摄影中要拍出好的逆光作品，对光线的把握至关重要。掌握最佳拍摄时机，合理运用逆光，扬长避短，才能使逆光在风光摄影中得到更好的利用。

妥善处理亮暗光比，明确表现重点

逆光拍摄和顺光拍摄完全相反。拍摄的画面具有大面积的阴影，因此影调偏暗，拍摄对象能够在画面中呈现出明显的明暗关系，在配合着其他光线时，被摄体背后的光线和其他光线会产生一个强烈的光比。如要明确表现拍摄的重点，保证被摄体主要部分的正确的质感和影纹层次的表达，那么就要通过控制曝光量来舍去次要部分的质感和影纹层次。

▲ 画面中，虽然太阳被云彩挡住了，但通过恰当的曝光，以太阳为中心，以太阳光辐射到的云彩为辅助，二者相互呼应，使其在云彩的衬托下，反而更加显眼

焦　　距▷ 27mm
光　　圈▷ F11
快门速度▷ 1/400s
感 光 度▷ ISO400

选择理想的时间

对于风光摄影中的画面造型来讲，逆光最佳的时间选择应该是太阳初升与太阳欲落时，此时光线入射角较小，逆光效果较好。这段时间的光线能保证被摄体边缘有较为细腻、柔和、醒目和单一的轮廓光。

关注画面的几何造型

运用逆光拍摄的目的是提炼线条、塑造形态，在画面中描绘出景物的外在形状和轮廓，因此，评断此类照片的标准之一就是画面中的景物是否呈现出漂亮的几何线条造型。

在拍摄时，要注意通过调整机位、改变构图方式，使画面中景物的主要轮廓线条清晰、完整、明显。要注意避免由于景物间相互重叠而导致轮廓线条走形、变样的情况。

使用较暗的背景逆光拍摄时要表现的重点景物是否突出、逆光效果是否完美、线条与轮廓是否有表现力，与背景有很大关系。暗色调的背景有利于衬托被摄对象边缘的明亮部分，使其轮廓线条犹如画家用笔勾勒、雕刻家用刀雕刻般鲜明而醒目。因此，拍摄时要尽量选择单一的、颜色较暗的背景，通过构图将一切没有必要的、杂乱的线条，压暗隐没在背景中。

拍摄要点：

使用点测光模式对画面中的中灰调云雾进行测光，然后按下AE-L/AF-L按钮以锁定曝光，再进行构图、对焦、拍摄。

使用单个对焦点对前景中树木剪影的明暗交接处进行对焦，以提高对焦成功率。

设置“背阴”白平衡，以强化阳光的暖调色彩。

▲ 摄影师使用逆光光线拍摄的这幅作品，山和树的轮廓得到凸显，林中的雾气也让画面具有朦胧的美感

焦　　距 ▷ 18mm
光　　圈 ▷ F14
快门速度 ▷ 1/100s
感 光 度 ▷ ISO100

防止镜头眩光

光线进入镜头在镜片之间扩散与反射之后，在照片中形成的可以看见的光斑，就是眩光。此外，如果拍摄后发现照片虽然比较明亮，但有雾蒙蒙的感觉，基本上也是因为镜头眩光引起的。

镜头眩光会直接影响照片品质，因此在拍摄时要采取以下措施避免在照片中出现眩光。

（1）改变构图避免光线直射入镜头。由于镜头眩光出现在以逆光或侧逆光光位拍摄时，因此，可以通过改变拍摄角度、机位来控制。

（2）为镜头加装合适的遮光罩。

（3）避免使用镜头的广角端进行拍摄，因为广角端更容易产生镜头眩光。

（4）调整光圈，因为不同光圈的抗眩光效果也不同，因此可以尝试使用不同的光圈进行拍摄。

▲ 在海面上拍摄逆光作品，为了不让画面中出现眩光，特在镜头上加了遮光罩

焦　　距 ▷ 40mm
光　　圈 ▷ F22
快门速度 ▷ 1/60s
感 光 度 ▷ ISO100

知识链接：利用遮光罩防止镜头眩光

遮光罩由金属或塑料制成，安装在镜头前方。遮光罩可以遮挡住不必要的光线，避免产生镜头眩光。

在选购遮光罩时，要注意与镜头的匹配。广角镜头的遮光罩较短，而长焦镜头的遮光罩较长。如果把适用于长焦镜头的遮光罩安装在广角镜头上，画面四周的光线会被挡住，从而出现明显的暗角；把适用于广角镜头的遮光罩安装在长焦镜头上，则起不到遮光的作用。另外，遮光罩的接口大小应与镜头安装的滤镜大小相符合。

▲ 莲花形遮光罩

▲ 圆形遮光罩

拍摄水域

表现画面的纵深感

拍摄水面时，如果在画面的前景、背景处不安排任何参照物，则画面的空间感很弱，更谈不上纵深感。

因此在取景时，应该注意在画面的近景处安排水边的树木、花卉、岩石、桥梁或小舟，在画面的中景或远景处安排礁石、游船、太阳，以与前景相呼应，这样不仅能够避免画面单调，还能够通过近大远小的透视对比效果，表现出水面的纵深感。

为了获得清晰的近景与远景 ，应该使用较小的光圈进行拍摄。

拍摄要点：

使用镜头的广角端进行取景，以表现场景的大气与壮阔。

由于画面的纵深较大，因此应使用较小的光圈，以获得足够的景深。

设置“荧光灯”白平衡，获得冷、暖色彩对比强烈的画面效果。

▲通过恰当的角度及构图，使画面中长长的木桥延伸至远方，形成极强的画面纵深感

焦　距▷18mm
光　圈▷F22
快门速度▷1/20s
感光度▷ISO100

表现水面的宽阔感

水平线构图较易使观者视线在左右方向产生视觉延伸感，这种构图形式可以说是表现宽阔水域，如海面、江面的最佳选择，不仅可以将被摄对象宽阔的气势呈现出来，还可以给整个画面带来舒展、稳定的视觉感。拍摄时最好配合广角镜头，以最大限度体现水面宽广的感觉。

▲ 水平线构图加上广角镜头的使用，让水面看上去更加宽广

焦　　距 ▷ 16mm
光　　圈 ▷ F22
快门速度 ▷ 2s
感 光 度 ▷ ISO100

表现夕阳时分波光粼粼闪烁的金色水面

无论拍摄的是湖面还是海面，在逆光、微风的情况下，都能够拍摄到粼粼波光的水面。如果拍摄时间接近中午，光线较强，色温较高，则波光的颜色偏向白色。如果拍摄时是清晨、黄昏，光线较弱，色温较低，则波光的颜色偏向金黄色。

为了拍摄出这样的美景要注意两点。

一是要使用小光圈，从而使波光在画面中呈现为小小的星芒。

二是如果波光的面积较小，要做负向曝光补偿，因为此时场景的大面积为暗色调；如果波光的面积较大，是画面的主体，要做正向曝光补偿，以弥补反光过高对曝光数值的影响。

焦　　距 ▷ 214mm
光　　圈 ▷ F8
快门速度 ▷ 1/500s
感 光 度 ▷ ISO100

▶ 暗流涌动的海面，自然形成了漂亮的波光，在夕阳的照射下，为其镀上了一层金色，使得水面波光更具有魅力

表现蜿蜒流转的河流

由于地理因素，很少看到笔直的河道，无论是河流还是溪流，在大多数人看来总是弯弯曲曲地向前流淌着。因此，要拍摄河流、溪流或者是海边的小支流，S形曲线构图是最佳选择，S形曲线本身就具有蜿蜒流动的视觉感，能够引导观看者的视线随S形曲线蜿蜒移动。S形构图还能使画面的线条富于变化，呈现出舒展的视觉效果。

拍摄时摄影师应该站在较高的位置上，以俯视的角度，采用长焦镜头，从河流、溪流经过的位置寻找能够在画面中形成S形的局部，这个局部的S形有可能是河道的形成的，也有可能是成堆的鹅卵石、礁石形成的，从而使画面产生流动感。

焦　　距▷38mm
光　　圈▷F11
快门速度▷1/100s
感 光 度▷ISO100

▲ 利用S形构图来拍摄山间的河流，河流看上去更加舒展、自由，同时画面也有曲线之美

清澈见底的水面

在茂密的山林间常能够见到水面清澈见底的小湖或幽潭，此时不仅能够看绿油油的水草在柔波里清清飘摇，还能够看到水底浑圆的鹅卵石，微风吹过时，照射在水下的阳光一束束地在水下闪烁、游动，给人透彻心扉的清凉感觉。

如果要拍摄出这样漂亮的场景，要在镜头前方安装偏振镜，以过滤水面反射的光线，将水面拍得很清澈透明，使水面下的石头、水草都清晰可见。

拍摄构图时注意，水的旁边是否还有能够入画的景物，如远处的小山、水边的树木，将这样的景物安排在画面中，无疑能够使画面更美。

焦　　距▷16mm
光　　圈▷F16
快门速度▷0.6s
感 光 度▷ISO200

◀ 在拍摄清澈的水面时，使用偏振镜可消除水面的反光，得到清澈透明的效果

飞溅的水花

想拍摄出“惊涛拍岸，卷起千堆雪”的画面，需要特别注意快门的速度。

较高的快门速度能够在画面中凝固浪花飞溅的瞬间，此时如果在逆光或侧逆光下拍摄，浪花的水珠就能够折射出漂亮的光线，能使浪花看上去剔透真实。

如果快门速度稍慢，也能够捕捉到浪花拍击在礁石四散开去的场景，此时由于快门速度稍慢，飞溅开去的水珠会在画面中形成一条条白线，使画面极富动感。拍摄时最好使用快门优先曝光模式，以便于设置快门速度。

▲ 高速快门拍摄的海景，海浪如珠玉迸飞，营造出大气、气势磅礴的景象，给人以全新的视觉享受

焦　　距 ▷ 105mm
光　　圈 ▷ F10
快门速度 ▷ 1/1250s
感 光 度 ▷ ISO320

拍出丝绢水流效果

较慢的快门速度能够使水面呈现丝绸般的水流，如果时间更长一些，就能够使水面产生雾化的效果，为水面赋予了特殊的视觉魅力。拍摄时最好使用快门优先曝光模式，以便于设置快门速度。

在实际拍摄时，为了防止曝光过度，可以使用较小的光圈，以降低镜头的进光量，延长快门时间。如果画面仍然可能会过曝，应考虑在镜头前加装中灰滤镜，这样拍摄出来的瀑布、海面等水流是雪白的，有丝绸一般的质感。由于快门速度很慢，所以一定要使用三脚架拍摄。

▲ 三脚架配合低速快门的使用，使水流看上去极度柔滑，如丝绸一般

焦　　距 ▷ 70mm
光　　圈 ▷ F18
快门速度 ▷ 5s
感 光 度 ▷ ISO100

表现瀑布的磅礴气势

没有庞大就没有微小，没有高耸就没有低矮，世界的万事万物都是对立存在的，这种对立实际上也是一种对比。通过已知事物的体量来推测对比认识未知事物的体量，正是人类认识事物的基本方法。

从摄影的角度来看，如果要表现出水面开阔、宏大的气势就要通过在画面中安排对比物来衬托。对比物的选择范围很广，只要是能够为观赏者理解、辨识、认识的事物均可，如游人、小艇、建筑等。如果摄影师所站的位置可以将其所处的周围环境一同纳入画面中，则可以拍摄壮美的全景，此时使用全画幅数码单反相机能够获得更开阔的画面。

拍摄要点：

瀑布的水流速度较快，因此使用1/4s~1s的快门速度，即可得到很好的丝滑水流效果。

在阴天环境下，使用“阴天”或“背阴”白平衡，可以中和环境中的冷调色彩，使环境变为暖调。同时，树叶的黄、绿色也显得更加饱满。

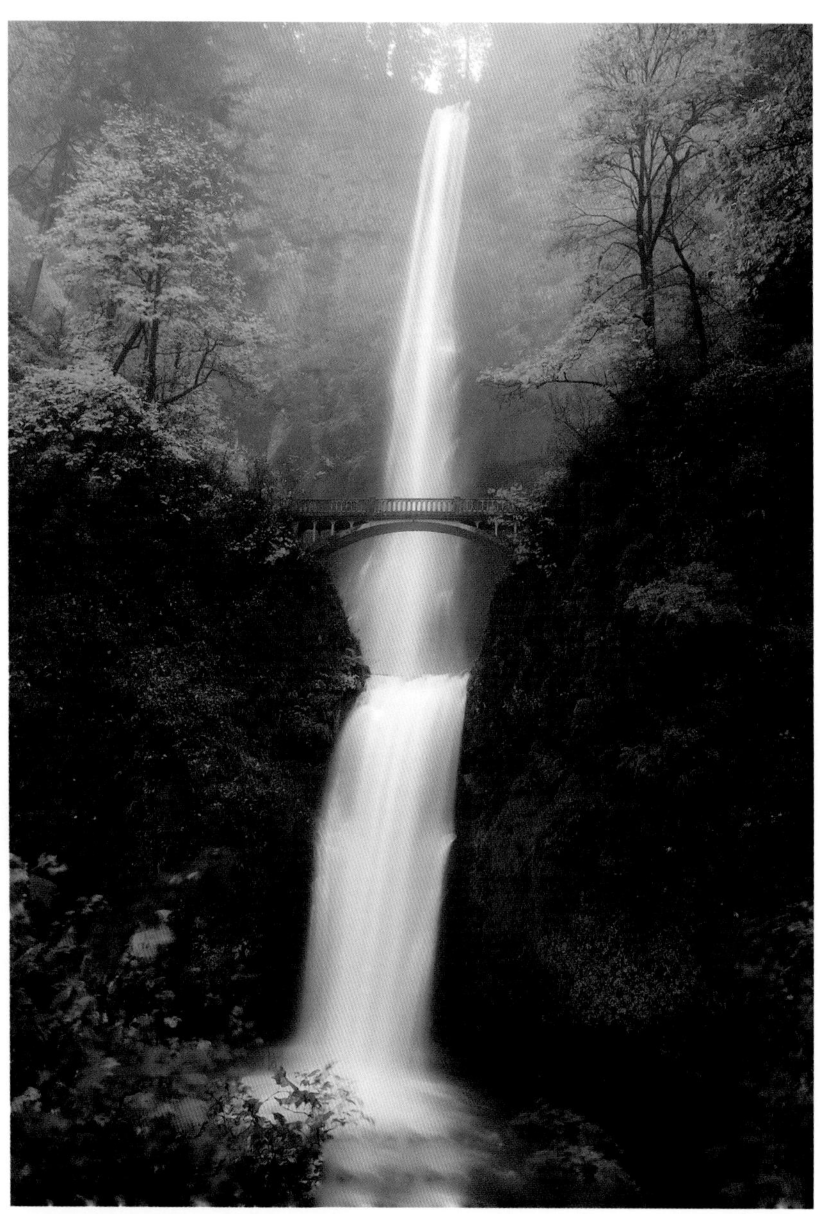

▲ 通过巧妙的构图，将小桥纳入画面中，与瀑布形成鲜明的对比，从而更突出其壮阔的气势

焦　距 ▷ 21mm
光　圈 ▷ F22
快门速度 ▷ 1/2s
感 光 度 ▷ ISO100

拍摄漂亮的倒影

倒影，是景物通过水面反射形成的一种光学现象。可以说，凡是有水的地方就会有倒影。一处理想的水域，无疑是拍摄水面倒影的首要前提。

拍摄倒影要注意以下两个拍摄要点。

其一：被摄实景对象最好是本身有一定的反差，外形又有分明的轮廓线条，这样水中的倒影就会格外明快醒目。

其二：阳光照射的方位对于倒影的效果也有着较大的影响。顺光下景物受光均匀，这种角度取景，可以得到影纹清晰并且色彩饱和的画面，但缺少立体感。逆光的时候，景物面对镜头之面受光少，大部分处于阴影下，因而影像呈剪影状，不但倒影本身不鲜明，而且色彩效果比较差。相比而言，侧光下，景物具有较强的立体感和质感，同时也能够获得较为饱和的色彩影像。

▲ 照片中，山与水中的倒影交相辉映，月亮将整个画面点缀得更加赏心悦目

拍摄经验：水面是否平静，对于画面中倒影的效果影响很大。水面越是平静，所形成的倒影越清晰，有时候可以形成倒影与实际景物几乎一样的画面。特别是一些环境幽静、人迹罕至的水域，倒影更是迷人。

但如果微风吹拂、水流潺动、鱼游鸟动、舟船荡漾等各种自然或人为因素的存在，倒影就会扭曲，在这种情况下拍摄时，要视水面波纹的大小而定是否还能够继续拍摄，如果波纹较小，可以通过调小光圈、延长曝光时间减弱波纹对倒影的影响。

拍摄日出日落

获得准确的曝光

拍摄日出与日落时，较难掌握的是曝光控制。日出与日落时，天空和地面的亮度反差较大，如果对准太阳测光，太阳的层次和色彩会有较好的表现，但会导致云彩、天空和地面上的景物曝光不足，呈现出一片漆黑的景象；而对准地面景物测光，会导致太阳和周围的天空曝光过度，从而失去色彩和层次。

正确的曝光方法是使用点测光模式，对准太阳附近的天空进行测光，这样不会导致太阳曝光过度，而天空中的云彩也有较好的表现。

拍摄经验：为了保险，可以在标准曝光参数的基础上，增加、减少一挡或半挡曝光补偿，再拍摄几张照片，以增加挑选的余地。如果没有把握，不妨使用包围曝光，以避免错过最佳拍摄时机。

一旦太阳开始下落，光线的亮度将明显下降，很快就需要使用慢速快门进行拍摄，这时若用手托举着长焦镜头会很不稳定。因此，拍摄时一定要使用三脚架。拍摄日出时，随着时间推移，所需要的曝光数值会越来越小；而拍摄日落则恰恰相反，所需要的曝光数值会越来越高，因此在拍摄时应该注意随时调整曝光数值。

▲ 使用测光方式对太阳最亮的区域进行了测光，同时增加了约2挡的曝光补偿，从而保证拍摄到亮度足够高的太阳

焦　　距 ▷ 200mm
光　　圈 ▷ F8
快门速度 ▷ 1/800s
感 光 度 ▷ ISO200

兼顾天空与地面景物的细节

拍摄日出日落时，由于画面中天空的亮度与地面的亮度明暗反差较大，使天空与地面的细节无法同时被兼顾。

如果拍摄时将测光点定位在太阳周围较明亮的天空处，则会得到地面景物的剪影效果。

而如果将测光点定位在地面上，则天空较亮处则会过曝成为一片白色。

比较稳妥的方法是测光时对准太阳周围的云彩的中灰部，以兼顾天空与地面的细节。

如果仍然无法同时确保天空与地面的细节，还可以使用包围曝光的方法拍摄三挡不同曝光效果的照片，然后用后期软件将三张照片合成在一起，从而增加画面的宽容度，使天空与地面均表现出良好细节。

▲ 天空与地面曝光均匀的画面，看起来更加协调，整体的美观程度更佳

焦　　距▷35mm
光　　圈▷F16
快门速度▷1/15s
感 光 度▷ISO100

利用长焦镜头将太阳拍得更大

如果希望在照片中呈现体积较大的太阳，要尽可能使用长焦距镜头。通常在标准的画面上，太阳只是焦距的1/100。因此，如果用50mm标准镜头拍摄，太阳的大小为0.5mm；如果使用200mm的镜头拍摄，则太阳大小为2mm；如果使用400mm长焦镜头拍摄，太阳的大小就能够达到4mm。

▲ 长焦距的使用更容易获得更大的太阳，这张漂亮的照片就是用300mm的焦距来实现的

焦　　距▷300mm
光　　圈▷F6.3
快门速度▷1/125s
感 光 度▷ISO320

用小光圈拍摄太阳的光芒

为了表现太阳耀眼的效果，烘托画面的气氛，增加画面的感染力，通常需要选择f/16~f/32的小光圈，较小的光圈可以使点光源出现漂亮的星芒效果。也可在镜头前加装星芒镜，达到星芒的效果。

拍摄经验：光圈越小，星芒效果越明显。如果采用大光圈，光线会均匀分散开，无法拍出星芒效果。

在拍摄时，要注意使用的光圈也不可以过小，否则会由于光线在镜头产生的衍射现象，导致画面的质量下降。

▲ 星芒状的太阳是画面中的视觉兴趣点，使常见的风景画面变得很新颖

焦　　距 ▷ 18mm
光　　圈 ▷ F22
快门速度 ▷ 1/160s
感 光 度 ▷ ISO200

破空而出的霞光

如果太阳的周围云彩较多，则当阳光穿透云层的缝隙时，透射出云层的光线表现为一缕缕的光芒，如果希望拍摄到这样透射云层的光线效果，应尽量选择小光圈，并通过做负向曝光补偿提高画面的饱和度，使画面中的光芒更加夺目。

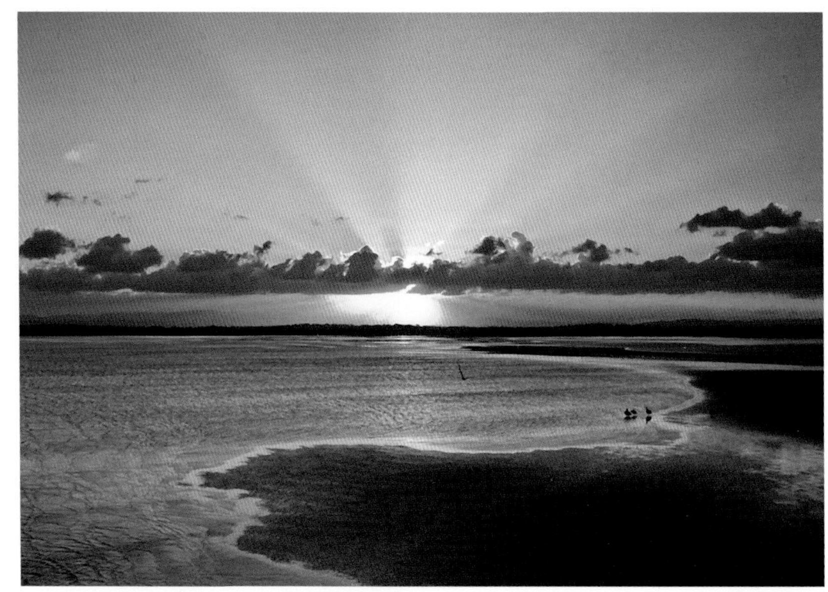

▲ 太阳穿过云层的缝隙，以放射线的方式透射在天空和海面上，给人一种神秘的感觉

焦　　距 ▷ 20mm
光　　圈 ▷ F9
快门速度 ▷ 1/125s
感 光 度 ▷ ISO200

拍摄山川

用独脚架便于拍摄与行走

在拍摄山川的时候，如果能带上独脚架，可使拍摄更稳定、图像效果更清晰，以避免由于手部动作导致照片发虚。另外，独脚架携带起来也比较省力，方便于山川间的行走。

拍摄经验：如果在较处俯视拍摄山脉，要注意的是由于海拔较高的山上往往风大、温度低，因此要注意为相机保温，在温度较低的环境下拍摄时，电池消耗的速度很快。

▲ 独脚架的使用，让这张照片表现得十分稳定清晰

焦　距 ▷ 135mm
光　圈 ▷ F11
快门速度 ▷ 1/80s
感 光 度 ▷ ISO320

表现稳重大气或险峻嶙峋的山体

三角形是一种非常固定的形状，同时能够给人向上突破的感觉。采用三角形构图拍摄大山，使画面感觉十分稳定，还会使观者感受到一种强的力度感；更能体现出山体壮观、磅礴的气势。

如果希望表现险峻嶙峋的山体，可以选择斜线构图形式，拍摄时可以用中长焦镜头从要拍摄的山体上截取一段，在画面上构图斜线构图的效果。

▲ 使用三角形构图拍摄山体，山体显得稳重且大气磅礴

焦　距 ▷ 85mm
光　圈 ▷ F8
快门速度 ▷ 1/2000s
感 光 度 ▷ ISO320

用山体间的V字形表现陡峭的山脉

如果要表现陡峭的山脉，最佳构图莫过于V形构图，这种构图中的V形线条，由于能够在视觉上产生高低视差，因此当欣赏者的视线按V形视觉流程在V形的底部即山谷与V形的顶部即山峰之间移动时，能够在心理上对险峻的山势产生认同感，从而强化画面要表现的效果。

拍摄经验：在拍摄时要特别注意选取能够产生深V形的山谷，而且在画面中最好同时出现2~3个大小、深浅不同的V形，以使画面看上去更活跃。

▲ 以V字形构图进行拍摄，两侧的山体以人以压迫感，突出其陡峭的山势

拍摄要点：

使用偏振镜过滤水面及环境中的杂光，使画面的色彩更纯净，水面更清澈，水面的倒影也更加清晰。

使用单个对焦点对中景处的山峰进行对焦，并设置较小的光圈进行拍摄，以获得足够的景深，使前景与背景都足够清晰。

由于环境整体较暗，因此应适当降低0.7挡左右的曝光补偿，使山体能够获得较好的曝光结果。同时，还要保证山上的白雪获得充足的曝光。

用云雾渲染画面的意境

各大名山的著名景观中多有“云海”，例如黄山、泰山、庐山，都能够拍摄到很漂亮的云海照片。

云雾笼罩山体时其形体就会变得模糊不清，在隐隐约约之间，山体的部分细节被遮挡，在朦胧之中产生了一种不确定感。拍摄这样的山脉，会使画面产生一种神秘、缥缈的意境。

此外，由于云雾的存在，使被遮挡的山峰与未被遮挡部分产生了虚实对比，使画面产生了更强的视觉艺术效果。

▲ 在这3幅照片中，画面中包含了不同面积的云雾，其共同特点就是：以前景来让画面显得更为特别，在云雾的衬托下，渲染出或神秘，或灵秀或自然的画面气氛

拍摄经验：如果只是拍摄飘过山顶或半山的云彩，只需要选择合适的天气即可，山脉上空的云在风的作用下，会产生时聚时散的效果，拍摄时多采用仰视的角度。如果以蓝天为背景，可以使用偏振镜，将蓝天拍摄得更蓝一些；如果拍摄的是乌云压顶的效果，则应该注意做负向曝光补偿，以对乌云进行准确曝光。

反之，如果笼罩山体的是薄薄的白云，则可视其面积大小做正向曝光补偿，以使画面看上去更清秀、淡雅。如果拍摄的是山间云海的效果，应该注意选择较高的拍摄位置，以平视的角度进行拍摄，光线方面应该采用逆光或侧逆光，同时注意做正向曝光补偿。

塑造立体感

当侧光照射在表面凹凸不平的物体时，会出现明显的明暗交替的光影效果，这样的光影效果使物体呈现出鲜明的立体效果以及强烈的质感。

因此要为山体塑造立体感，最佳方法莫过于利用侧光进行拍摄。要采用这种光线拍摄山脉，应该在太阳还处于较低的位置时进行拍摄，这样即可获得漂亮的侧光，使山体由于丰富的光影效果而显得极富立体感。

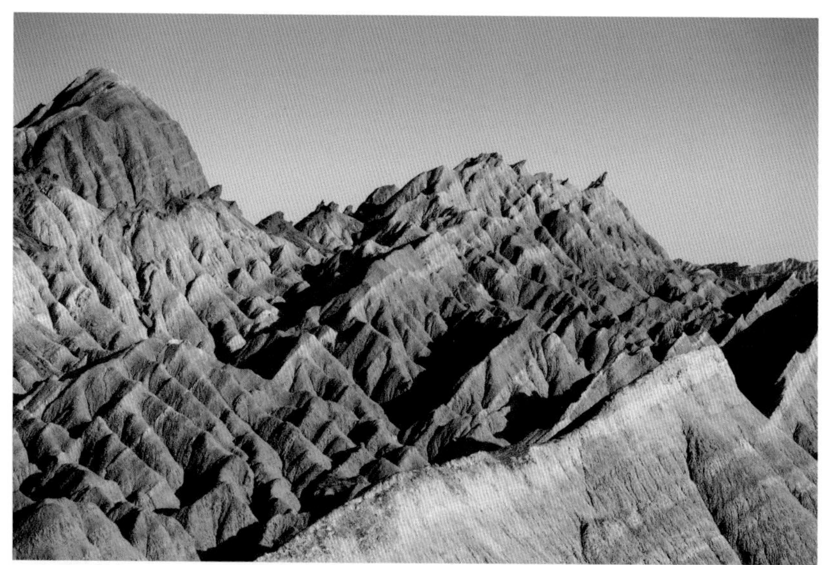

▲ 在前侧光的照射下，山峰拥有非常好的立体感，由于前侧光的受光面积较大，因此很好地突出了其表面粗糙的质感

焦　　距 ▷ 200mm
光　　圈 ▷ F6.3
快门速度 ▷ 1/640s
感 光 度 ▷ ISO100

在逆光、侧逆光下拍出有漂亮轮廓线的山脉

在逆光或侧逆光的条件下拍摄山脉，往往是为了表现山脉的轮廓线，而山体的绝大部分处在较暗的阴影区域，基本没有细节。拍摄时要注意通过选用长焦或广角等不同焦距来捕捉山脉最漂亮的轮廓线条。拍摄的时间应该在傍晚时进行，此时云彩的颜色最绚丽。

在侧逆光的照射下，山体往往有一部分处于光照之中，因此不仅能够表现出明显的轮廓线条，能够显现山体的少部分细节，还能够在画面中形成漂亮的光线效果，因此是比逆光更容易出效果的光线。

拍摄经验：拍摄时应适当降低曝光补偿，以使暗调的山体轮廓感更明显。

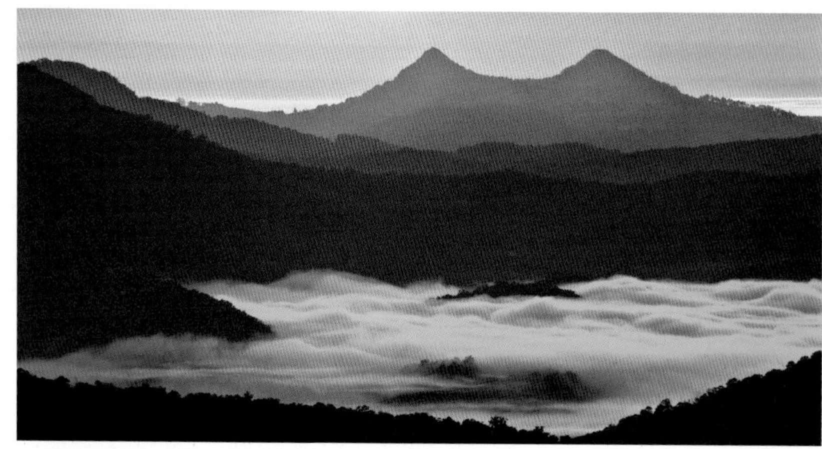

▲ 在黄昏的光线下，采用逆光光线来拍摄山体，山体富有层次感且呈现出轮廓美

焦　　距 ▷ 400mm
光　　圈 ▷ F8
快门速度 ▷ 1/50s
感 光 度 ▷ ISO100

第 13 章

植物摄影

花卉拍摄技巧

表现大面积的花海

拍摄花丛的重点是要表现大片花丛的整体美，不但要拍摄到无数的花朵，花朵下方的枝叶也要同时有所表现。为了让画面中的景物都能较清晰地再现，最好选择中等或更小的光圈，这样才能获得较大的景深，当然，使用广角镜头会有更佳的表现。

拍摄花丛常用的构图方式是散点构图，就是画面中没有明显的主体，画面中各元素都是以并列关系出现的；也可以选择放射线构图，能获得较强的透视感；如果是在公园拍摄花卉，则可以根据花园中花卉的各种规律形状直接构图。无论哪种构图方式，在取景时最好不要拍摄到花丛的边缘，这样就能给人一种四周还无限宽广的视觉印象。

▲ 使用小光圈拍摄大面积的花卉，大景深的画面给人以无限宽阔的感觉，广角镜头更是增加了画面的横向延展性，观者仿佛置身于花海之中

焦　距 ▶ 17mm
光　圈 ▶ F13
快门速度 ▶ 1/30s
感 光 度 ▶ ISO100

拍摄花卉特写

要使花卉照片与众不同，可以尝试使用微距镜头拍摄，拍摄时要注意选择花朵最有代表性的精美局部，例如花蕊通常在花朵的深处，不易在日常欣赏中观察到，可以考虑采用微距的手法进行拍摄。

拍摄这样的画面时，由于景深非常浅，很轻微的抖动也会造成对焦不准，所以拍摄时一定要使用三脚架，这样有利于精准对焦，拍摄出清晰的照片。

▲ 以微距镜头拍摄的花蕊部分，呈现出了花朵精美的局部。为了确保主体清晰，特使用了三脚架来固定相机

焦　距 ▶ 100mm
光　圈 ▶ F9
快门速度 ▶ 1/125s
感 光 度 ▶ ISO100

红花需以绿叶配

俗话说："好花还需绿叶配。"在拍摄花朵时，如果条件允许，可以尝试以绿叶作为背景或陪体来衬托花朵的娇艳。

所谓万绿丛中一点红，红得耀眼、红得夺目，这红与绿的配搭便是色彩对比的典型，无论是大面积绿色中的红色，还是大面积红色中的绿色，较小面积的颜色均能够在其周围大面积的对比色中脱颖而出。

了解这种色彩对比的原理后，在拍摄花卉时，可以通过构图刻意将具有对比关系的花朵与其周围的环境安排在一起，从而突出花卉主体。例如，可以用红和绿、蓝和橘、紫和黄等有对比关系的颜色使画面的对比更强烈，主体更突出。

▲ 一上一下两朵荷花，在绿叶与深色背景的衬托下，显得极为娇艳

焦　　距 ▷ 40mm
光　　圈 ▷ F5
快门速度 ▷ 1/800s
感 光 度 ▷ ISO100

用超浅景深突出花朵

超浅景深是比小景深更浅的一种景深，通常在整个画面中保持清晰的只有很小的一部分，其他区域都是模糊的。

超浅景深可以用于虚化主体之外的杂乱背景或不美观的花朵局部，例如，当一朵花除了某一个花瓣，其余部分均有虫洞或破损时，就可以采用这种手法只拍摄具有漂亮外观的花瓣，而使其他的地方均呈现为虚化的画面。

要拍摄出具有超浅景深的画面，必须使用微距镜头或为有近摄功能的镜头加接近摄滤镜，这样才可以拍摄出有非常浅的景深的画面。

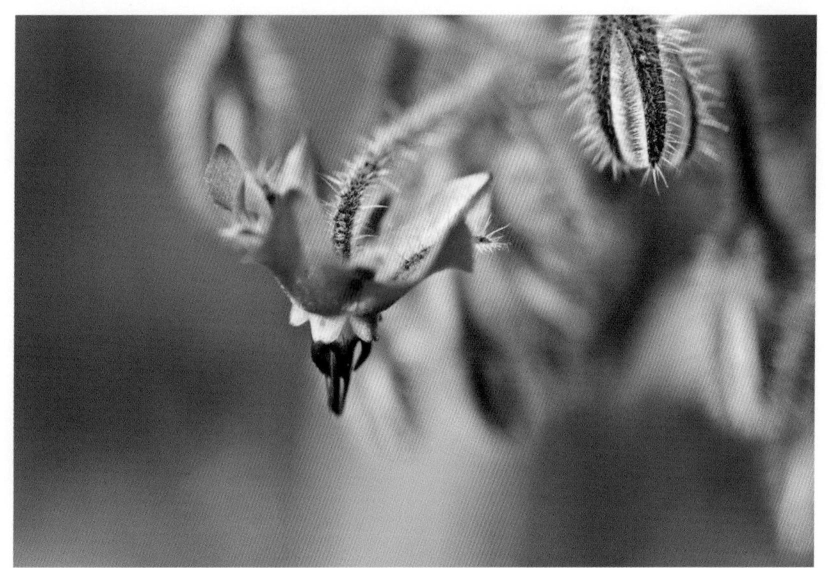

▲ 拍摄时使用大光圈来获得较浅的景深，使绿色的叶子形成朦胧的背景，蓝色的花朵在环境中表现得十分突出

焦　　距 ▷ 100mm
光　　圈 ▷ F3.2
快门速度 ▷ 1/1600s
感 光 度 ▷ ISO200

用亮或暗的背景突出花朵

大面积暗色调中的小部分亮色调会显得格外突出，同时大面积亮色调中的小部分暗色调也会吸引观众的目光。

拍摄花卉时，可以利用这种色调之间的对比关系，通过暗调的环境或陪体映衬出色调比较亮的花卉，反之亦然。在深暗背景中的花卉显得神秘，主体非常突出；而在浅亮背景中的花卉，则显得简洁、素雅，有一种很纯洁的视觉感受。

暗调与亮调背景的极端情况是黑色与白色的背景，在自然中比较难找到这样的背景，但摄影师可以通过随身携带黑色与白色的背景布，在拍摄时将背景布挂在花朵的后面来实现这一点。

另外，如果被摄花朵正好处于受光较好的状态，而背景是在阴影状态下，此时使用点测光对花朵亮部进行测光，这样也能拍摄到背景几乎全黑的照片。

▲ 在暗色背景的衬托下，被阳光照射到的花朵色彩鲜艳，非常突出

焦　　距 ▷ 105mm
光　　圈 ▷ F5.6
快门速度 ▷ 1/1000s
感 光 度 ▷ ISO100

拍摄要点：

多数情况下，要以暗调环境拍摄花朵，都需要环境的配合，摄影师应多观察周围的环境，找到较暗的背景、适合表现的花朵以及恰当的角度，这些因素缺一不可。

由于环境中的暗调占据较大画面，因此可以使用点测光模式对花朵的中间调处进行测光并拍摄，若明暗对比不是非常强烈，可适当增加0.3~0.7挡的曝光补偿，使花朵看起来更加通透、娇艳。

焦　　距 ▷ 200mm
光　　圈 ▷ F7.1
快门速度 ▷ 1/125s
感 光 度 ▷ ISO100

◀ 以阴天时的天空为背景，通过恰当的曝光拍摄花朵，粉嫩的花朵、翠绿的叶子，给人一派生机勃勃的感觉

逆光突出花朵的纹理

花朵有不同的纹理与质感，用逆光拍摄这些花朵，可使花瓣在画面中表现出一种朦胧的半透明感。拍摄此类照片应选择那些花瓣较薄的花朵，否则透光性会比较差。

逆光拍摄时，如果环境光线不强，还可以使用点测光将花朵在画面中处理为逆光剪影效果，以表现花朵优秀的轮廓线条，拍摄时注意要做负向曝光补偿。

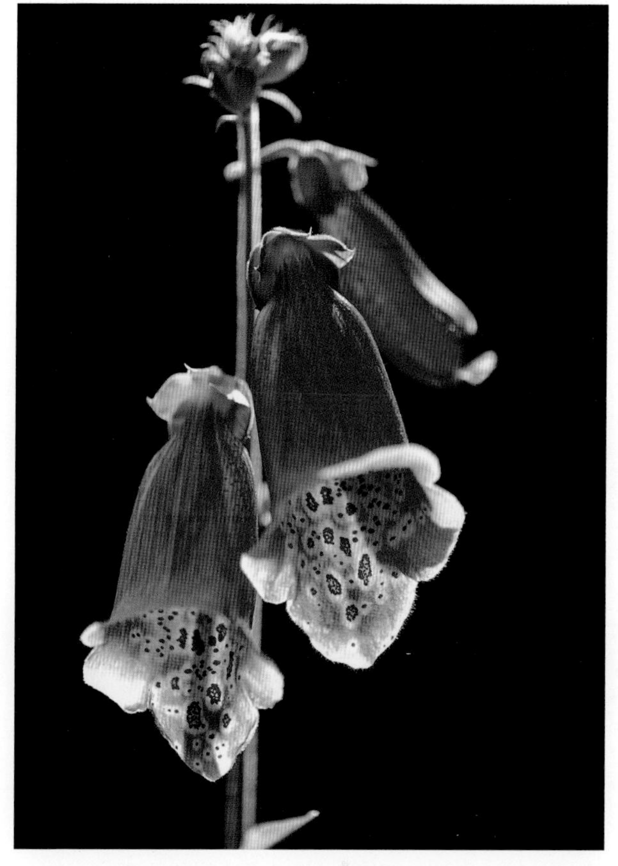

焦　　距 ▷ 135mm
光　　圈 ▷ F3.5
快门速度 ▷ 1/500s
感 光 度 ▷ ISO200

▶ 当使用逆光光线拍摄花朵时，花朵可表现出一种朦胧的半透明感，纹理也更清晰

仰视更显出独特的视觉感受

如果要拍摄的花朵周围环境比较杂乱，采用平视或俯视的角度很难拍摄出漂亮的画面，则可以考虑采用仰视的角度进行拍摄，此时由于画面的背景为天空，因此很容易获得背景纯净、主体突出的画面。

如果花朵的位置较高，比如开在高高的树枝上的梅花、桃花，拍摄起来比较容易。

如果花朵生长在田原、丛林之中，如野菊花、郁金香等，为了获得足够好的拍摄角度，可能要趴在地上将相机放得很低。

焦　　距 ▷ 35mm
光　　圈 ▷ F9
快门速度 ▷ 1/125s
感 光 度 ▷ ISO100

▶ 仰视角度拍摄花朵且背景为蓝天时，花朵显得十分高大、纯净

树木摄影

用逆光拍摄树木独特的轮廓线条美

每一棵树都有独特的外形，或苍枝横展，或垂枝婀娜，这样的树均是很好的拍摄题材，摄影师可以在逆光的位置观察这些树，找到轮廓线条优美的拍摄角度。

如果拍摄时太阳的角度不太低，则应该注意不仅要在画面中捕捉到被拍摄树木轮廓线条，还要在画面的前景处留出空白，以安排林木投射在地面的阴影线条，使画面不仅有漂亮的光影效果，还能够呈现较强的纵深感。

为了确保树木呈现为剪影效果，拍摄时应该用点测光模式对准光源周围进行测光，以获得准确的曝光。

▲ 采用逆光光线和点测光模式进行拍摄，冷暖渐变效果的天空增添了画面的美感，同时使树木轮廓十分突出

拍摄要点：

相对于山川、瀑布等大型风景而言，树木可以说是比较小的拍摄对象，因此完全可以用逆光来表现其剪影之美。

使用点测光模式对天空区域进行测光，然后按下AE-L/AF-L按钮以锁定曝光，再进行构图、对焦、拍摄。

为获得更好的天空细节与树木的剪影效果，可以降低0.7~1.3挡的曝光补偿，使天空更蓝，树木的剪影也更纯粹。

以放射式构图拍摄穿透树林的阳光

当阳光穿透树林时，由于被树叶及树枝遮挡，会形成一束束透射林间的放射光线，这种光线被称为“耶稣圣光”，能够为画面增加一种神圣感。

要拍摄这样的题材，最好选择清晨或黄昏时分，此时太阳斜射向树林中，能够获得最好的画面效果。

在实际拍摄时，可以迎向光线用逆光进行拍摄，也可以与光线平行用侧光进行拍摄。

在曝光方面，可以以林间光线的亮度为准拍摄出暗调照片，衬托林间的光线；也可以在此基础上，增加1~2 挡曝光补偿，使画面多一些细节。

▲ 放射状的林间光线为画面增添了神圣的感觉

焦　　距 ▶ 18mm
光　　圈 ▶ F11
快门速度 ▶ 1/10s
感 光 度 ▶ ISO100

表现树叶的半透明感

在对树木进行特写拍摄时，除了对树木的皮表或枝干等进行特写拍摄之外，将镜头对准形状各异、颜色多变的树叶也是不错的选择。

拍摄树叶时，为了将它们晶莹剔透的特性（也即半透明性质）表现出来，常常需要采用逆光拍摄，将它们优美的轮廓线展现在观者面前。

拍摄要点：

与逆光拍摄花朵相似，寻找逆光角度拍摄叶子，可以很好地体现其细节纹理。

拍摄时，应适当降低0.3~0.7挡的曝光补偿。

焦　　距 ▶ 200mm
光　　圈 ▶ F3.5
快门速度 ▶ 1/100s
感 光 度 ▶ ISO100

▶ 采用逆光角度拍摄树叶时，其晶莹剔透的质感被表现得十分突出

拍摄铺满落叶的林间小路

曲径通幽是对弯曲小路的描述，要拍摄这种小路，最佳的时间是秋季，最佳的环境是小路两旁有林立的树木，这样在晚秋时节，路面上就会飘落许多红色、金黄色的树叶，走在这样的小路上让人感觉到温暖与亲切。拍摄时注意选择有S形弯折的小路，这样在构图时就能够使用C形或S形构图，将小路表现得曲折、蜿蜒，使画面更有情趣。

焦　　距▷20mm
光　　圈▷F6.3
快门速度▷1/100s
感 光 度▷ISO800

▶ 采用小光圈模式拍摄林间落满红叶的小路，其晚秋的氛围尤为突出

表现火红的枫叶

要拍摄火红的枫叶，要选择合适的光位。

在顺光条件下，枫叶的色彩饱满、鲜艳，具有强烈的视觉效果。为了使树叶的色彩更鲜艳，可以在拍摄时使用偏振镜，减弱叶片上反射的杂光。

如果选择逆光拍摄，强烈的光线会透过枫叶，使枫叶看起来更剔透。

拍摄时使用广角镜头有利于表现漫山红叶的整体气氛，而长焦镜头适合对枫叶进行局部特写表现。

▲ 摄影师以中焦镜头截取枫树的一部分进行构图，配合一定的后期处理，得到极为明艳的红黄相间的色彩效果，给人一种热情如火的感受

焦　　距▷20mm
光　　圈▷F9
快门速度▷1/80s
感 光 度▷ISO100

第 14 章

「人像摄影」

人像摄影的对焦技巧

人的眼睛最能反映人物内在的心理，因此拍摄时对准人物的眼睛对焦，会拍摄出神形毕现的肖像照片。

通过观摩人像摄影佳片就能够看出来，这些照片中人像的眼睛部分是最清晰的，这也是许多人像摄影作品成功的秘诀之一。

拍摄经验：拍摄模特的正面像时，应该引导模特将脸微微旋转一定的角度，这样拍摄出来的画面看上去更立体。对于大部分女性模特而言，这样的角度能够使其面部看上去更纤瘦一些。

焦　　距 ▷ 85mm
光　　圈 ▷ F2.8
快门速度 ▷ 1/80s
感 光 度 ▷ ISO100

▶ 拍摄竖画幅图像时，应将焦点置于模特的眼睛上，这样才容易得到传神的人像画面

拍出背景虚化人像照片的4个技巧

景深是指画面中主体景物周围的清晰范围。通常将清晰范围大的称为大景深，清晰范围小的则称为小景深。人像摄影中以小景深最为常见，小景深能够更好地突出主体、刻画细节。

▲ 使用大光圈将背景虚化，达到突出人物的作用

增大光圈

光圈越大（如F1.8、F2.4），光圈数值越小，景深越小；光圈越小（如F18、F22），光圈数值越大，景深越大。要想获得浅景深的照片，首先应考虑使用大光圈进行拍摄。

增加焦距

镜头的焦距越长，景深越小。焦距越短，景深越大。根据这个规律可知，如果希望获得较小的景深，需要使用具有较长焦距的镜头，并在拍摄时尽量使用长焦焦段，这样拍摄人像时可以得到较小的景深，虚化掉不利的画面因素，使画面有种明显的虚实对比，突出被摄者。

▲ 使用长焦镜头进行拍摄，背景得到很好的虚化，使人物非常突出

减小与模特之间的距离

如果你拍得不够好，那是因为你靠得不够近。这一点对于人像摄影同样适用。

想要浅景深，让背景得到虚化，最简单的方法就是在模特和背景距离保持不变的情况下，让相机靠近人。这样可以轻易获得浅景深的效果，人物较突出，背景也得到了自然虚化。

增大人与背景的距离

改变人与背景间的距离，也是获得浅景深的方法之一。安排人与背景保持一定的距离，也一样可以获得完美的浅景深效果。简单来说，人离背景越远，就越容易形成浅景深，从而获得更大的虚化效果。

▲ 靠近主体拍摄的画面，主体占画面的面积增大，从而减少了背景的面积，景深自然变浅

表现修长的身材拍摄技巧

运用斜线构图形式

斜线构图在人像摄影中经常用到。当人物的身体或肢体动作以斜线的方式出现在画面中，并占据画面足够的空间时，就形成了斜线构图方式。斜线构图所产生的拉伸效果对于表现女性修长的身材具有非常不错的效果。

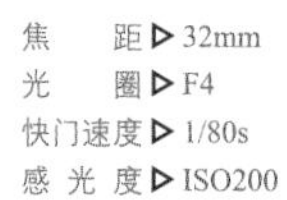

焦　　距 ▷ 32mm
光　　圈 ▷ F4
快门速度 ▷ 1/80s
感 光 度 ▷ ISO200

▶ 采用倾斜角度拍摄人像，使人物的身材显得更加修长，起到增加画面美感的作用

用仰视角度拍摄

仰视拍摄即从下往上的拍摄手法，可以使被摄人物的腿部更显修长，将被摄人物的身形拍摄得更加苗条。

此外，仰视拍摄还可以避开地面上杂乱的背景，把天空拍进画面中，起到简化背景的作用。利用天空作为背景，不仅为观者带来舒畅感，也为画面注入了更多的色彩。

焦　　距 ▷ 35mm
光　　圈 ▷ F8
快门速度 ▷ 1/160s
感 光 度 ▷ ISO200

▶ 仰视角度很好地将女性的线条美勾勒出来，使其身材显得修长

人像摄影中的景别运用技巧

用特写景别表现精致的局部

特写构图以表现被摄人物的面部特征为主要目的，而且通常都是将人物充满整个画面，因此非常容易突出主体，在表现五官细节、刻画人物表情等方面的作用较为突出。

在拍摄人物特写时，最好是使用中长焦距的镜头，这样相机与被摄人物的距离可以稍微远一些，不容易产生透视变形的现象。

在各种化妆品广告摄影作品中，这种景别的作品屡见不鲜，更有一些超特写的景别，即针对眼睛、嘴唇等局部进行拍摄，从而形成极强的视觉冲击力。

在拍摄少女时，要求少女的面部必须“经得起”特写，对人物的皮肤、表情等都具有较高的要求，也就是说模特的面部不能有明显的缺陷，否则用特写的方法反而会突出其面部的缺陷。

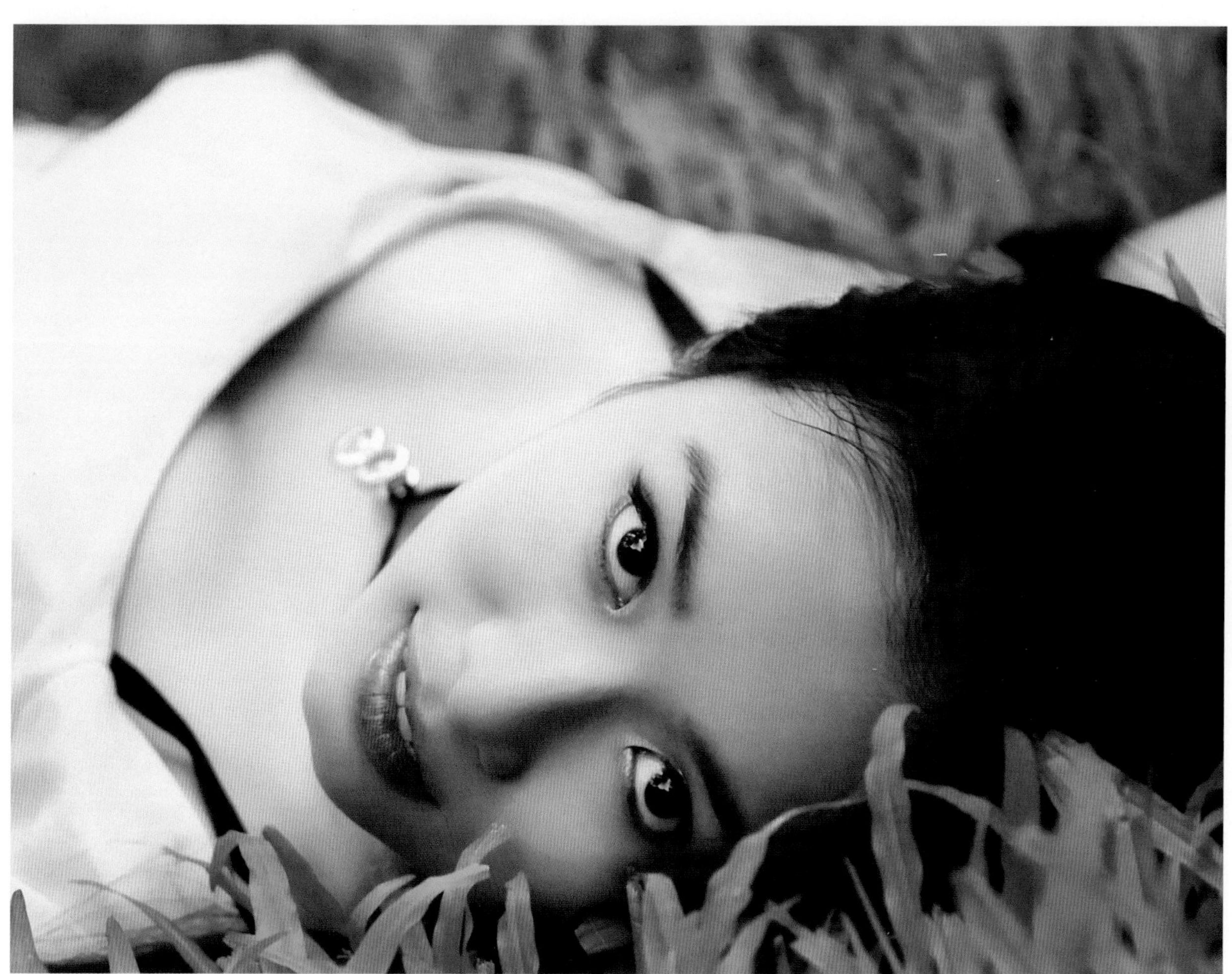

▲ 尽量靠近人物拍摄人像特写，将人物的面部表情以及精致的五官突出地呈现出来

焦　　距 ▶ 70mm
光　　圈 ▶ F3.2
快门速度 ▶ 1/1250s
感 光 度 ▶ ISO200

半身人像突出特点

半身人像是最常见的一种人像景别。这种景别拍摄的是被摄对象的腿部以上，比起特写包含更多的环境元素，同时能够比较好地表现人物的姿态。拍摄半身人像时要注意人物的头部和身体尽量不要在直线上，以避免照片中的人像看上去呆板、拘谨。

拍摄时要注意选择合适的背景，如果要使人像有青春靓丽的感觉，就应该选择浅色背景，例如淡绿色或白色等；如果要表现人物忧郁、含蓄，可以选择颜色较深暗的背景。另外，还可以通过选择有透视效果的背景来扩展画面的空间感。

拍摄经验：为了使自己在画面中有显著的瓜子瘦脸效果，许多人在拍照时故意将头往下压，但实际上这样做最容易出现双下巴，脸也会显得比较胖。正常的方法是，当拍摄人物的正面时，引导其将脖子往前伸，虽然从侧面看这种姿势很怪，但拍出来的画面非常不错，脸会显得小一些，而且也不会出现双下巴。

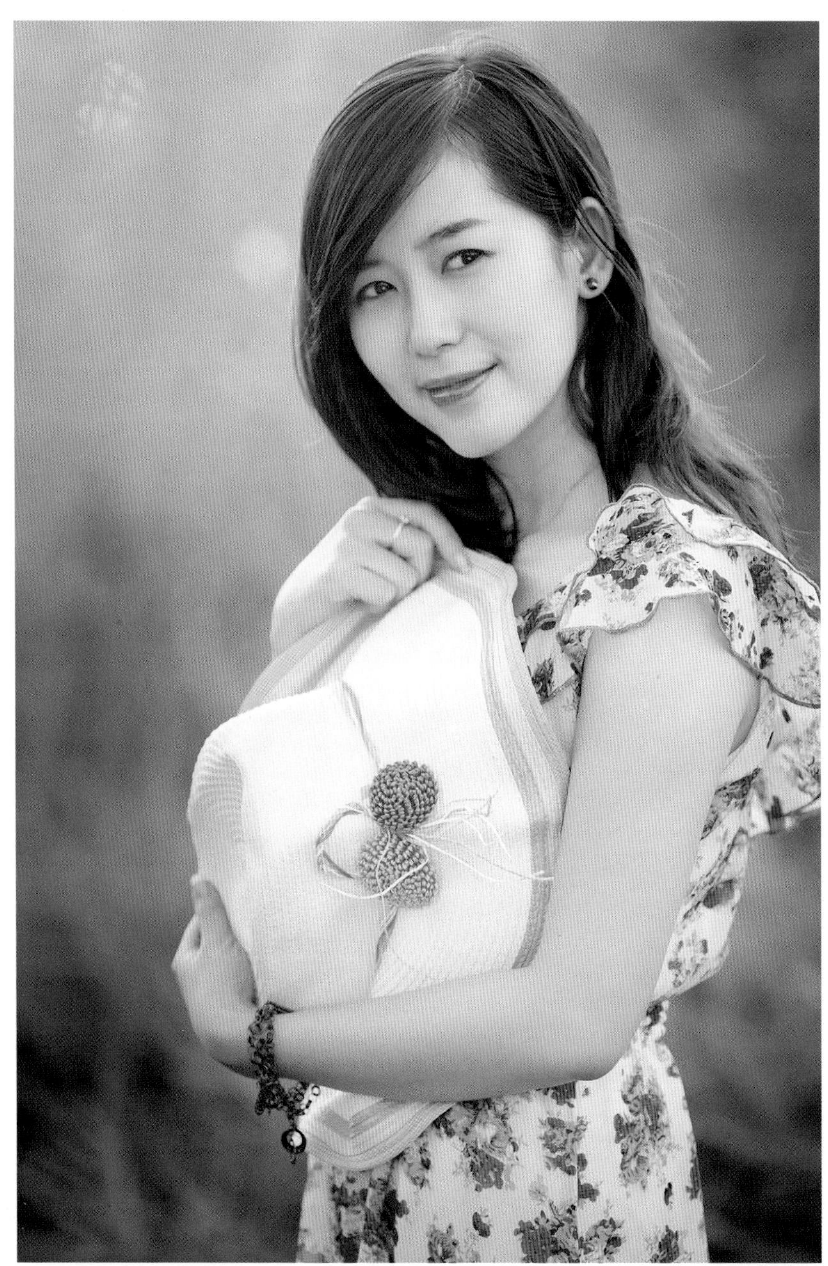

▲ 对人物进行半身拍摄时，其面部表情及腰部以上的身体形态会重点得到表现

焦　　距 ▷ 85mm
光　　圈 ▷ F2.8
快门速度 ▷ 1/320s
感 光 度 ▷ ISO200

用全景人像拍好环境人像

全景人像涵盖了被摄人物脚部在内的整个身体面貌，通常用于表现人像与环境的关系或以环境衬托表现人物。

在拍摄时，要特别注意人物与背景之间的搭配关系，例如， 人物表情、服装、道具等方面都要与环境相匹配，否则人像会在环境中显得很突兀。

拍摄全景人像的一个误区是用大光圈虚化背景，但实际上这样会减弱环境对人像的衬托作用，因此在拍摄时不可使用过大的光圈，以避免环境与人像无法产生联系。

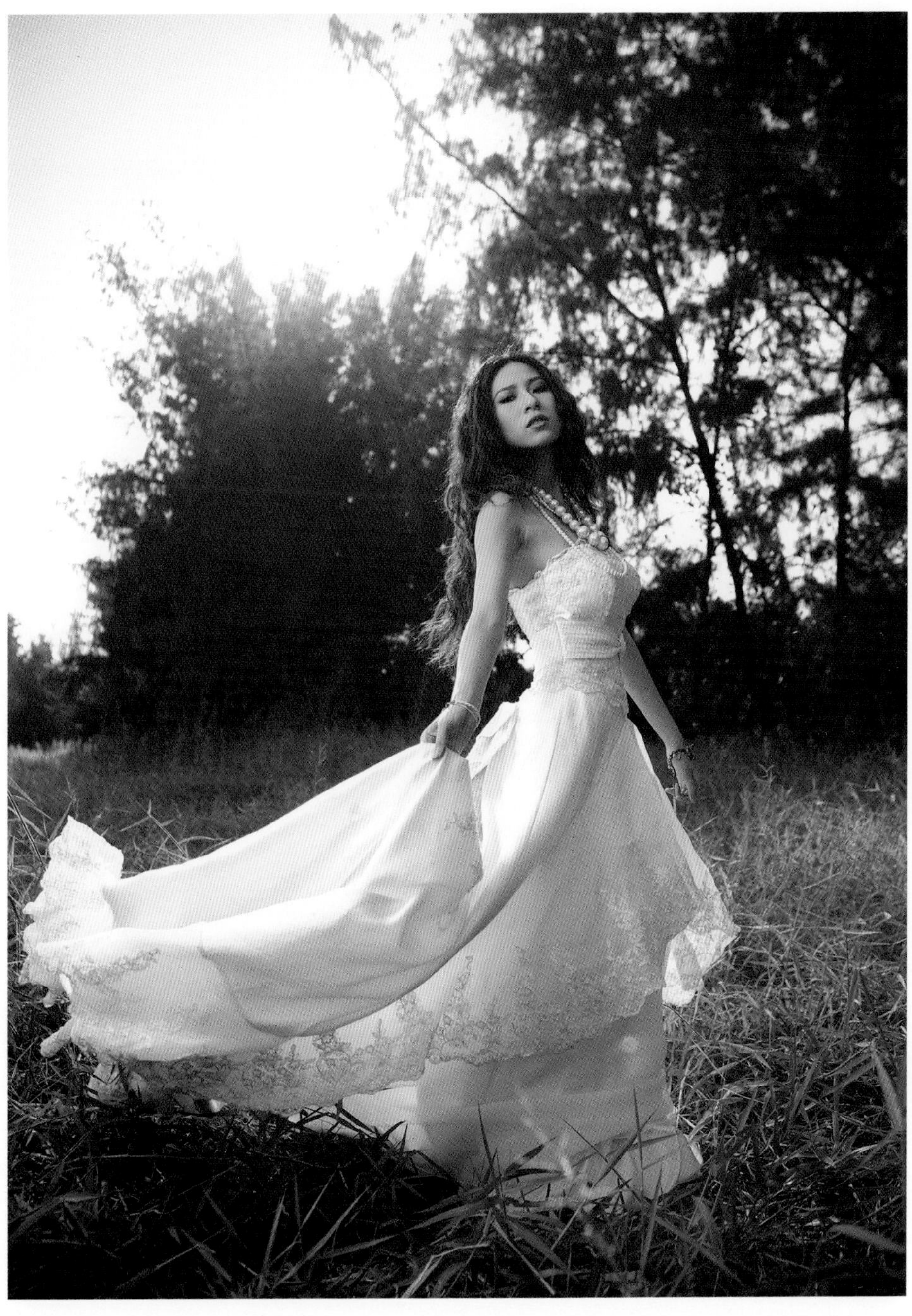

拍摄经验：拍摄全身人像时，如果想使模特在画面中看起来更修长，可以使用广角镜头由下往上以仰视的角度拍摄。如果拍摄的是身着婚纱的新娘，使用这种手法可以使婚纱看上去更奢华；如果拍摄的是身材苗条的模特，按此方法拍摄出来的模特身体看上去会显得更加细长、苗条。

焦　　距 ▷ 85mm
光　　圈 ▷ F3.2
快门速度 ▷ 1/125s
感 光 度 ▷ ISO200

◀ 以全景景别完整地记录了模特的全身姿态，与周围的环境融为一体，给人自然、清新的视觉感受

依据景别将主体安排在三分线上

三分法构图利用了黄金分割构图的定律，在其基础上进行简化，达到人眼视觉效果最舒服的一种状态。三分法构图有横向三分法和竖向三分法之分。把画面分为三等份，每一个中心点都可放置主体形态，构图精炼，能够鲜明地表现主题。

三分构图法在人像摄影中是最常用也是最实用的构图方法，这种构图可以给读者视觉上的愉悦感和生动感。拍摄竖构图时，可将人物的头部放在黄金分割点上，更能突出主体，会在读者心理上形成人物与背景相结合的效果。

拍摄横构图时，将人物主体置于三分线上，如果人物是侧脸或3/4侧脸，人物视线向镜头一侧看去，可在人物视线方向留白，这样可以使人物视线方向的空间得以延伸，让观者对人物视线方向的内容产生遐想，不至于让画面产生拥挤、堵塞的感觉。如果人物视线看向镜头，可在画面的另一侧则安排环境或陪体，这种构图形式易引起观者的注意和兴趣，在视觉上给人精致、生动的感受。

▲ 使用三分法构图进行拍摄，人物在画面中的位置显得更加自然、面部微妙的表情得到了重点表现

◀ 人像的头部被安排在黄金分割点上

▲ 人像被安排在三分线上

必须掌握的人像摄影补光技巧

用反光板进行补光

户外摄影通常以太阳光为主光，在晴朗的天气拍摄时，除了顺光，在其他类型的光线下拍摄的人像明暗反差都比较明显，因此要使用反光板对阴暗面进行补光（即起辅光的作用），以有效地减小反差。

当然，反光板的作用不仅仅局限在户外摄影，在室内拍摄人像时，也可以利用反光板来反射窗外的自然光；即使是专业的人像影楼里，通常也会用反光板来起辅助照明的作用。

焦　　距 ▷ 85mm
光　　圈 ▷ F2.8
快门速度 ▷ 1/400s
感 光 度 ▷ ISO100

▶ 在自然环境里拍摄人像，使用反光板对暗部进行补光，从而让画面光影感更丰富、人物皮肤更细腻

知识链接：认识反光板

一般反光板有四面，包括黑面、白面、金面和银面，可以根据各自的拍摄要求来选择。如果想要反射的光线更温暖，可以采用金面；如果想要更冷一点的反射光线，则可以选择银面。

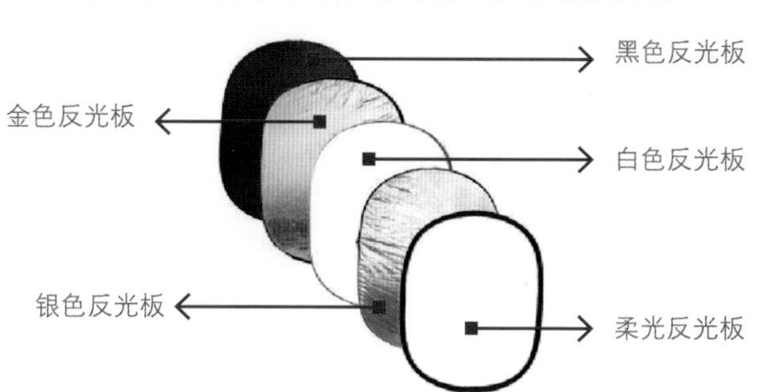

▲ 使用反光板打光的工作场景

利用闪光灯跳闪技巧进行补光

所谓跳闪，通常是指使用外置闪光灯通过反射的方式将光线反射到拍摄对象上，最常用于室内或有一定遮挡的人像摄影中，这样可以避免直接对拍摄对象进行闪光，造成光线太过生硬，且容易形成没有立体感的平光效果。

在室内拍摄人像时，常常需要通过调整闪光灯的照射角度，让其向着房间的顶部进行闪光，然后将光线反射到被摄人物身上，这在人像摄影中是最常见的一种补光形式。

▲ 使用外置闪光灯向屋顶照射光线，使之反射到人物身上进行补光，这样生硬的闪光灯的光线变成柔和的散射光，使人物的皮肤显得更加细腻、自然，整体感觉也更为柔和

焦　　距 ▷ 85mm
光　　圈 ▷ F5.6
快门速度 ▷ 1/80s
感 光 度 ▷ ISO400

利用慢速同步拍摄拍出漂亮的夜景人像

夜景人像是摄影师常常拍摄的题材。在拍摄时如果不使用闪光灯往往会因为快门速度过慢而使图片出现模糊。使用闪光灯又会因为画面曝光时间太短而出现人物很亮背景很暗的问题。最好的解决办法是使用相机的慢速闪光同步功能。

这个时候人物的曝光量仍然由闪光灯自行控制，不但人物主体可以得到合适曝光，而且由于相机的快门速度设置得较慢，从而使画面中的背景也得到合适的曝光。举例来说，正常拍摄时使用F5.6、1/200s、ISO 100 的曝光组合配合闪光灯的TTL 模式拍摄，拍摄出来的图片人物曝光正常，而背景显得较黑。通过将快门速度改变为1/2s，别的所有参数都不变，就可以得到人物和背景曝光都正常的夜景人像图片。

这是因为人物的曝光量主要受闪光灯影响，而闪光灯的曝光量和快门速度无关，所以人物可以得到正常的曝光，同时由于曝光时间控制为1/2s秒，在这段时间内画面的背景持续处于曝光状态，因此画面的背景也能够得到合适的曝光。值得注意的是，使用这种模式拍摄时需要配合三脚架使用，否则很容易因为相机的抖动把照片拍模糊。

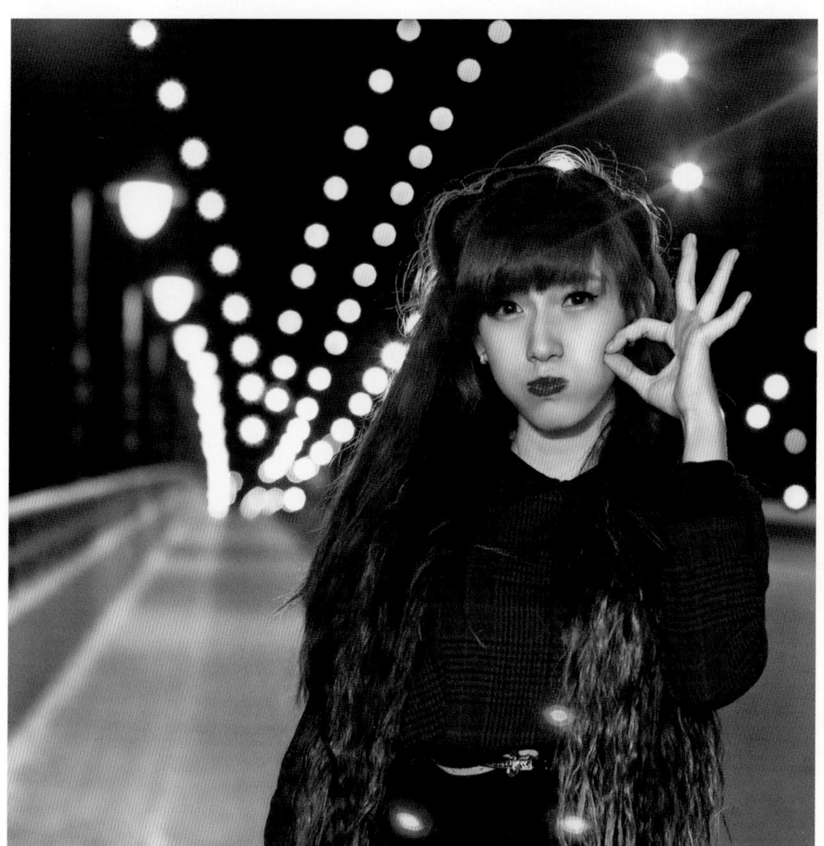

▲ 拍摄夜景时，使用闪光灯对人物补光的同时，使用前帘同步的慢速摄影技术，可使人物还原正常的同时，背景也得到适当的曝光量

焦　　距 ▶ 50mm
光　　圈 ▶ F2.5
快门速度 ▶ 1/30s
感 光 度 ▶ ISO200

拍摄经验：使用闪光灯补光时，既可以选择闪光灯前帘同步闪光模式，也可以选择闪光灯后帘同步闪光模式。但通常模特看到闪光灯闪过之后，就会认为拍摄已经结束而开始移动（其实，如果曝光时间较长，则快门可能还没有关闭），在画面中容易造成虚影的效果。因此，当使用闪光灯进行补光，而且快门速度较慢（曝光时间较长）时，应该使用闪光灯后帘同步闪光模式，使闪光灯在曝光结束时闪光。

▶ 拍摄夜景时，使用闪光灯对人物补光后，人物还原正常，但是背景显得比较黑

用压光技巧拍出色彩浓郁的环境人像

压光是指压低、减少充足的自然光，这种技巧常用于在光线充足的白天拍出阴天或黄昏时分画面阴暗的效果，换言之就是通过这种拍摄技法，使人像的背景曝光相对不足，而前景的人物曝光仍然是正常的。拍摄的方法是将光圈缩小至F16左右（此数值可灵活设置），但快门速度并不降低（或仅降低一点，此处也需要视拍摄环境的背景亮度灵活确定），也不必提高ISO数值，因为如果在拍摄时完全按这样的曝光参数组合拍摄，得到的照片肯定比较暗。因此，最重要的一个步骤就是在拍摄时使用闪光灯对前景处的人像进行补光，以加大背景与人像的明暗差距。

由于照片的背景曝光效果，取决于光圈、快门、感光度这三个要素，因此拍摄出来的照片的背景会由于曝光相对不足而显得色彩浓郁、厚重。而前景处的人像由于有闪光灯补光，因此曝光正常。

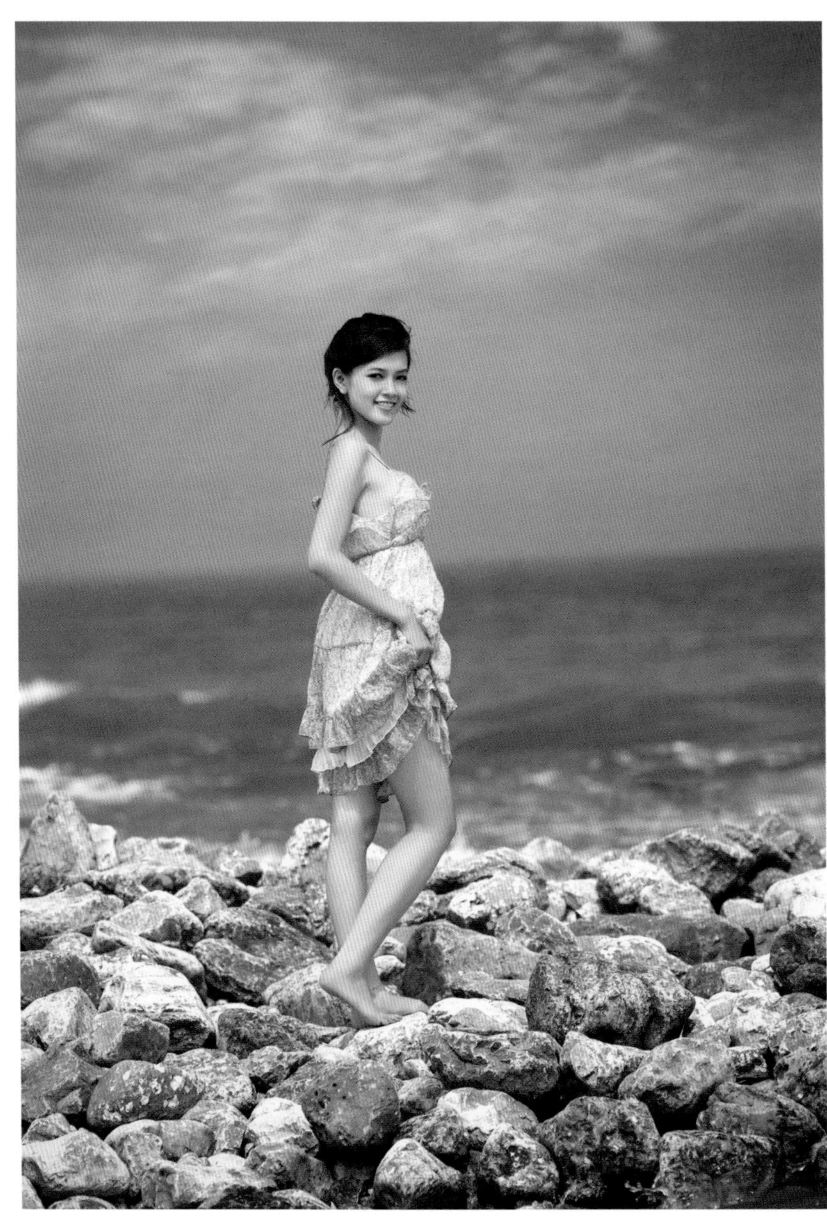

焦　　距 ▷ 105mm
光　　圈 ▷ F16
快门速度 ▷ 1/200s
感 光 度 ▷ ISO200

▶ 在海边以蓝天大海为背景拍摄人像，使用闪光灯为人物补光，并适当缩小光圈，拍摄到人物与天空都有不错表现的画面

用点测光模式表现细腻的皮肤

对于拍摄人像而言，皮肤是需要重点表现的部分，而要表现细腻、光滑的皮肤，测光是非常重要的一步工作。准确地说，拍摄人像时应采用点测光模式对人物的皮肤进行测光。

具体操作方法是，在单次伺服自动对焦模式下，将测光模式切换为点测光模式。将自动对焦区域模式切换为单点对焦区域模式。测光时将相机的对焦点对准模特的皮肤，以获得点测光模式下的曝光参数，按AF-L/AE-L按钮锁定曝光参数。最后，重新进行构图、对焦，直至完成拍摄操作。

在拍摄时可以适当增加半挡或2/3挡的曝光补偿，让皮肤显得白皙、细腻。

▲ 在柔光区域使用点测光模式对女孩的皮肤进行测光，得到了十分细腻、柔滑的效果

焦　　距 ▷ 135mm
光　　圈 ▷ F3.5
快门速度 ▷ 1/200s
感 光 度 ▷ ISO100

塑造眼神光让人像更生动

在人像摄影中，眼睛的表现效果十分重要，而要把眼睛表现好，很重要的一点就是要恰当地运用好眼神光。眼神光能使照片中人物的眼睛里产生一个或多个光斑，使人物显得更有神采。

在户外拍摄时，天空中的自然光就能在人物的眼睛上形成眼神光，如果效果不够理想，可以利用反光板来形成眼神光，通常反光板的大小决定了模特眼睛中眼神光斑点的大小。

如果是在室内人造光源布光，主光通常采用侧逆光位，辅光照射在人脸的正前方，用边缘光打出眼神光。

焦　　距 ▷ 80mm
光　　圈 ▷ F2.8
快门速度 ▷ 1/125s
感 光 度 ▷ ISO100

▶ 眼睛是内心感情向外流露的窗口，对人物眼神光的塑造，使其看起来神情怡然、充满自信

侧逆光表现身体形态

使用侧逆光拍摄人像，人物面部的受光面积比较小，人物两侧会形成非常漂亮的轮廓光，从而勾勒出人物身体轮廓和迷人的头发线条。尤其是当太阳离地面较近时，其光线呈金黄色，会使侧逆光勾勒的轮廓线更加突出。

▲ 使用侧逆光光线拍摄女孩，女孩的头发出现了非常漂亮的轮廓光，十分迷人

拍摄要点：

上午或下午时，光线比正午更为柔和，以逆光或侧逆光拍摄，可以很好地体现出人物的轮廓美，同时由于环境光非常明亮，只要简单的配合反光板为人物暗部补光，即可获得很好的拍摄效果。

用较暗的背景衬托人物面部的侧面轮廓，以突出人物气质。

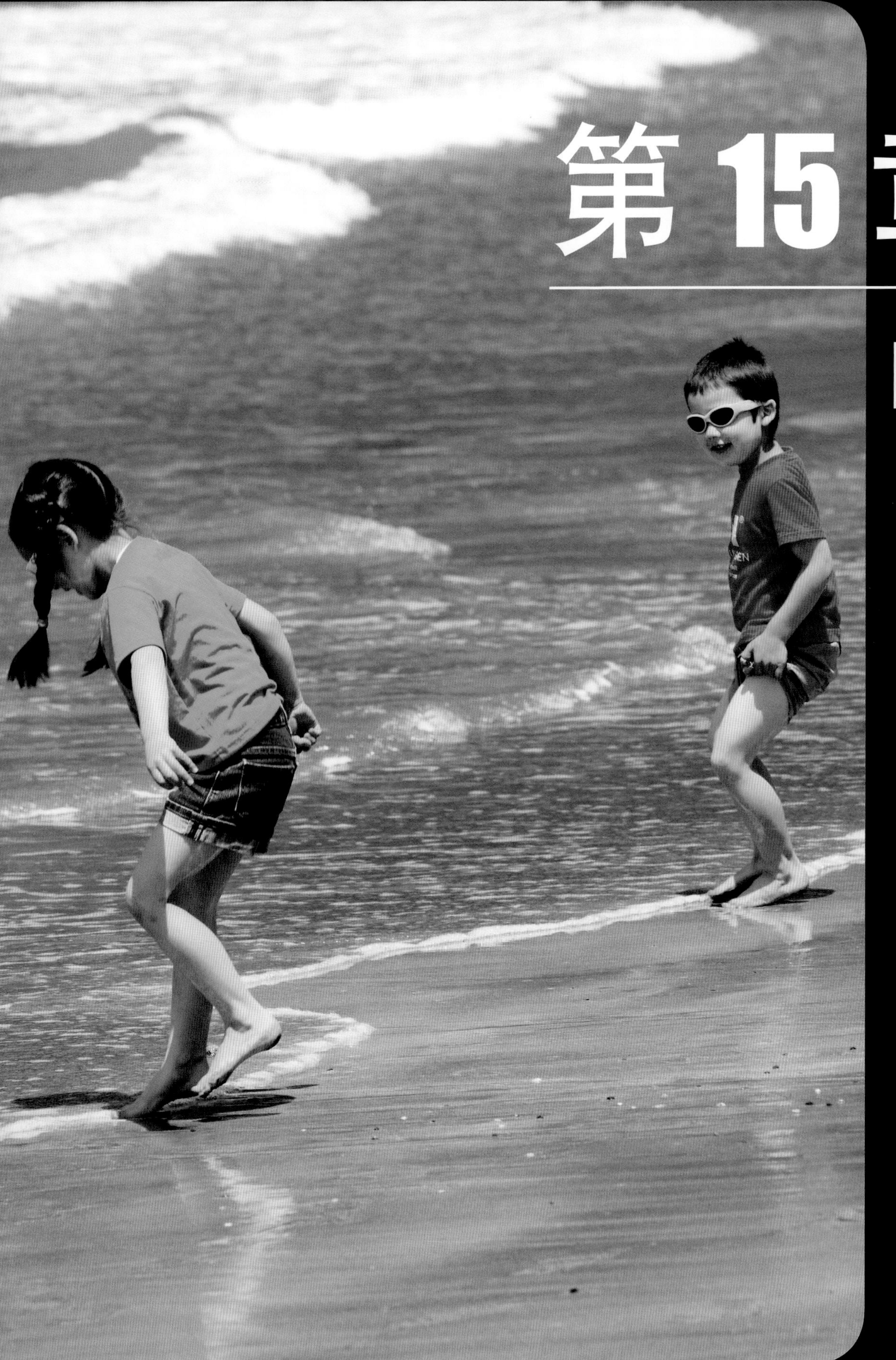

第 15 章

「儿童摄影」

长焦变焦镜头更便于拍摄

为了避免孩子们受摄影师影响，最好能用长焦镜头，这样可以在尽可能不影响他们的情况下拍摄到最生动、自然的照片。

▶ 使用长焦镜头拍摄孩子时，即使是在距孩子较远的地方，拍摄到孩子们纯真自然的表情也是轻而易举的

抓住最生动的表情

儿童的情感单纯、情绪易变，前一分钟在开怀大笑，后一分钟就有可能号啕大哭。为了真实地记录下他们的喜怒哀乐，最好以抓拍的方式进行拍摄。在拍摄时除了灿烂的笑容外，还应该包括哭泣的、生气的、发呆的、沉默的、搞怪的等不同表情，他们的每一个表情和动作，都有可能成为一幅妙趣横生的摄影作品。

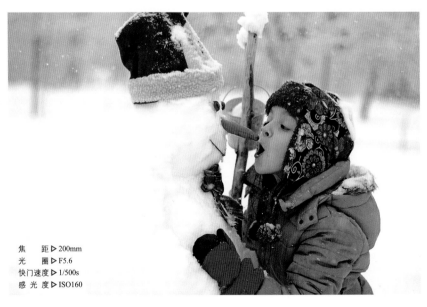

焦　距 ▷ 200mm
光　圈 ▷ F3.5
快门速度 ▷ 1/400s
感 光 度 ▷ ISO100

焦　距 ▷ 200mm
光　圈 ▷ F5.6
快门速度 ▷ 1/500s
感 光 度 ▷ ISO160

▲ 孩子生动、自然的表情尽显其天真烂漫的个性

使用高速快门及连拍设置

由于孩子不像大人那样容易沟通，而且其动作也是不可预测的，因此在拍摄时应选择高速快门连拍及人工智能伺服自动对焦模式进行拍摄，以保证在儿童突然动起来或要抓拍精彩瞬间时，也能够成功、连贯地进行拍摄。

对相机本身来说，要提高快门速度，除了增大光圈以外，就是提高感光度了，但为了保证拍摄出的画面中儿童的皮肤较为柔滑、细腻，就不能使用太高的感光度设置。因此，摄影师需要综合考虑这两个因素设置一个较为合适的感光度数值。

▲ 使用高速快门及连拍设置，将孩子一连串的动作都清晰地记录了下来

散射光下更容易表现柔嫩的皮肤

拍摄儿童的最佳时间是清晨或傍晚，这时的光线不仅柔和而且带有淡淡的金黄色，也不用担心强光会伤害儿童的眼睛。当拍摄者用顺光或侧光来拍摄儿童时，他们的皮肤会表现得十分光滑和细腻。由于这个时候光线还很亮，通常不用担心快门速度过慢而导致图像模糊。

此外，阴天与阴影处的光线也属于散射光，因此也比较适合于拍摄儿童。

拍摄时，可以适当增加1/3挡或1挡曝光补偿，以使儿童的皮肤看上去更加白嫩、剔透。

▲ 散射光线下拍摄的儿童，将他们皮肤的细腻、光滑、柔嫩感觉被表现得十分到位

焦　　距▷200mm
光　　圈▷F4
快门速度▷1/320s
感 光 度▷ISO100

禁用闪光灯以保护儿童的眼睛

为了孩子的健康着想，拍摄3岁以下的宝宝时一定不要使用闪光灯。在室外时通常比较容易获得充足的光线，而在室内时，应尽可能打开更多的灯或选择在窗户附近光线较好的地方，以提高光照强度，然后配合高感光度、镜头的防抖功能及倚靠物体等方法，保持相机的稳定。

拍摄要点：

使用一支大光圈的定焦镜头，在柔和的窗户光下，即可很容易的获得充足的曝光。

使用连拍释放模式，以便于在拍摄动态的孩子时，通过连续拍摄多张照片的方式，捕捉到最精彩的瞬间。

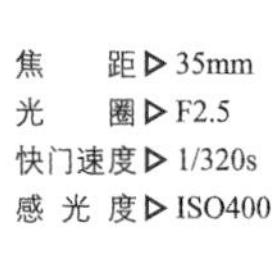

焦　　距▷35mm
光　　圈▷F2.5
快门速度▷1/320s
感 光 度▷ISO400

▶ 由于孩子的眼睛非常娇嫩，拍摄时应关闭闪光灯

用玩具调动孩子的积极性

孩子们顽皮的天性会导致他们的注意力很容易被一些事物吸引，从而使拍摄者需要花费很多的时间来吸引孩子的注意力。

拍摄可以通过使用玩具来引导儿童，也可以把儿童放进玩具堆中自己玩耍，然后摄影师通过抓拍的方法，采用更合理的光线、角度等对其进行拍摄。

拍摄要点：

使用连续伺服自动对焦模式与快门释放模式进行连续拍摄，以保证捕捉到每一个精彩画面。

使用大光圈与较高的ISO感光度，以保证足够高的快门速度。

使用反光板为儿童的暗部进行补光，以保证均匀、充分的光线。

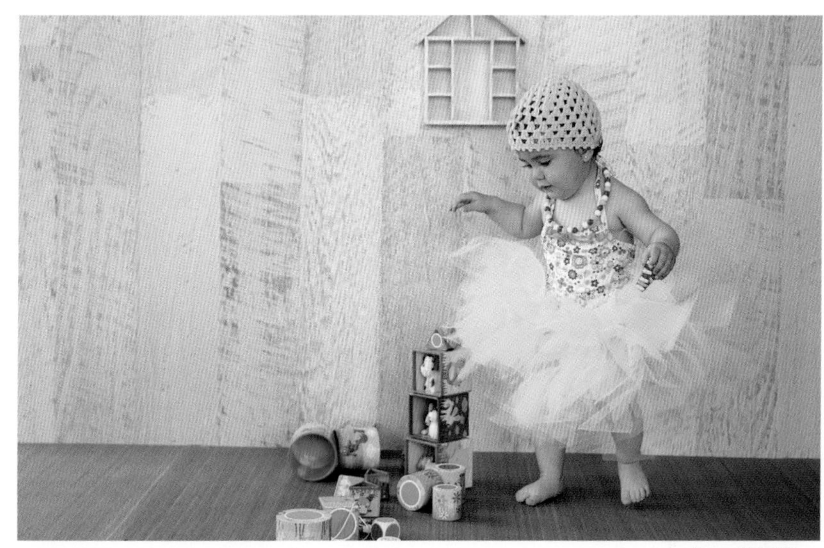

▲ 随时准备好相机，把孩子被玩具吸引住的瞬间抓拍下来，画面显得很生动

焦　　距 ▷ 50mm
光　　圈 ▷ F8
快门速度 ▷ 1/200s
感 光 度 ▷ ISO100

食物的诱惑

美食对孩子们有着巨大的诱惑力，利用孩子们喜爱的美食可以调动孩子们的兴趣，从而拍摄儿童趣味无穷的吃相。

拍摄经验：拍摄时应该将注意力聚焦在孩子的面部，至于衣服是否被弄脏、东西是否掉在了地上，都不重要。

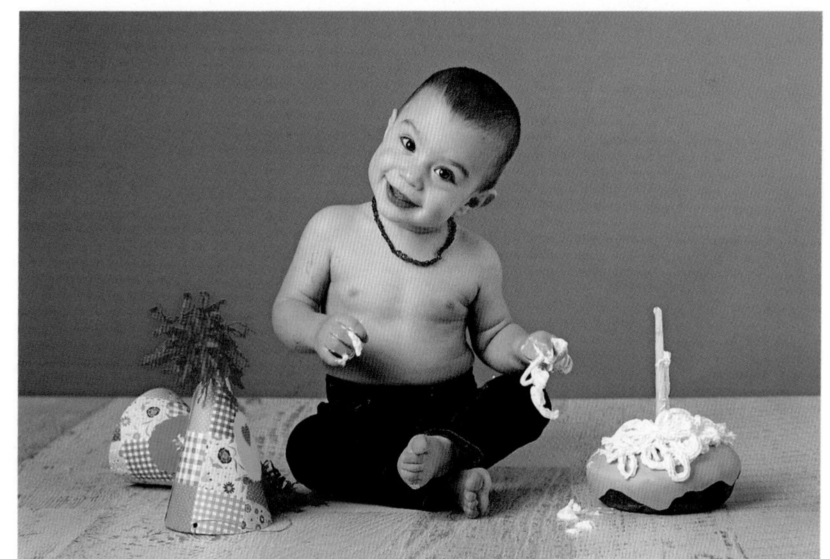

▲ 有了食物的诱惑，孩子果然变得配合很多

焦　　距 ▷ 46mm
光　　圈 ▷ F8
快门速度 ▷ 1/200s
感 光 度 ▷ ISO100

值得记录的五大儿童家庭摄影主题

眼神

俗话说“眼睛是心灵的窗户”，在表现儿童面部表情的照片中，其眼睛就是整个画面的视觉中心。

一般来说，让儿童的眼睛直视镜头的情况比较常见，这种方法能够直接传递人物的心情，让读者觉得更亲切，没有距离感。

▲ 在拍摄孩子的时候，表现眼神是至关重要的。像这张照片中，小女孩专注、可爱的眼神就让画面颇有意味

焦　　距 ▷ 200mm
光　　圈 ▷ F3.5
快门速度 ▷ 1/400s
感 光 度 ▷ ISO100

表情

儿童的表情总是非常自然、丰富的，时而欢笑颜开、时而紧皱眉头，而不论如何在他们的表情里总是能看到纯真、可爱的天性。

将儿童丰富的表情真实地表现在照片中，并配以合适的构图与光影效果，就能够让照片看上去与众不同。

拍摄要点：

使用中长焦镜头进行拍摄，让孩子能够更自然的发挥他们天真、可爱的表情。

以平视角度拍摄，能够更真实、亲切的记录下孩子们的表情。

▲ 小女孩手指夹着鼻子，撅着小嘴，睁着大大的眼睛，其着实逗人，但又毫无矫揉造作之意的表情非常吸引人

焦　　距 ▷ 200mm
光　　圈 ▷ F4
快门速度 ▷ 1/640s
感 光 度 ▷ ISO100

身形

拍摄儿童除表现其丰富的表情外，其多样的肢体语言也有着很大的可拍性，包括其有意识的指手画脚，也包括其无意识的肢体动作等。

摄影师还可以在儿童睡觉时对其娇小的肢体进行造型，凸显其可爱身形的同时，还可以组织出具有小品样式的画面以增强趣味性。

▲ 这组照片是在孩子熟睡过程中拍下的，其所表现出来的动作、表情都十分可爱，充满童趣

与父母的感情

家庭是孩子成长最自然的生态环境。孩子跟父母在一起时，表情是最自然的。他们对父母的信任、依赖可以消除拍摄给孩子带来的焦虑和恐慌感。同时，亲子间的温馨、美好的感觉还可以为照片增添色彩。

▲ 当孩子与家长在一起游乐时，表情、动作十分自然，很容易拍到充满浓浓爱意的画面

兄弟姐妹之间的感情

兄弟姐妹间的感情可以用一句话来形容：血浓于水。无论年龄相差多大，那份与生俱来的感情，让他们相互支持，彼此照顾，开心快乐。

焦　　距 ▷ 200mm
光　　圈 ▷ F5.6
快门速度 ▷ 1/500s
感 光 度 ▷ ISO100

▶ 两个小女孩聚在一起在玩耍的画面看起来非常快乐、放松

第16章

建筑摄影

表现建筑物的内景

在拍摄建筑时，除了拍摄外部结构之外，也可以进入建筑物内部拍摄内景，如大型展馆、歌剧院、寺庙、教堂等建筑物内部都有许多值得拍摄的绘画及装饰作品。由于建筑物室内的光线通常弱于室外，因此，如果以手持方式拍摄，要注意确保快门速度高于安全快门速度。常用的拍摄方法是使用较大的光圈、较高的感光度，开启镜头防抖功能等。

▲ 通过提高ISO感光度，使快门速度得到提高，从而在游览时从容拍摄教堂内部精美的装饰

通过对比表现建筑的宏伟规模

许多建筑都有惊人的体量，例如许多游览过埃及金字塔的游客都用“震撼”来表达自己的心情，步行在绵延不绝的万里长城时，也只能“惊叹”其长度，这种感受大多来源与游客自身与建筑规模的对比。

在拍摄建筑时，也可以利用对比来表现建筑的宏伟规模，例如，可以在画面中安排游人、汽车等观看者容易辨识其体量的陪体，通过这些陪体与建筑的对比，衬托出建筑物宏伟的体量。

拍摄要点：

单纯观察画面中的建筑，其体量看起来小了很多，但在画面中纳入少量人物，与建筑形成鲜明的对比，建筑的体量立刻被突显出来。

利用广角镜头进行拍摄可以增强画面整体气势和空间感。

焦　　距 ▷ 18mm
光　　圈 ▷ F8
快门速度 ▷ 1/250s
感 光 度 ▷ ISO400

◀通过游人在画面中的比例可以看出建筑的体量，其宏大的气势让人顿时感觉到自身的渺小

发现建筑中的韵律

韵律原本是音乐中的词汇，但实际上在各种成功的艺术作品中，都能够找到韵律的痕迹，韵律的表现形式随着载体形式的变化而变化，但均可给人节奏感、跳跃感与生动的感受。

建筑摄影创作也是如此，建筑被称为凝固的乐曲，这本身就意味着在建筑中隐藏着流动的韵律，这种韵律可能是由建筑线条形成的，也可能是由建筑自身的几何结构形成的。

因此在拍摄建筑时，需要不断调整视角，通过在画面中运用建筑的语言为画面塑造韵律，拍摄出优秀的照片。

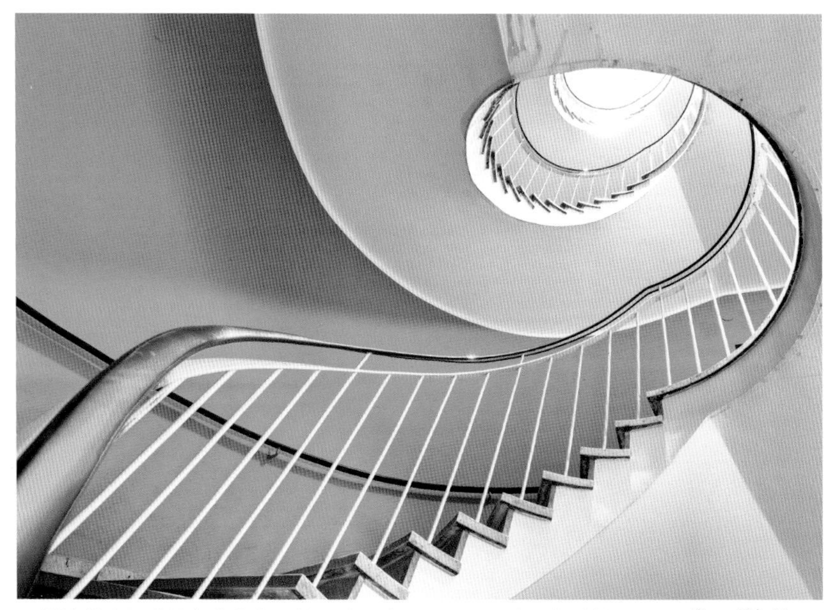

▲ 螺旋状也是建筑中非常常见的一种韵律形式，仰视拍摄楼梯获得了优美的螺旋形的动感效果

焦　距 ▷ 24mm
光　圈 ▷ F7.1
快门速度 ▷ 1/80s
感 光 度 ▷ ISO400

精彩的局部细节

许多建筑不仅整体宏伟、壮观，在细节方面也极具美感。例如北京的故宫、加得满都的杜巴广场、曼谷的大皇宫，从高处鸟瞰能够感受到建筑的整体宏大规模与王者气势，在近处欣赏会为其复杂的雕刻、精美的绘画及繁复的装饰细节之美折服。在拍摄这样的建筑时，除了利用广角镜头表现其整体美感，还要学会利用长焦镜头以特写景别表现其细节之美。

▲ 用长焦镜头拍摄西方古典建筑外部的雕塑细节

焦　距 ▷ 200mm
光　圈 ▷ F8
快门速度 ▷ 1/500s
感 光 度 ▷ ISO200

合理安排线条使画面有强烈的空间透视感

透视是一个绘图术语，由于同样大小物体在现实的视觉中呈现出近大远小的现象，因此绘画者可以据此在平面上分别绘制不同空间位置及大小物体，使二维平面上的画面看起来具有三维空间感。

拍摄建筑题材的作品时，要充分运用透视规律，使画面能够体现出建筑物的空间感。

在建筑物中选取平行的轮廓线条，如桥索、扶手、路基，通过构图手法使其在远方交汇于一点，即可营造出强烈的透视感，这样的拍摄手法在拍摄隧道、长廊、桥梁、道路等题材时也很常用。

如果所拍摄的建筑物体量不够宏伟、纵深不够大，可以利用广角镜头夸张强调建筑物线条的变化，或在构图时选取排列整齐、变化均匀的对象，如一排窗户、一列廊柱、一排地面的瓷砖等。

▲ 拍摄建筑内部构造，呈现出向画面中心汇聚的一点透视效果，使画面的空间效果看上去十分强烈

焦　　距 ▶ 20mm
光　　圈 ▶ F7.1
快门速度 ▶ 1/60s
感 光 度 ▶ ISO200

表现建筑的轮廓美

许多建筑物的外观造型非常美观，在傍晚拍摄这样的建筑物时，如果选取逆光角度拍摄，可以拍摄出漂亮的建筑物剪影效果。

具体在拍摄时，只需要针对天空中亮处进行测光，建筑物就会由于曝光不足而呈现出黑色的剪影效果，如果按此方法得到的是半剪影效果，可以通过降低曝光补偿使暗处更暗，建筑物的轮廓外形会更明显。

拍摄要点：

使用点测光模式对灰色天空进行测光，然后按下AE-L/AF-L按钮以锁定曝光，再进行构图、对焦、拍摄，由于天空与建筑的明暗反差非常明显，因此可以自然获得建筑的轮廓效果。

使用单个对焦点，对建筑与天空的交接处进行对焦，可以实现更高的对焦成功率。

设置“背阴”白平衡，可以获得暖调的环境色效果。

▲ 夕阳西下，光线依然很强，摄影师对准天空亮处曝光，建筑物的外轮廓呈现出漂亮的剪影效果

拍摄乡村古镇

我国有许多美丽的乡村与古镇，其中以安徽西递、宏村，桂林阳朔西街，贵州黎平肇兴侗寨，江西婺源古村落群，江苏苏州同里，闽西客家土楼，四川丹巴藏寨，湘西凤凰，新疆喀纳斯湖畔图瓦村，云南红河大羊街乡哈尼村落、丽江大研镇、浙江楠溪江古村落群、西塘等景点最为知名。

这些地方基本上都有相同的特点，即地域风土特征鲜明、历史积淀丰厚，独具特色；自然环境优美，舒适宜人；村镇格局清晰，建筑美丽；居民很好地维系了传统和文化习俗；没有过度的商业开发，在文化形态兼容并蓄的同时、保持了本土性。

前往这样的地方，不仅能够拍摄到美丽的画面，还能够领略当地的风土人情，因此如果只是想拍摄古民居，体验当地人文与历史底蕴，一年四季皆可。

如果要拍摄油菜花等应季的景观，则需要精心选择出行时间，通常每年的三、四月份，是最佳拍摄时间。

▲画面中的村落临水而建，一派古色古香，高挂的大红灯笼在小雪的衬托下，渲染出浓浓的新年气氛

焦　　距▷35mm
光　　圈▷F4.5
快门速度▷1/200s
感 光 度▷ISO500

利用仰视、俯视拍摄纵横交错的立交桥

现代城市中存在很多纵横交错的立交桥，想要将这些立交桥错综复杂的走向及宏大的规模表现出来，可以仰视或俯视拍摄。在拍摄时，首先需要找到一个较低或较高的位置，结合小光圈获取有较大景深的画面，以将桥梁在画面中清晰地呈现出来。在取景时可以选择局部构成具有抽象意味的画面，也可以用广角镜头尽可能多地将桥体纳入画面以表现其修长的造型、宽广的跨度。

专业摄影师在拍摄桥梁时，为了追求高视角，甚至会雇用专业的飞机进行航拍。但实际上如果能够找到足够高的楼且能够以不错的角度看到要拍摄的立交桥，也可以使用适当焦距的镜头来进行俯视拍摄。建议选择在夜晚进行拍摄，因为此时可以将地面上与主体无关的景物隐藏在夜色里，并且能够拍摄到车流交织的繁华景象，得到更漂亮的画面。

拍摄要点：

在夜间拍摄立交桥时，要使用三脚架稳定相机。

利用广角镜头进行拍摄可以增强画面整体气势和空间感。

小光圈拍摄使灯光呈现出星芒效果，起到点缀画面的作用。

▲ 站在高处俯视拍摄纵横交错的立交桥，将蜿蜒的路面充分展现出来

焦　距 ▶ 18mm
光　圈 ▶ F16
快门速度 ▶ 15s
感 光 度 ▶ ISO500

▲ 站在路边仰视拍摄立交桥，虽然只是选取了局部进行拍摄，但却将桥体纵横交错的动感表现出来

焦　距 ▶ 28mm
光　圈 ▶ F16
快门速度 ▶ 13s
感 光 度 ▶ ISO400

以标新立异的角度进行拍摄

拍惯了大场景建筑的整体气势以及小细节的质感、层次感，不妨尝试拍摄一些与众不同的画面效果，不管是历史悠久的，还是现代风靡的，不同的建筑都有其不同寻常的一面。

例如，利用现代建筑中用于装饰的玻璃、钢材等反光装饰物，在环境中有趣的景象被映射其中时，通过特写的景别进行拍摄。

总之，只要有一双善于发现美的眼睛以及敏锐的观察力，就可以捕捉到不同寻常的画面。在实际拍摄过程中，可以充分发挥想象力，不拘泥于小节，自由地创新，使原本普通的建筑在照片中呈现出独具一格的画面效果，形成独特的拍摄风格。

▲ 拍摄建筑时，利用建筑不同色彩的玻璃窗将对面的景物反射出来，使画面产生独特的趣味性，蜷缩在窗台上看书的人物则打破了画面的呆板感，整幅作品拍摄角度新颖，给人耳目一新的感觉

焦　　距 ▶ 50mm
光　　圈 ▶ F5.6
快门速度 ▶ 1/1000s
感 光 度 ▶ ISO400

第17章

「夜景摄影」

拍摄夜景必备的器材与必须掌握的相机设置

三脚架

由于拍摄夜景多采用慢速快门拍摄，因此摄影师必须使用三脚架，以解决手持相机不稳定的问题。由于使用三脚架后，可以大幅度延长曝光时间，而不必担心相机的稳定性。因此，在拍摄时可以大胆使用最低的感光度与较小的光圈，从而获得清晰范围较大、画质纯净的夜景照片。

拍摄经验：在拍摄前一定要确认稳定性，排除任何可能引起三脚架晃动的因素。比如，对于可以拉出4节的三脚架，最好不要使用最下面的一节，而且中间的升降杆也不要提升得太高；如果是在有风的天气拍摄，可以在三脚架的底部挂上一个重物（以小于三脚架能承受的重量为宜）。

▲三脚架

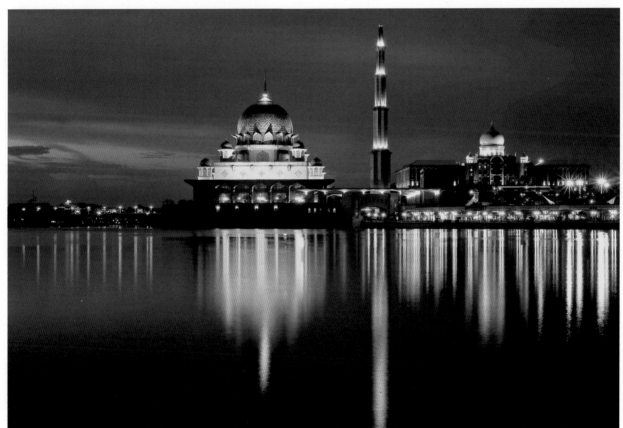

▲拍摄城市夜景时，为了确保能得到高质量的画面，进行长时间曝光时必须使用三脚架

焦　　距 ▷ 30mm
光　　圈 ▷ F25
快门速度 ▷ 30s
感 光 度 ▷ ISO200

快门线或遥控器

快门线是一种与三脚架配合使用的附件，在进行长时间曝光时，为了避免手指直接接触相机而产生震动，会经常用到。

遥控器的作用与快门线一样，使用方法类似于我们使用电视机或者空调的遥控器，只需要按下遥控器上的按钮，快门就会自动启动。

右侧展示的是与Nikon D5500配合使用的快门线与遥控器。

▲ 尼康ML-L3遥控器

▲ 尼康 MC-DC2快门线

▼ 进行夜景摄影时，用快门线进行长时间曝光，拍摄到车的灯光的运动轨迹

焦　距 ▷ 16mm
光　圈 ▷ F16
快门速度 ▷ 30s
感光度 ▷ ISO100

遮光罩

夜晚的城市由于璀璨的灯光显得格外迷人、美丽，但对于摄影师而言，这些灯光有时是拍摄的主题，有时却可能成为导致拍摄失败的主要因素。因为这些灯光可能进入镜头而在画面中形成眩光，特别是使用广角镜头拍摄时，一定要特别注意周围是否有这样的光源存在。

为了防止画面中产生眩光影，必须要使用遮光罩来减少杂光的进入。

使用正确的测光模式

拍摄城市夜景时，由于场景的明暗差异很大，为了获得更精确的测光数据，通常应该选择中央重点测光或点测光测光模式，然后选择比画面中最亮区域略弱一些的区域进行测光，以保证高光区域能够得到足够的曝光。

另外，还需要做出－0.3EV到－1EV负向曝光补偿，以使拍摄出来的照片有深沉的夜色。

拍摄经验：在拍摄时可以使用包围曝光功能，从而提高出片率。

使用正确的对焦方法

由于夜景的光线较暗，可能会出现对焦困难的情况，此时可以使用相机的中央对焦点进行对焦，因为通常相机的中央对焦点的对焦功能都是最强的。

此外，还有一个方法，可以切换至手动对焦模式，再通过取景器或实时取景来观察是否对焦准确，并进行试拍，然后注意查看是否存在景深不够大导致变虚的问题，如果照片的景深不足，可以缩小光圈以增大景深。

▲使用较小的光圈对远处的建筑进行对焦，将画面中每个细节都清晰地展现出来

焦　距▶55mm
光　圈▶F5.6
快门速度▶1/6s
感 光 度▶ISO1600

启用降噪功能

夜景拍摄时，由于光线不足，因此设置与白天相同的感光度时，会产生更多的噪点。

为获得高质量的画面效果，应尽可能采用较低的感光度，从而尽量减少画面产生的噪点。另外，要启用降噪功能，以最大限度地减少画面中的噪点。

焦　　距 ▷ 22mm
光　　圈 ▷ F10
快门速度 ▷ 6s
感 光 度 ▷ ISO100

▶ 在夜晚拍摄夜景照片时，使用降噪功能可使天空、建筑物噪点减少，图片质量更好

选择拍摄城市夜景的最佳时间

拍摄夜景的最佳时间是从日落前5分钟到日落后30分钟，此时天空的颜色随着时间的推移不断发生变化，其色彩可能按黄—橙—红—紫—蓝—黑的顺序变化，在这段时间里拍摄城市的夜晚能够得到漂亮的背景色。

在这段时间内天空的光线仍然能够勾勒出建筑物的轮廓，因此画面上不仅会呈现星星点点的璀璨城市灯火，还有若隐若现的城市建筑轮廓，画面的形式美感会得到提升。

如果天空中还有晚霞，则画面会更加丰富多彩，绚烂的晚霞、璀璨的城市灯光能共同渲染出最美丽的城市夜景。

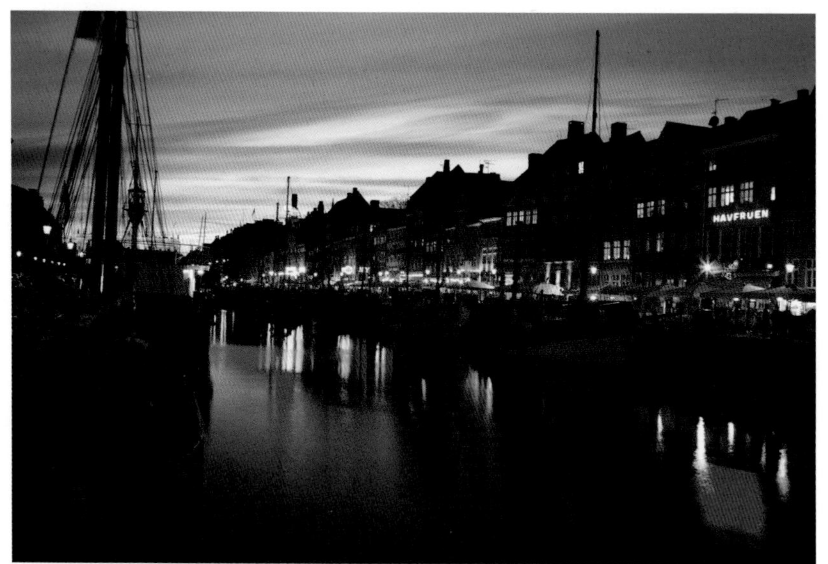

▲ 在天空尚未完全变黑时拍摄城市夜景，蓝调的天空和地面建筑上的灯光形成冷暖对比，使画面效果更加突出

焦　　距 ▷ 24mm
光　　圈 ▷ F9
快门速度 ▷ 8s
感 光 度 ▷ ISO100

拍摄经验：拍摄夜幕中的对象时，通常要进行长时间曝光，为了不浪费时间与拍摄机会，在实际拍摄之前，可以先将ISO调整为一个较高的数值，以较高的快门速度进行预拍摄，并通过观察这张照片对构图或现场拍摄的元素进行优化调整。

利用水面倒影增加气氛

如果认为夜景摄影只是地面的建筑和夜空，那就会痛失美景。在有湖泊、河流的地方拍摄夜景，往往能够拍摄出更漂亮的夜景照片。

例如，可以在城市公园里的湖泊边，或者是距家不远的一条海边，只要夜幕降临时，灯光辉煌的建筑都会在水面上形成非常美丽的倒影。

拍摄水面倒影的夜景建筑时，一定要精心安排水平线，如果重点表现的是岸上夜景，可以将其置于画面下方1/3的地方；反之，如果重点表现的是水面中的波光粼粼效果，则应将其置于画面上方1/3的地方。

拍摄经验：拍摄时一定要关注风速，如果风速较小，即使水面有一点小波浪，也将由于曝光时间较长而不会对倒影效果形成太大影响。但如果风速较大，最好择日另拍，因为过大的风速会使水面的倒影显得凌乱、破碎。

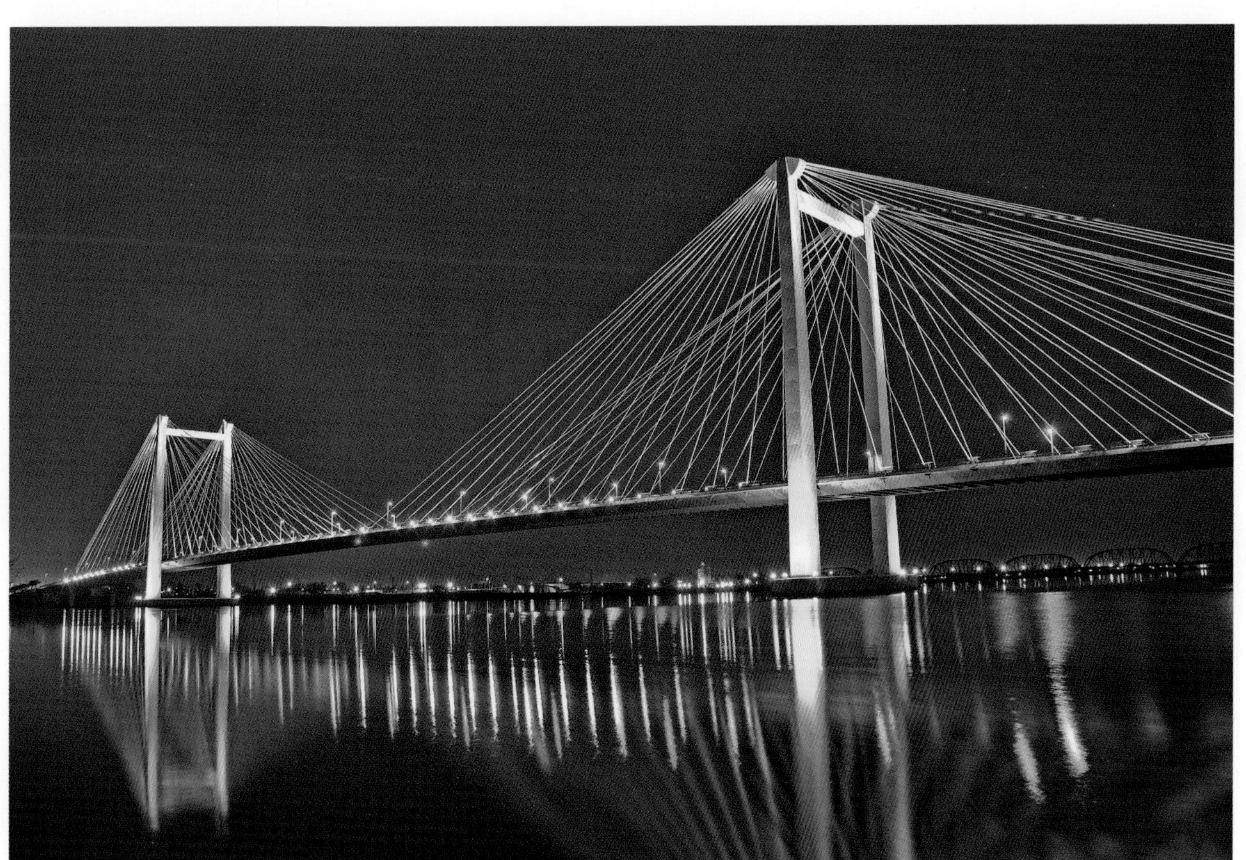

▲拍摄夜景时，将水中色彩斑斓的倒影也加入，可以使画面影调更丰富，使城市显得更加繁华、绚丽

焦　距▶18mm
光　圈▶F8
快门速度▶10s
感 光 度▶ISO200

拍出漂亮的车流光轨

拍摄车流光轨的常见错误是选择在天色全黑时拍摄，实际上应该选择天色未完全黑时进行拍摄。这时的天空有宝石蓝般的色彩，拍摄出来的照片的天空才漂亮。

如果要让照片的车流光轨有迷人的S 形线条，拍摄地点的选择很重要，就应该寻找到能够看到弯道的观测地点；如果在过街天桥上拍摄，出现在画面中的灯轨线条，必然是有汇聚感觉的直线条，而不是S 形。

拍摄时要选择快门优先模式或B门曝光模式，在不会过曝的前提下，曝光时间的长短与最终画面上的车流灯轨的长度成正比，如果曝光时间不够长，画面中出现的可能是断开的线条，画面不够美观。

如果要使灯光线条出现在空中，应该以仰视角度拍摄双层巴士。

▲ 选择在路况畅通的地段拍摄车流灯轨，看着画面中一条条灯轨，仿佛汽车从身边呼啸而过。在拍摄时一定要使用三脚架和快门线以保证画质清晰

焦　　距 ▷ 30mm
光　　圈 ▷ F22
快门速度 ▷ 16s
感 光 度 ▷ ISO100

利用小光圈拍摄出有点点星光的夜景城市

夜景的城市美在灯光，当暮色将至、华灯初上时，星星点点的灯光就为城市织就了绚丽的外衣。

要拍摄出城市的漂亮灯光，如使其在画面上闪烁着长长星芒，需要使用较小的光圈，参考的数值范围是F16~F20，光圈越小，灯光越强烈，星芒效果越明显，但随之而来的问题就是需要的曝光时间越长，因此拍摄时的稳定性就必须成为重点考虑的因素。如果希望以手持相机的方式拍摄出漂亮的星光，可以尝试将ISO数值设置成为一个较高的数值。

▲小光圈加长时间曝光来俯拍城市的夜晚，使城市具有星光茫茫的效果

焦　　距▶28mm
光　　圈▶F22
快门速度▶50s
感 光 度▶ISO100

星轨的拍摄方法

星轨是一个比较有技术难度的拍摄题材，要拍摄出漂亮的星轨要有“天时”与“地利”。

“天时”是指时间与气象条件，拍摄的时间最好在夜晚，此时明月高挂，星光璀璨，能拍摄出漂亮的星轨，天空中应该没有云层，以避免遮盖住了星星。

“地利”是指由城市中的光线较强，空气中的颗粒较多，因此对拍摄星轨有较大影响。

所以，要拍出漂亮的星轨，最好选择大气污染较小的郊外或乡村。

构图时要注意利用地面的山、树、湖面、帐篷、人物、云海等对象，丰富画面内容，因此选择地方时要注意。

同时要注意，如果画面中容纳了比星星还要亮的对象，如月亮、地面的灯光等，长时间曝光之后，容易在这一部分严重曝光过度，影响画面整体的艺术性，所以要注意回避此类的对象。

拍摄要点：

使用三脚架固定好相机，并调整好角度与焦距，以确认基本的画面构图。

尽可能选择“黑色”的区域进行拍摄，这样可以避免在长时间曝光的情况下，比星星亮的位置可能会出现曝光过度的问题。

开启LCD显示屏，并切换至手动对焦模式，拧动对焦环，在显示屏中观察对焦的准确性。若天空中存在月亮，则可以先对月亮进行对焦，然后保持该对焦不变，再切换至手动对焦模式，然后进行曝光即可。

▲通过较长时间的曝光，星星的运动轨迹变成了长长的线条，将人们看不到的景象记录下来，因而更具有震撼人心的力量

焦　距▶17mm
光　圈▶F4
快门速度▶3619s
感 光 度▶ISO200

除上述两点外，还要掌握一点拍摄的技巧。例如，拍摄时要用B 门进行拍摄，以自由地控制曝光时间，因此如果使用了带有B 门快门释放锁的快门线，就能够让拍摄变得更加轻松。

对焦如果困难，应该用手动对焦的方式。此外，还要注意拍摄时镜头的方位，如果是将镜头中线点对准北极星长时曝光，拍出的星轨会成为同心圆，在这个方向上曝光1h，画面上的星轨弧度为15°，2h为30°。而朝东或朝西拍摄，则会拍出斜线或倾斜圆弧状星轨画面。

正所谓“工欲善其事，必先利其器”，拍摄星轨时，器材的选择也很重要，质量可靠的三脚架自不必说，镜头的选择也是重中之重，镜头应该以广角镜头和标准镜头为佳，通常选择24-50mm左右焦距的镜头，焦距太广虽然能够拍摄更大的场景，但星轨在画面会比较细。

拍摄要点：

使用三脚架固定好相机，并调整好角度与焦距，以确认基本的画面构图。

在对焦时，星光比较微弱，因此可能很难对焦，此时建议使用手动对焦的方式。如果只有细微误差，通过设置较小的光圈并使用广角端进行拍摄，可以在一定程度上回避这个问题。

在对焦成功之后，可切换至手动对焦模式，以保证正式拍摄时，可以得到准确的对焦结果。

▲ 小光圈加上长时间的曝光，使摄影师拍摄到的星轨照片异常迷人

焦　　距 ▷ 32mm
光　　圈 ▷ F16
快门速度 ▷ 3000s
感 光 度 ▷ ISO800

拍摄经验：由于拍摄星轨是在较暗淡的光线下进行，拍摄时通常要使用比较高的ISO感光度，因此曝光时间较长则画面的噪点会非常多。基于此原因，拍摄星轨时也可以采取间隔拍摄的方式，即每次曝光几分钟，连续不断拍摄许多张，最后在后期处理软件中将这些照片合成起来。按此方法拍摄时，最好使用具有定时拍摄功能的定时遥控器。

在照片中定格烟火刹那绽放的美丽

拍摄烟花的技术大同小异，具体来说有三点，即对焦技术、曝光技术、构图技术。

如果在烟花升起后才开始对焦拍摄，等对焦成功烟花也差不多谢幕了，如果拍摄的烟花升起的位置差不多，应该先以一次礼花作为对焦的依据。拍摄成功后，切换至手动对焦方式，从而保证后面每次的拍摄都是正确对焦的。

如果条件允许的话，也可以对周围被灯光点亮的建筑进行对焦，然后使用手动对焦模式拍摄烟花。

在曝光技术方面，要把握两点：一是曝光时间长度；二是光圈大小。烟花从升空到燃放结束，大概只有5~6s的时间，而最美的阶段则是烟花在天空中绽放的2~3s。因此，如果只拍摄一朵烟花，可以将快门速度设定在这个范围内。

如果距离烟花较远，为确保画面景深，要设置光圈数值为F5.6~F10。如果拍摄的是持续燃放的烟花，则要适当缩小光圈，以免画面曝光过度。

光圈的大小设置要在上述的基础上根据自己拍摄的环境光线反复尝试，不可照搬硬套。

▲ 在经过摄影师精心等待及合理拍摄之下，港湾上的烟花表现出了十分美丽的效果

焦　　距 ▷ 24mm
光　　圈 ▷ F5.6
快门速度 ▷ 8s
感 光 度 ▷ ISO100

构图时可将地面有灯光的景物、人群也纳入画面中，以美化画面或增加画面气氛。这时就要使用广角镜头进行拍摄，以将烟花和周围景物纳入画面。

如果想让多个烟火叠加在一张照片上，应该用B门曝光模式。拍摄时按下快门后，用不反光的黑卡纸遮住镜头，每当烟花升起，就移开黑卡纸让相机曝光2~3s，多次之后关闭快门可以得到多重烟花同时绽放的照片。

需要注意的是，总曝光时间要计算好，不能超出合适曝光所需的时间。另外按下B门后要利用快门线锁住快门，拍摄完毕后再释放。

第一次拍摄

第二次拍摄

第三次拍摄

▲ 使用B门结合黑卡拍摄，等待焰火升起时拿开黑卡进行曝光，获得了很多焰火在天空中“盛开”的画面，值得注意的是，随着曝光时间的延长，画面曝光会随之变亮，因此在拍摄时要注意控制曝光时间，以免灯光处过曝

焦　　距▶100mm
光　　圈▶F5.6
快门速度▶7s
感 光 度▶ISO100

用放射变焦拍摄手法将夜景建筑拍出科幻感

放射变焦拍摄是指在按下快门的瞬间，匀速旋转镜头的变焦环，让镜头变焦，这样拍摄出来的画面会出现明显的放射线，从而使画面产生爆炸的科幻感。

在拍摄时，要快速、稳定地变焦才能得到理想的效果，稍微晃动一下都有可能导致画面模糊。为了保证稳定的变焦过程，得到清晰的爆炸效果，最好使用三脚架。

由于使画面出现放射线条效果的原理是在较短时间内改变焦距，因此拍摄使用的镜头的变焦范围越大越好。

拍摄经验：拍摄时所使用的快门速度和变焦速度对最后画面的表现力起决定性作用。如果快门速度过高，而转动变焦环的速度低，则可能导致还没有完成变焦操作，而曝光就已经完成的情况，此时画面中的线条会比较短。

而如果快门速度低、转动变焦环的速度高，则可能出现在完成变焦操作后，仍然需要曝光过一段时间的情况，此时画面中的线条会显得不十分清晰。因此，在拍摄时需要反复调整快门速度与变焦速度，从而使画面的整体亮度、线条长度与清晰度得到一个平衡。

快门速度与拧动变焦环的速度也应协调、统一。例如在3s的曝光时间内，要从24mm端过渡到70mm端，则应提前进行简单的测试，保证拧动变焦环的过程中是匀速的，这样可以最大限度地保证画面中的线条是直线，而不是扭曲的曲线。

另外，在扭转变焦环时，既可以从镜头的广角端向长焦端转动，也可以自镜头的长焦端向广角端移动，两种转动方式得到的画面也各有趣味，值得尝试。

使用变焦手法拍摄夜景，可以给人以一种很强烈的视觉冲击力

焦　距 35mm
光　圈 F4
快门速度 1s
感光度 ISO720

第18章

「宠物与鸟类摄影」

宠物摄影

用高速连拍模式拍摄运动中的宠物

宠物不会像人一样有意识地配合摄影师的拍摄活动，其可爱、有趣的表情随时都可能出现，如果处于跑动中，前一秒可能在取景器可视范围内，后一秒就可能从取景器无法再观察到。因此，如果拍摄的是运动中的宠物，或这些可爱的宠物做出有趣表情和动作时，要抓紧时间以连拍模式进行拍摄，从而实现多拍优选。

▶ 使用高速连拍模式拍摄的一组小猫奔跑的画面

在弱光下拍摄要提高感光度

无论是室内还是室外，如果拍摄环境的光线较暗，就必须提高感光度数值，以避免快门速度低于安全快门。Nikon D5500在高感光度下拍摄时，抑制噪点的性能还算优秀，而且绝大多数摄影爱好者拍摄的宠物类照片属于娱乐性质，而非正式的商业性照片，因此对照片画质的要求并不非常高，在这样的前提下，拍摄时是可以较为大胆地使用ISO1600左右的高感光度进行拍摄的。

拍摄要点：

- 预先拍摄测试片，观察并调整好曝光参数。
- 找到适合逆光拍摄的角度。
- 设置连续伺服自动对焦模式，以满足宠物跑过来时不停变化的对焦需要。
- 尽量将宠物置于构图的中心，并使用中央对焦点进行准确、快速的对焦。

▲ 在室内拍摄时，由于光线较弱，且猫咪的动作较快，因此需要较高的快门速度来保证主体清晰，使用大光圈加高感光度的方法，可以轻松拍到猫咪玩耍时的精彩动态

焦　距 ▶ 85mm
光　圈 ▶ F3.5
快门速度 ▶ 1/640s
感 光 度 ▶ ISO800

散射光表现宠物的皮毛细节

拍摄宠物时，如果想要表现宠物的皮毛细节或者质感，建议使用散射光。

在散射光下拍摄时，画面没有明显的阴影，过渡也更加自然，所以更加适合于表现宠物的皮毛细节。

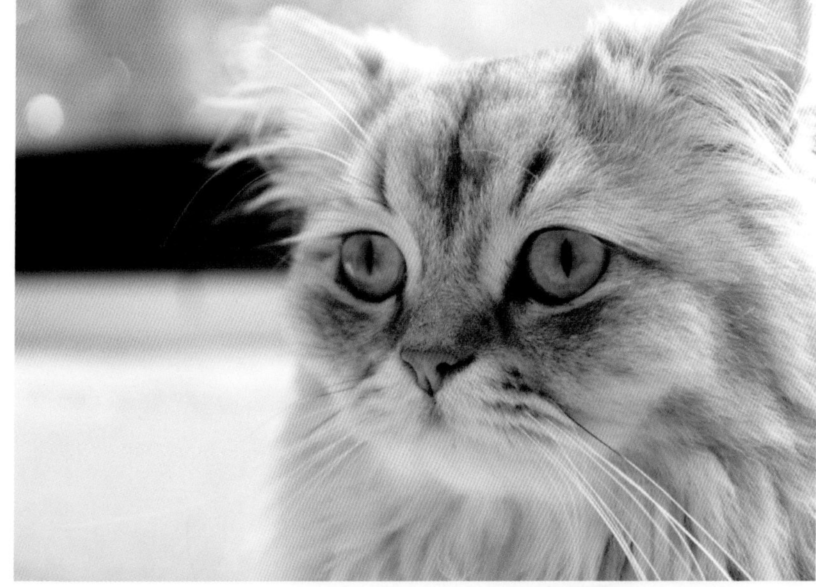

焦　距▷40mm
光　圈▷F4.5
快门速度▷1/60s
感 光 度▷ISO320

▶ 在散射光线下，很好地表现出了猫咪的皮毛细节

逆光表现漂亮的轮廓光

轮廓光又称为“隔离光”、“勾边光”，当光线来自被拍摄对象的后方或侧后方时，通常会在其周围出现。

如果在早晨或黄昏日落前拍摄宠物，可以运用这种方法为画面增加艺术气息。

拍摄时，要将宠物安排在深暗的背景前面，使明亮的边缘轮廓与背景形成明暗反差。以点测光模式对准宠物的轮廓光边缘进行测光，以确保这一部分曝光准确，测光后重新构图，并完成拍摄。

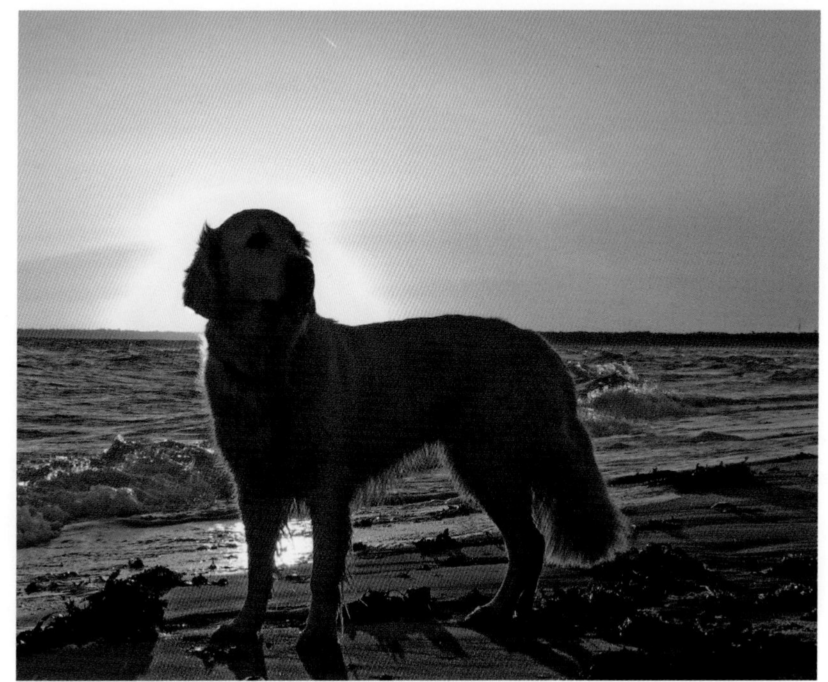

▲ 摄影师巧妙地将太阳置于狗狗的身后，更便于曝光和构图，漂亮的轮廓光给人以美的感受

焦　距▷135mm
光　圈▷F9
快门速度▷1/500s
感 光 度▷ISO100

鸟类摄影

长焦或超长焦镜头是必备利器

因为鸟类容易受到人的惊扰，所以通常要用200mm以上焦距的镜头才能使被摄的鸟在画面中占有较大的面积。使用长焦镜头拍摄的另一个优点是在一些不易靠近的地方也可以轻松拍摄到鸟类，如在大海或湖泊上。

总体来说，可以将拍摄鸟类的器材分为三种：

业余型：具有较长焦距的变焦镜头，是很多普通摄影爱好者的选择，例如适马AF 150-500mm F5-6.3APO EX HSM DG RF OS。其变焦范围通常能够满足大部分情况下的鸟类拍摄需求，而且价格也较为便宜。但在成像质量、最大光圈等方面有明显不足。

入门型：选择一款光圈稍小的定焦镜头，或性能较为优越的长焦变焦镜头，可以在拍摄时满足更为苛刻的要求，这种镜头比业余变焦镜头的自动对焦速度要快得多，而且更加锐利和清晰，结合好光线，可以拍到很好的照片。例如AF-S 300mm F4D IF-ED。

专业型：专业的鸟类摄影多以定焦镜头为主，而且其光圈也是该焦段下的最大光圈，例如 AF-S 600mm f/4G ED VR，这样的镜头在对焦速度、成像质量等素质上自不必说，但其价格是很多摄影师所无法接受的。

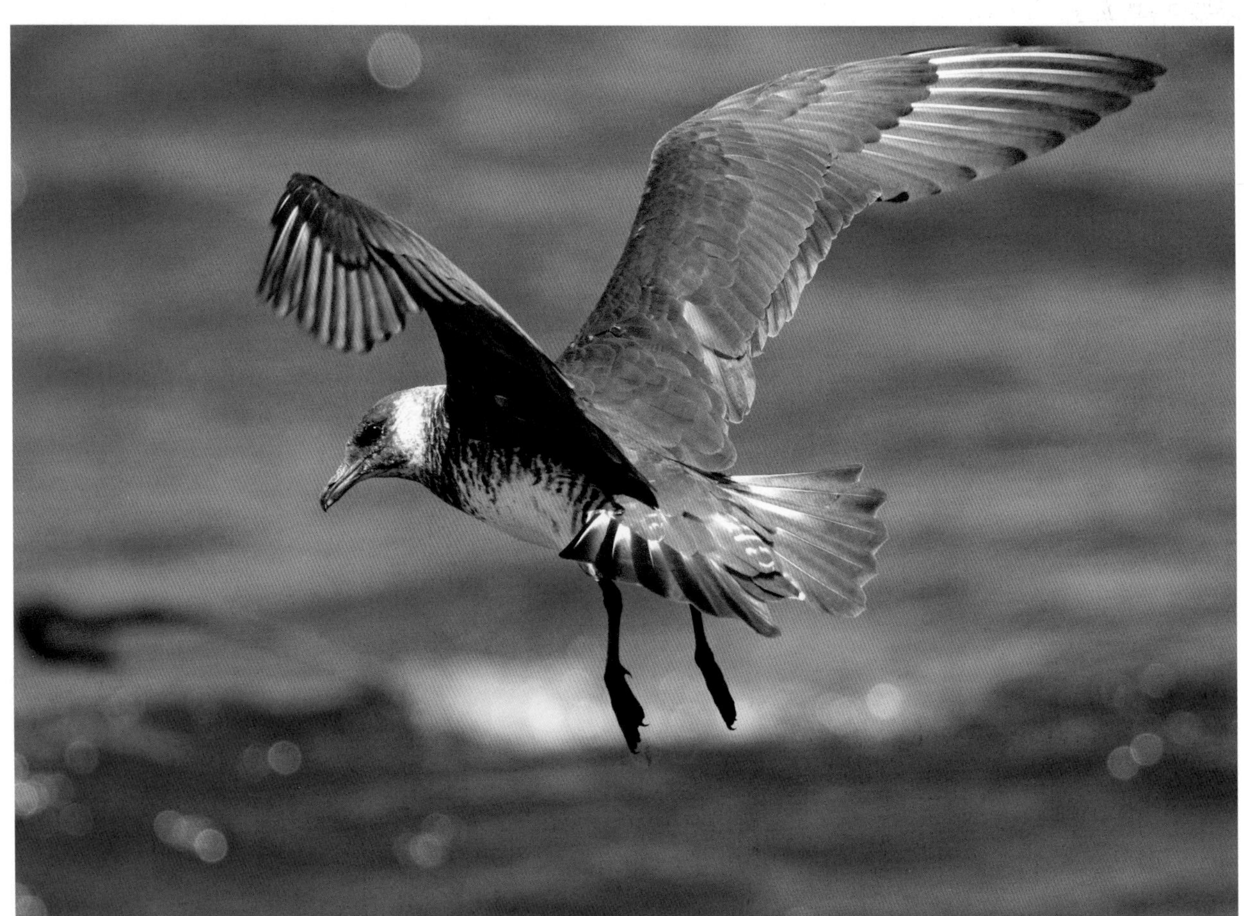

▲使用长焦镜头，清晰地拍摄下鸟的全身，配合长焦镜头特有的虚化能力，使其鸟更为突出

焦　距▷285mm
光　圈▷F5.6
快门速度▷1/1600s
感光度▷ISO400

善用增距镜

如果不想购买价格昂贵的长焦镜头，购买一只1.4倍或2倍的增距镜也是不错的选择，但这样做会降低相应的光圈挡数。例如安装2倍的增距镜，则原来F2.8的最大光圈将变为F5.6，即被缩小2挡。

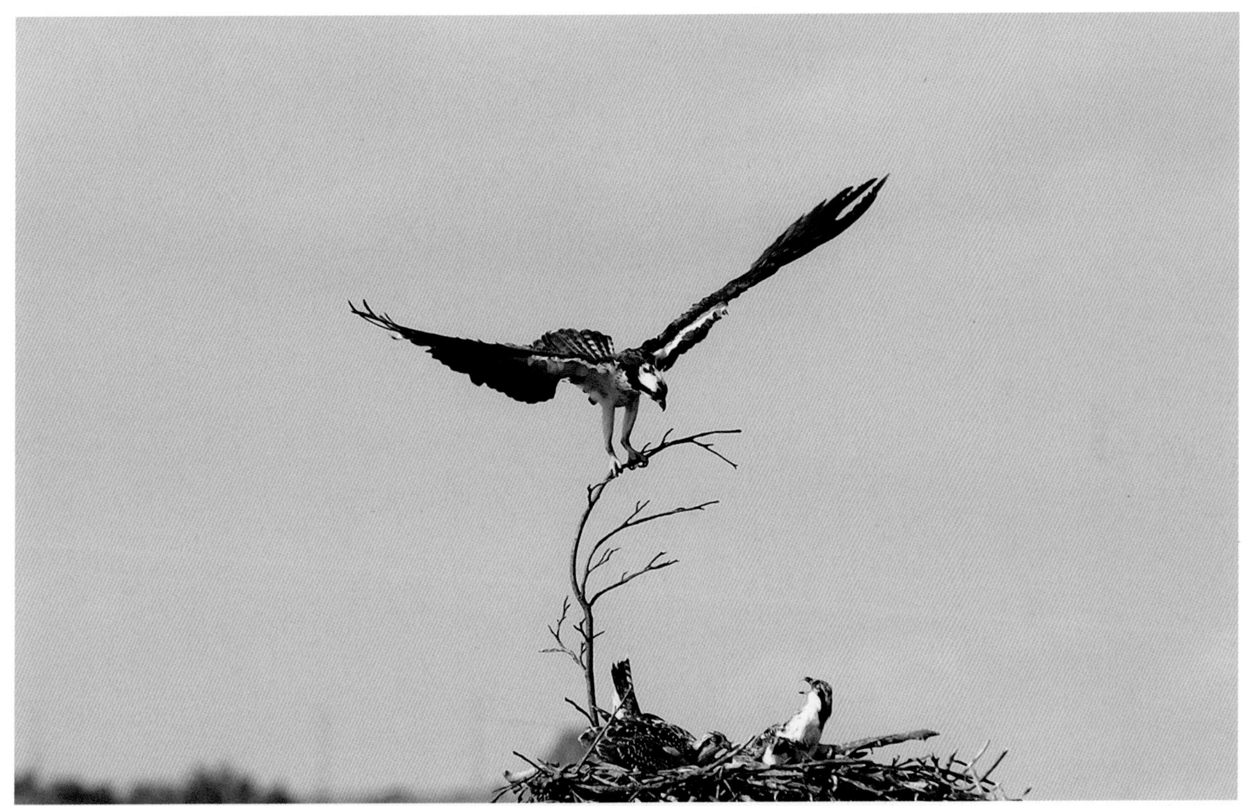

▲ 使用1.4×的增距镜获得更长的焦距，从而将较远距离的老鹰记录下来

焦　　距 ▷ 200mm
光　　圈 ▷ F8
快门速度 ▷ 1/1600s
感 光 度 ▷ ISO200

知识链接：认识增距镜

增距镜也称远摄变距镜，可以安装在镜头和照相机机身之间，其作用是延长焦距，例如，一只2×增距镜如果安装在200mm焦距的镜头上，拍摄得到的影像将与400mm镜头所拍摄的影像大小一样。

增距镜的优点是经济、轻便；不足之处是镜头光圈会变小，例如一只最大光圈为F2.8的镜头在安装增距镜后，最大光圈将变成为F5.6，景深也会变得很浅；此外，影像的质量也会下降。

要应对增距镜的不足之处，可以在拍摄时采取以下两个措施：

（1）拍摄时收缩一挡或两挡光圈，以改善影像画质。

（2）使用增距镜后，镜头的焦距变得很长，轻微的晃动都会导致成像模糊，因此拍摄时一定要使用三脚架，以保证相机的稳定性。

▲ 增距镜+镜头的组合

高速连拍以捕捉精彩瞬间

鸟类是一种特别易动的动物，因此在对焦时应采用连续自动对焦方式，以便于在鸟儿运动时能够连续对其进行对焦，最终获得清晰、准确的画面。

拍摄要点：

尼康D5500相机提供了最高5张/秒的连拍速度，虽然无法与一些专业的高速相机相比，但对于拍摄鸟类来说，已经绰绰有余。

尽量使用1/800s以上的快门速度，以保证每次连拍都能够清晰地捕捉到精彩的瞬间，也为后期选片留下足够大的选择空间。

▲ 摄影师使用高速连拍模式拍摄，把鸟儿捕鱼的精彩瞬间给一一定格了下来

中央对焦点更易对焦

鸟类的移动非常迅速和灵敏，这就要求摄影师能够在短时间内完成精确对焦。建议使用中央对焦点单点对焦，因其对焦精度要比多点对焦模式的精度要高，而且在镜头追随鸟类移动的过程中，也不容易因其他物体的干扰而误判焦点。

拍摄要点：

当其他对焦点无法准确、快速地进行对焦时，不妨将鸟儿置于画面中央位置，然后使用中央对焦点进行对焦，其对焦性能比其他对焦点强大很多。

在单点自动对焦区域模式下，可以直接按OK键快速选择中央对焦点。

▲ 将鸟儿置于画面的中央位置，从而更容易地使用中央对焦点进行合焦、拍摄

焦　距 ▷ 400mm
光　圈 ▷ F4
快门速度 ▷ 1/1600s
感 光 度 ▷ ISO320

第19章

微距摄影

微距设备

微距镜头

微距镜头无疑是拍摄微距花卉（或其他题材）时最佳的选择，微距镜头可以按照1：1的放大倍率对被摄体进行放大，这种效果是其他镜头无法比拟的。并且在拍摄时可以把无关的背景进行虚化处理，其唯一的缺点是价格比较昂贵。

微距镜头通常都是定焦镜头，根据“定焦无弱旅”的通俗说法，微距镜头的质量通常还是比较让人放心的。

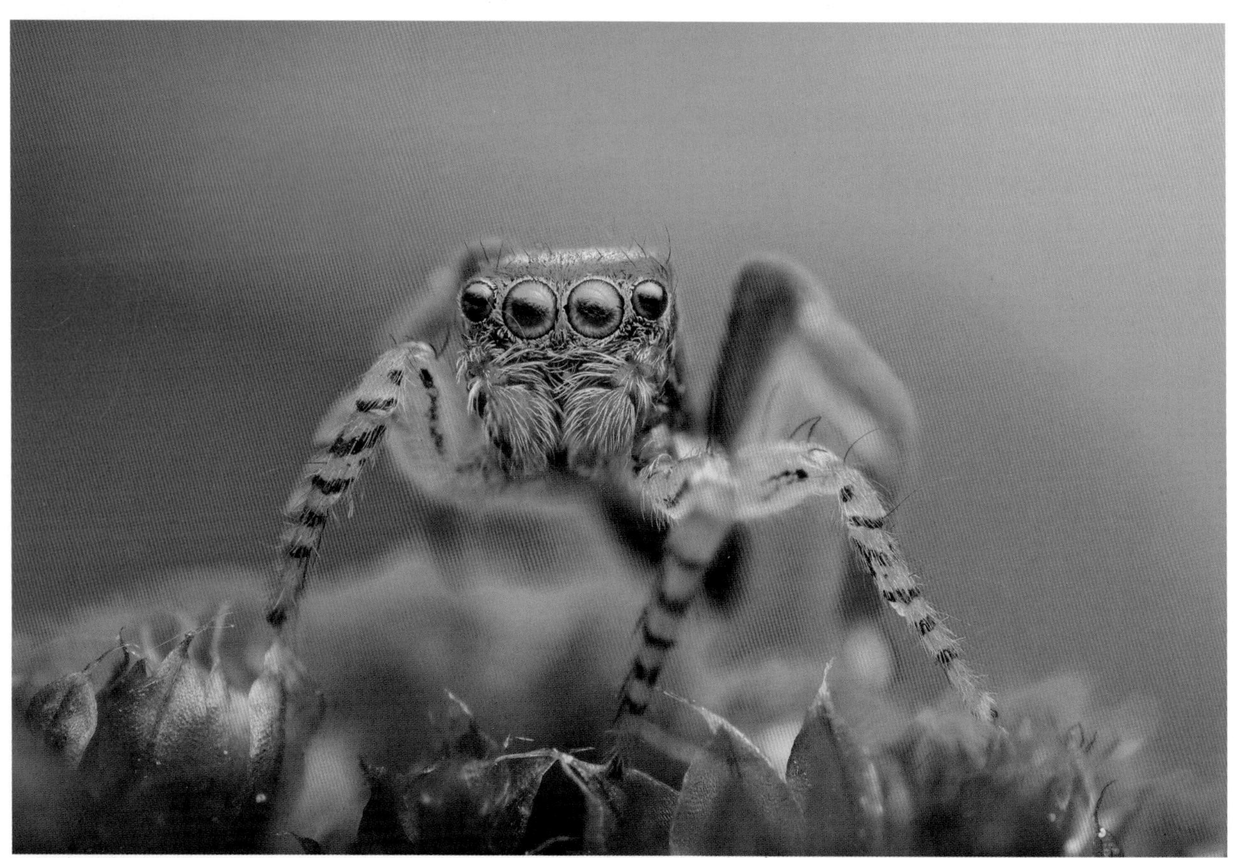

▲ 使用微距镜头拍摄的蜘蛛，完美呈现了其具有特色的眼睛及其身体细节

焦　　距▷60mm
光　　圈▷F7.1
快门速度▷1/400s
感 光 度▷ISO100

微距镜头推荐	
AF-S 微距尼克尔 60mm F2.8 G ED	AF-S VR 尼克尔 105mm F2.8 G IF-ED

长焦镜头

长焦镜头也可用于拍摄昆虫的特写，例如70-300mm焦距的镜头，这样的镜头如果安装在DX画幅的相机上，长焦端经焦距换算后达到450mm左右，对于一般的特写拍摄已经足够了，而且这样一支镜头还可以满足如拍摄鸟、动物或体育等方面的拍摄需求，因此性价比较高。

在选购或选用镜此类镜头时最好选择有防抖功能的型号，毕竟在拍摄昆虫时更多的情况是手持拍摄而非使用三脚架，但更长的焦距要求更高的快门速度，因此用有防抖功能的镜头能够提高拍摄的成功率。

拍摄要点：

由于蝴蝶与环境中的亮度对比较大，因此在拍摄时可使用点测光模式对蝴蝶翅膀进行测光，并适当降低1挡左右的曝光补偿，以优先保证蝴蝶主体的曝光。

使用长焦镜头拍摄时，要以高于安全快门速度的数值进行拍摄，以避免画面抖动。为了获得较高的快门速度，可以适当提高感光度。

由于长焦镜头景深较小，因此光圈值最好在F4~F8之间，以避免景深过浅。

▲ 使用长焦镜头从侧面拍摄蝴蝶，很好地表现了其身体形态，微张开的翅膀使其看起来更具有动感，在明亮的红花绿叶的衬托下，显得更为突出

焦　距 ▷ 200mm
光　圈 ▷ F4
快门速度 ▷ 1/500s
感 光 度 ▷ ISO400

近摄镜与近摄延长管

近摄镜与近摄延长管均可提高普通镜头的放大倍率，从而使普通镜头具有媲美微距镜头的成像效果。其中，近摄镜是一种类似于滤光镜的近摄附件，用其单独观察景物便如同一只放大镜，口径从52mm 到77mm 不等。

近摄镜可以缩短拍摄距离，通常可以达到1：1的放大比例，对焦范围为3～10mm，按照放大倍率可分为NO.1、NO.2、NO.3、NO.4和NO.10等多种，可根据不同需要进行选择。近摄镜还非常便宜，往往只需要几十元即可，但拍摄到的图像质量不高，属于玩玩即可的器材类型。

近摄延长管是一种安装在镜头和相机之间的中空环形管，安装在相机与镜头之间，缩短了拍摄距离，提高了相机的微距拍摄性能。由于近摄延长管具有8个电子触点，因此安装后相机仍然可以自动测光、对焦。

尼康出品的近摄延长管的型号为PK-12，但价格较昂贵，性价比较高的副厂出品的产品，如肯高的近摄延长管，不仅价格便宜，而且还有12、20、36三种规格可选，可以单独使用也可以组合在一起使用，以实现不同放大倍率。

▲ 近摄延长管　▲ MASSA 52mm 口径+1+2+4 Close-up 近摄镜

▲ 肯高近摄延长管

▲ 使用近摄镜拍摄蜜蜂，其精彩细节被很好地表现出来

焦　　距▷ 105mm
光　　圈▷ F16
快门速度▷ 1/180s
感 光 度▷ ISO400

环形与双头闪光灯

对微距摄影而言，真正能够配合高素质微距镜头发挥出其威力的，当然非微距专用的环形/双头闪光灯莫属，只是价格较贵，除非是微距摄影的爱好者或专业人士，否则还是较少有人购买。

焦　　距 ▷ 92mm
光　　圈 ▷ F4.5
快门速度 ▷ 1/125s
感 光 度 ▷ ISO100

▶ 用闪光灯为蜻蜓进行少量的补光，使其身体细节更加清晰地展现出来

知识链接：认识环形闪光灯及双头闪光灯

环形闪光灯又称为环闪，多用于微距拍摄，但也可以用在人像摄影领域。环闪能够实现类似于手术台上的无影灯的照射效果，使被拍摄的对象受光均匀，没有明显的阴影。

双头闪光灯也是常用于微距摄影的一种能够创建无影效果的闪光灯。双头闪光灯由两个闪光灯头组成，这两个灯头不仅能够分别旋转，还能够分别输出强弱不同的闪光，使被拍摄对象出现极具创意效果的阴影。双头闪光灯同样具有闪光曝光补偿、闪光曝光锁、闪光包围曝光、高速同步等普通外置闪光灯所具有的功能。

▲ 双头闪光灯

▲ 环形闪光灯

▲ 双头闪光灯闪光示意图

▲ 环形闪光灯闪光示意图

柔光罩

如果闪光灯距离被拍摄对象比较近，为了避免在被拍摄对象的表面留下难看的光斑，建议在闪光灯上增加柔光罩，使光线柔和一些。

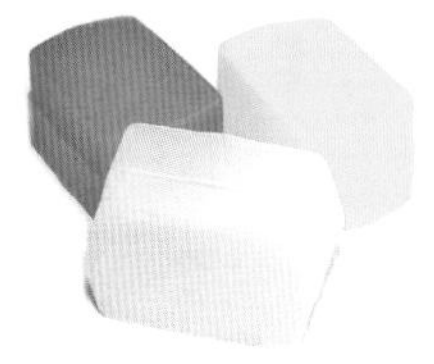

▲ 外置闪光灯柔光罩

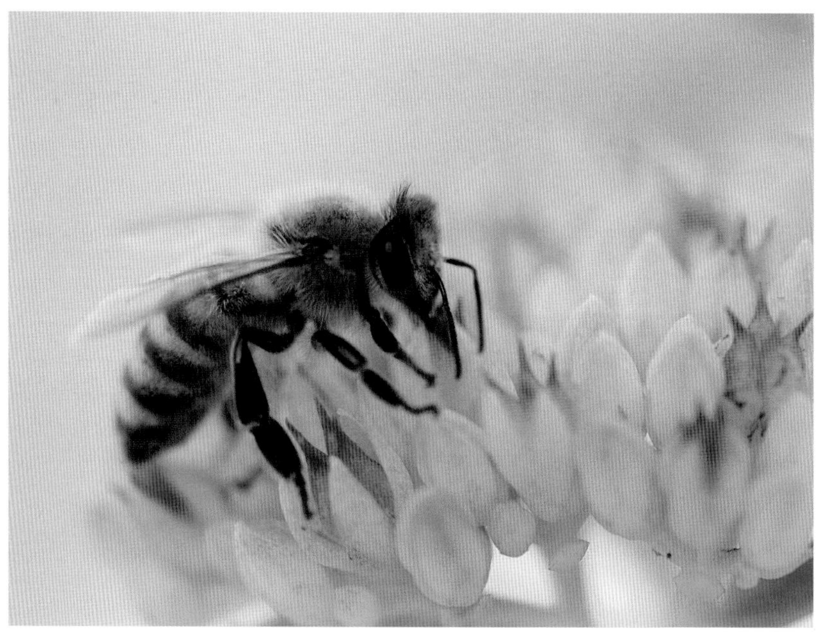

▲ 使用柔光罩后拍摄的效果，画面色彩柔和，画质细腻丰富

焦　距 ▷ 105mm
光　圈 ▷ F4.5
快门速度 ▷ 1/320s
感光度 ▷ ISO200

三脚架

微距拍摄时要根据所拍摄的对象来考虑是否使用三脚架，如果拍摄的对象是固定不动的，如静物、花或行动缓慢的昆虫，则可使用三脚架。

如果拍摄行动迅速的昆虫，通常当摄影师架好三脚架，昆虫早已不知所踪，此时一般较少使用三脚架。当然，也可以采取“守株待兔”的方法，在这类昆虫常出现的地方架好三脚架，耐心等待昆虫进入拍摄区域。

▲ 使用三脚架保持相机稳定，是在进行精致、高倍率的微距摄影时必不可少的

焦　距 ▷ 105mm
光　圈 ▷ F5
快门速度 ▷ 1/125s
感光度 ▷ ISO100

合理控制景深

许多初学微距拍摄的朋友以为在拍摄微距照片时，景深越浅越好，有时拍摄出的照片甚至虚化到完全看不出背景的轮廓，实际上从整体画面的美观程度及说明性来看，情况并非如此。虽然微距照片需要虚化背景以突出主体，但过度虚化会导致主体的某一部分也被虚化，同时降低了照片的说明性。

因此，在拍摄时不要使用最大光圈，而应该使用较小的光圈，同时要控制好镜头与被拍摄对象的距离、镜头的焦距，以恰当地控制景深，使整个画面虚实比例得当。

▲ 使用微距镜头的同时，还是用较大的光圈，导致画面景深过浅，只剩蜻蜓局部的头部（圈中所标示部分）清晰

焦　　距 ▷ 105mm
光　　圈 ▷ F3.5
快门速度 ▷ 1/30s
感 光 度 ▷ ISO1000

▲ 通过恰当地控制景深，蜻蜓的眼睛、身体部分都很清晰，在虚化的背景下非常突出，微距镜头的使用，将蜻蜓的细节都表露出来，让观者感受到了大自然的神奇

焦　　距 ▷ 105mm
光　　圈 ▷ F6.3
快门速度 ▷ 1/15s
感 光 度 ▷ ISO1000

对焦控制

自动对焦的技巧

在微距摄影中，画面表现内容相对比较精细。在自动对焦模式下进行拍摄，相机稍有晃动，就有可能会导致对焦不准确，出现画面模糊的现象。

所以，自动对焦后尽量不要重新构图，以保证对焦的精确度。

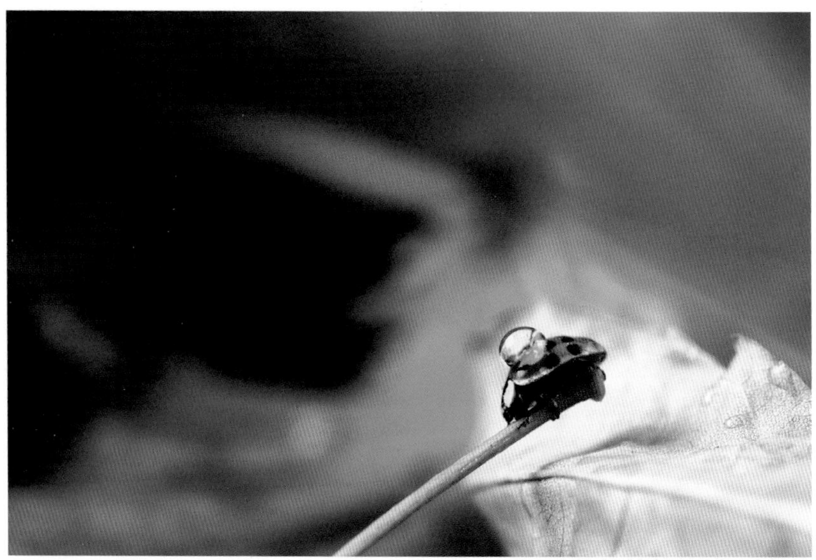

▲ Nikon D5500提供了39个对焦点，用户可以根据需要选择昆虫所在位置的对焦点进行准确对焦，以避免二次构图导致可能对焦不准的问题

焦　　距 ▷ 105mm
光　　圈 ▷ F6.3
快门速度 ▷ 1/5s
感 光 度 ▷ ISO500

手动对焦的技巧

如果拍摄的题材是静止的或运动非常迟缓的对象，可以尝试使用手动对焦来更精准地进行对焦。

对焦时要缓慢扭动对焦环，当画面中的焦点出现在希望合焦位置的附近时，可以通过前后整体移动相机来前后移动合焦点。

焦　　距 ▷ 105mm
光　　圈 ▷ F5
快门速度 ▷ 1/500s
感 光 度 ▷ ISO200

▶ 为了表现挂满露珠的蜻蜓头部，摄影师在拍摄时进行了手动对焦

利用即时取景功能进行精确拍摄

对于微距摄影而言，清晰是评判照片是否成功的标准之一。由于微距照片的景深都很浅，所以，在进行微距摄影时，对焦是影响照片成功与否的关键因素。

一个比较好的解决方法是，使用Nikon D5500的即时取景功能进行拍摄，在即时取景拍摄状态下，被拍摄对象能够通过显示屏显示出来，并且按下放大按钮，可将显示屏中的图像进行放大，以检查拍摄的照片是否准确合焦。

▲ 使用即时取景显示模式拍摄的状态

▲ 按下放大按钮后，显示放大对焦框，显示屏右下角的灰色方框中将出现导航窗口。使用多重选择器可滚动至显示屏中不可视的画面区域

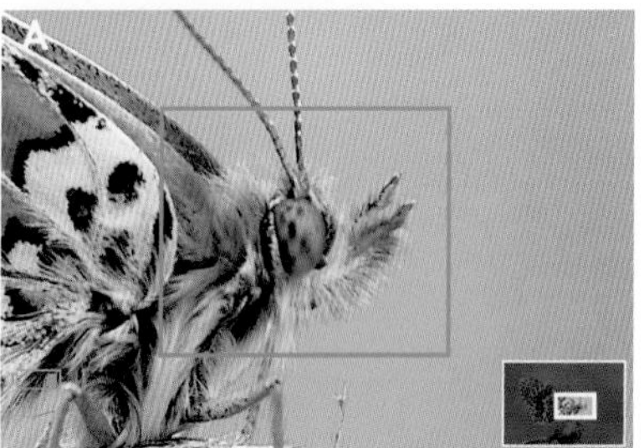

▲ 再次按放大按钮可以继续放大

▲ 通过使用LCD显示屏进行放大显示，以进行精确的对焦，从而简单、快速地完成蝴蝶的特写拍摄

焦　　距 ▶ 180mm
光　　圈 ▶ F6.3
快门速度 ▶ 1/500s
感 光 度 ▶ ISO400

选择合适的焦平面构图

拍摄昆虫时应尽量选用合适的焦平面来构图。焦平面的选择应该尽量与昆虫身体的轴向保持一致，如拍蝗虫一类的长形昆虫，选择焦平面一般与身体平行；对于展开翅膀的昆虫，如蝴蝶，应该使翅膀的平面与焦平面平行，也就是尽量用昆虫身体的最大面积与镜头平面保持水平。

但这个规律也不能照搬照套，例如，以俯视的角度拍摄展开翅膀的蝴蝶时，如果采取镜头与翅膀平面平行的方式拍摄，最终得到的照片可能会类似于博物馆中蝴蝶的标本一样毫无生气。

▲ 以蝴蝶翅膀为基准，选取合适的焦平面来进行构图，可得到不错的视觉效果。侧面是展现蝴蝶漂亮翅膀最佳的角度之一

焦　　距 ▷ 200mm
光　　圈 ▷ F5.6
快门速度 ▷ 1/320s
感 光 度 ▷ ISO200